高职高专建筑装饰工程技术专业规划教材

建筑装饰施工组织与管理

罗忠萍　付　昕　余　晖　主　编

廖　凯　毛云婷　黄　瑾　副主编

曹建桥　主　审

U0279468

中国建材工业出版社

图书在版编目（CIP）数据

建筑装饰施工组织与管理／罗忠萍，付昕，余晖主编．—北京：中国建材工业出版社，2014.1（2021.8 重印）

高职高专建筑装饰工程技术专业规划教材

ISBN 978-7-5160-0468-5

Ⅰ．①建⋯　Ⅱ．①罗⋯ ②付⋯ ③余⋯　Ⅲ．①建筑装饰-工程施工-施工组织-高等职业教育-教材②建筑装饰-工程施工-施工管理-高等职业教育-教材　Ⅳ．①TU767

中国版本图书馆 CIP 数据核字（2013）第 132659 号

内 容 简 介

本书共分 5 个项目 29 个任务，内容包括：合理组织装饰施工中要应用到的流水施工、网络计划、单位工程的施工组织设计的编制；施工过程中的合同、技术、质量、进度、成本及安全管理等内容。并阐述了装饰施工组织中的基本原理、方法及步骤，在文字上力求做到深入浅出，通俗易懂，并在每个项目后附有实训案例和习题，使读者易学易懂。

本书适合作为高职高专院校建筑装饰工程技术、建筑工程技术、土木工程、城市规划及室内设计等相关专业教材，也可以作为培训机构教学用书以及有关工程技术人员学习参考用书。

本书有配套课件，读者可登录我社网站免费下载。

建筑装饰施工组织与管理

罗忠萍　付 昕　余 晖　主编
廖 凯　毛云婷　黄 瑾　副主编
曹建桥　主 审

出版发行：中国建材工业出版社
地　　址：北京市西城区车公庄大街 6 号
邮　　编：100044
经　　销：全国各地新华书店
印　　刷：北京雁林吉兆印刷有限公司
开　　本：787mm×1092mm　1/16
印　　张：14.5
字　　数：360 千字
版　　次：2014 年 1 月第 1 版
印　　次：2021 年 8 月第 5 次
定　　价：41.80 元

前　　言

　　"建筑装饰施工组织与管理"是建筑装饰工程技术专业的一门重要的专业课程，主要研究建筑装饰工程施工组织的基本理论、基本方法以及装饰施工组织采用的行业规范和标准。本课程的设计思路是通过分析二级建造师、施工员等岗位群的国家职业资格知识标准和技能要求，确定其职业能力；从培养其职业能力出发，根据工作过程进行课程开发和教学内容的选取。

　　在编写过程中，坚持"以应用为目的，专业理论知识以需求够用为度"的原则，注重理论联系实际的适用性，更突出施工组织的实践性。本书将建筑装饰工程施工组织概述、流水施工、网络计划技术、装饰工程施工组织设计、建筑装饰施工项目管理等内容分为5个项目，每个项目分解为若干个任务进行系统而全面的介绍，每个项目后均附有大量施工组织与项目管理的实训案例和习题，深入浅出，通俗易懂，帮助学生理解并掌握基本概念和原理，培养学生分析问题和解决问题的能力。

　　本书适合作为高职高专院校建筑装饰工程技术、建筑工程技术、土木工程、城市规划及室内设计等相关专业教材，也可以作为培训机构教学用书以及有关工程技术人员学习参考用书。

　　本书由江西建设职业技术学院罗忠萍、付昕、余晖担任主编，江西建设职业技术学院廖凯、毛云婷及江西建工装潢有限责任公司黄瑾担任副主编。本书最后由罗忠萍统稿，江西建设职业技术学院曹建桥教授主审。

　　课时分配：

项　目	内　　容	建议课时	授课类型
项目1	建筑装饰工程施工组织概述	4课时	讲授
项目2	流水施工	10课时	讲授、实训
项目3	网络计划技术	18课时	讲授、实训
项目4	装饰工程施工组织设计	10课时	讲授、实训
项目5	建筑装饰施工项目管理	14课时	讲授、实训

　　本书在编写过程中参考了大量图书和图片资料，在此对有关作者表示衷心的感谢。除参考文献中所列的署名作者外，部分作品的名称和作者无法详细核实，故没有注明，在此表示歉意。

　　由于编者水平有限，书中难免有不少缺点、错误和不足之处，在此真诚地希望广大读者提出宝贵意见。

编　者
2013 年 11 月

目　　录

项目1　建筑装饰工程施工组织概述 ················· 1

　　任务1　建设项目与建设程序 ················· 1

　　任务2　建筑装饰工程的基本概念 ················· 7

　　任务3　建筑装饰工程的施工程序 ················· 10

　　任务4　建筑装饰工程施工组织设计 ················· 12

　　任务5　课程任务、学习目的与学习方法 ················· 16

项目2　流水施工 ················· 18

　　任务1　流水施工的基本概念 ················· 18

　　任务2　流水施工的主要参数 ················· 24

　　任务3　流水施工的组织方式 ················· 30

项目3　网络计划技术 ················· 43

　　任务1　网络计划技术的基本知识 ················· 43

　　任务2　双代号网络图 ················· 46

　　任务3　单代号网络图 ················· 68

　　任务4　双代号时标网络计划 ················· 76

　　任务5　网络计划优化概述 ················· 79

项目4　装饰工程施工组织设计 ················· 94

　　任务1　概述 ················· 94

　　任务2　工程概况 ················· 95

　　任务3　施工方案的选择 ················· 96

　　任务4　施工进度计划的编制 ················· 101

　　任务5　施工准备工作计划 ················· 104

　　任务6　各项资源需用量计划 ················· 106

　　任务7　施工平面布置图设计 ················· 107

　　任务8　主要技术组织措施 ················· 109

　　任务9　装饰工程施工组织设计实例 ················· 112

项目5　建筑装饰施工项目管理 ················· 152

　　任务1　建筑装饰施工项目管理基本概述 ················· 152

　　任务2　建筑装饰施工项目合同管理 ················· 164

任务 3　建筑装饰施工项目技术管理 ……………………………………………… 173

任务 4　建筑装饰施工项目质量管理 ……………………………………………… 176

任务 5　建筑装饰施工项目进度管理 ……………………………………………… 185

任务 6　建筑装饰施工项目成本管理 ……………………………………………… 192

任务 7　建筑装饰施工项目安全管理与环境保护 ………………………………… 197

附录 ……………………………………………………………………………………… 214

参考文献 ………………………………………………………………………………… 226

项目1 建筑装饰工程施工组织概述

📋 项目描述

随着经济水平的提高，建筑装饰也越来越受到重视。建筑装饰工程施工组织就是利用流水、网络计划等原理进行装饰施工过程的管理。

🔍 知识目标

掌握建筑装饰工程施工组织设计的概念、内容、作用、分类及其意义；掌握建设项目的定义、组成；掌握建设装饰项目的定义、内容、施工特点及施工程序；理解基本建设的步骤和内容。

👍 能力目标

能够理解建设项目在施工验收方面的组成，并对工程进行正确划分。

🔌 内容要点

① 建设项目与建设程序；
② 建筑装饰工程的基本概念；
③ 建筑装饰工程的施工程序；
④ 建筑装饰工程施工组织设计；
⑤ 课程任务、学习目的与学习方法。

任务1 建设项目与建设程序

1.1 项目

1. 项目的概念

项目可定义为：在一定约束条件（如限定时间、限定费用及限定质量标准等）下，为完成某一独特的产品或服务而进行的一次性努力。

2. 项目的种类

项目的种类应当按其最终成果或专业特征为标志进行划分。按专业特征划分，项目主要包括：科学研究项目、工程项目、航天项目、维修项目、咨询项目等，还可以根据需要对每一类项目进一步进行分类。工程项目是项目中数量最多的一类，既可以按照专业将其分为建筑工程、公路工程、水电工程、港口工程、铁路工程等项目，也可以按管理的差别将其划分为建设项目、设计项目、工程咨询项目、施工项目等。

3. 项目的四大特征

（1）项目的一次性（单件性）

这是项目最主要的特征。项目的一次性又称项目的单一性。项目的一次性强调的是就任务本身和最终成果而言，没有与这项目任务完全相同的另一项任务。一次性并不意味着项目历时短，而恰恰是许多大型项目都历时数年，但是项目的历时总是有限的，项目不是一直持续进行的工作。当项目目标已经实现，或因项目目标不能实现而项目被终止时，就意味着项目的结束。

（2）项目目标的确定性

项目是一次性的任务，任何任务都有其明确的目标，所以项目也必须有明确的目标。项目目标一般由成果性目标与约束性目标组成。其中成果性目标是项目的最终目标，即项目的管理主体在完成项目的一次性任务时所要实现的目的，也是项目的最终目标（项目的功能性要求）。约束性目标通常又称限制条件（约束条件），是实现成果性目标的客观条件和人为约束，在一般情况下，项目的约束条件为限定时间、限定投资、限定质量，通常称之为项目的三大目标，是项目实施过程中管理的主要内容。

（3）项目的整体性

项目不是一项孤立的活动，而是一系列活动的有机组合，从而形成了一个不能分割的完整过程。强调项目的整体性，也就是强调项目的过程性和系统性，强调局部服从整体，阶段服从全过程。

（4）项目的生命周期性

项目的一次性决定了项目有一个确定的起始、实施和终结的过程，这就是项目的生命周期。一般项目，其生命周期可分为三个阶段：第一阶段是项目的前期阶段，即项目的规划部署；第二阶段是项目实施阶段，即根据前期阶段的规划，具体组织项目各投入要素以实现项目的目标；第三阶段是项目终结阶段，包括项目的总结、收尾和清理。

1.2　建设项目

1. 建设项目的概念

建设项目又称基本建设项目，是指需要投入一定的资本、实物资产，有预期的经济社会目标，在一定的约束条件下，经过研究决策和实施（设计与施工）等一系列程序，形成固定资产的一次性事业。

2. 建设项目的分类

按照不同的角度，建设项目的分类有以下几种：

（1）按建设项目的建设性质分类

① 新建项目：是指从无到有，"平地起家"新开始建设的项目，即在原有固定资产为零的基础上投资建设的项目，或者对原有建设项目重新进行总体设计，经扩大建设规模后，其新增固定资产价值超过原有固定资产价值三倍以上的建设项目。

② 扩建项目：是指原有企业、事业单位为扩大生产能力或效益而兴建附属原单位的工程项目。

③ 改建项目：是指原有企业、事业单位，为了提高生产效率，改进产品质量或改变产品方向，对原有设备、工艺流程进行技术改造的项目。

④ 迁建项目：是指原有企业、事业单位，由于各种原因搬迁到另外地方进行建设的项目。不论其是否维持原有规模，均称为迁建项目。

⑤ 恢复项目：是指企业、事业单位的固定资产受自然灾害或战争破坏等原因，部分或

全部被破坏报废，而后又投资恢复建设的项目。在恢复的同时进行扩建，应看作为扩建项目。

（2）按建设项目在国民经济中的用途分类

① 生产性建设项目：是指直接用于物质生产或满足物质生产需要的建设项目，包括工业建设、农业建设、农林水利气象建设、邮电运输建设、建筑建设、地质资源勘探建设等。

② 非生产性建设项目：一般是指用于满足人民物质和文化生活需要的建设项目，包括住宅建设、文教卫生建设、科学实验研究建设、公用事业建设、行政建设等。

（3）按建设项目的建设规模分类

根据项目规模或投资总量大小，把建设项目划分为大型项目，中型项目和小型项目。对于工业建设项目和非工业建设项目的大、中、小型划分标准，国家计委、建设部、财政部均有明确规定。

3. 建设项目的组成

一个建设项目，按建筑工程质量验收规范划分为单位（子单位）工程、分部（子分部）工程、分项工程和检验批。

（1）单位（子单位）工程

单位工程是指具备独立施工条件并能形成独立使用功能的建筑物和构筑物。建筑规模较大的单位工程，可将其能形成独立使用功能的部分称为一个子单位工程。如工业建设项目中各个独立的生产车间、办公大楼、实验大楼；民用建设项目中的教学楼、图书馆、宿舍楼等，都可以称为一个单位工程。

（2）分部（子分部）工程

分部工程是单位工程的组成部分，一个单位（子单位）工程一般由若干个分部（子分部）工程组成。它是按照建筑部位或专业性质来划分的。当分部工程较大或较复杂时，可按材料的种类、施工特点、施工程序、专业系统及类别等划分为若干个子分部工程。例如：一幢建筑物的基础工程、主体工程、屋面工程、装饰工程为其分部工程，而地面工程、墙面工程、顶棚工程、门窗工程、幕墙工程等为其子分部工程。

分部工程是编制建设计划、编制概预算、组织施工、进行成本核算的基本单位，也是检验和评定建筑安装工程质量的基础。

（3）分项工程

分项工程是分部工程的组成部分。它是按照主要工种、材料、施工工艺、设备类别等来划分的。如幕墙工程的分项工程为玻璃幕墙、金属幕墙、石材幕墙等。

（4）检验批

检验批是分项工程的组成部分。一个分项工程可由一个或若干个检验批组成。检验批可根据施工及质量控制和专业验收需要按楼层、施工段、变形缝等进行划分。

1.3　建设程序

1. 建设程序的概念

工程建设是一项很复杂的工作，有其自身特殊性。正是由于建设项目的复杂性和特殊性，要求我们必须按照建设项目发展的内在规律和过程，将建设程序分成若干阶段，不同的阶段有着不同的内容，既不容许混淆，也不允许颠倒与跳跃，因此建设活动必须有组织、有计划、按顺序地进行，这个顺序就是我们通常所说的建设程序。

具体来讲，建设程序是指建设项目从设想、选择、评估、决策、设计、施工到竣工验收，投入生产或使用的整个建设过程中，各项工作必须遵循的先后工作顺序。项目的建设程序是工程建设过程中客观规律的反映，是建设项目科学决策和顺利进行的重要保证。

2. 建设程序的步骤和内容

建设程序一般可分为八个阶段，即项目建议书阶段、可行性研究阶段、设计工作阶段、建设准备阶段、建设实施阶段、生产准备阶段、竣工验收阶段和后评价阶段，其中项目建议书阶段和可行性研究阶段称为"前期工作阶段"或"决策阶段"。

（1）项目建议书阶段

项目建议书的内容视项目的不同情况而有繁有简，一般应包括以下几个方面：

① 建设项目提出的必要性。

② 产品方案、拟建规模和建设地点的初步设想。

③ 资源情况、建设条件、协作关系等的初步设想。

④ 投资估算和资金筹措设想。

⑤ 经济效益和社会效益的分析论证。

项目建议书按要求编制完成后，按照建设总规模和限额划分审批权限，报批项目建议书。

（2）可行性研究阶段

项目建议书经批准后，即着手进行可行性研究。可行性研究是对建设项目在技术上是否可行、在经济上是否合理进行科学的分析和论证，为项目决策提供依据。

各类建设项目的可行性研究内容不尽相同，对于大中型项目，包括的内容主要有：

① 项目提供的背景必要性、经济意义、根据与范围。

② 建设规模、产品方案、市场预测和确立的依据。

③ 技术工艺、主要设备、建设标准。

④ 资源、原材料、燃料供应，动力、运输、供水等协作配合条件。

⑤ 建厂条件和厂址方案、环境保护、防震等。

⑥ 劳动定员和人员培训。

⑦ 建设工期和实施进度。

⑧ 投资结算和资金筹措方式。

⑨ 经济效益和社会效益分析。

在可行性研究的基础上编制可行性研究报告，可行性研究报告是确立建设项目、编制设计文件的重要依据，所有的建设项目都要编制可行性研究报告。

可行性研究报告要按照规定，由主管部门批准。被批准后的可行性研究报告是初步设计的依据，不得随意修改和变更。如果在建设规模、产品方案、建设地区、主要协作关系等方面变动以及突破投资控制数时，应经原批准单位复审同意。

按规定，大中型和限额以上项目可行性研究报告经批准后项目立项，可根据实际需要设立项目法人，即组建建设单位。对一般改扩建项目不单独设筹建机构，仍由原企业负责建设。

（3）设计工作阶段

可行性研究报告经批准的建设项目，一般由建设单位（业主）通过招标由具备相应资质的设计单位进行设计。

设计是一项综合的复杂的技术工作，设计前和设计中都要进行大量的勘测调查工作。在此基础上，按照批准的可行性研究报告内容和要求进行设计，编制设计文件。

设计是分阶段进行的。对大中型项目，一般采用两阶段设计，即初步设计和施工图设计，对重大项目和复杂项目，可根据不同行业的特点和需要，采用三阶段设计，即初步设计、技术设计和施工图设计。

① 初步设计阶段。初步设计是根据可行性研究报告的要求，所做的具体实施方案。目的是为了进一步论证建设项目指定的地点、时间和投资控制数额内在技术上的可行性和经济上的合理性，解决工程中重要的技术和经济问题，确定拟建工程的内容、位置、主要建筑的结构形式。大型复杂的项目，还需绘制建筑透视图或制作模型，编制施工组织设计和总概算。

② 技术设计阶段。技术设计是在初步设计的基础上，进一步解决初步设计中的重大技术问题，如工艺流程、建筑结构、设备选型及数量确定，同时还包括防火、防震的技术要求等，以使建设项目的设计更具体、更完善，技术经济指标更好。

初步设计由建设单位组织审查后，按国家规定的权限向主管部门申报审批。初步设计文件经批准后，主要内容不得随意修改、变更，如有重要修改、变更、须经原审机关复审同意。

③ 施工图设计阶段。施工图设计是按照初步设计所确定的设计原则、结构方案和控制尺寸，完成建筑、结构、水、电、气、空调、通信、消防系统等全部施工图纸，以及设计说明书、结构计算书、设计概预算等。

（4）建设准备阶段

建设项目在实施前必须做好各项准备工作，其目的在于为项目施工创造有利的条件，从技术、物资和组织等方面做好必要的准备，使建设项目能连续、均衡、有节奏地进行。搞好建设项目的准备工作，对提高工程质量，降低工程成本，加快施工进度能起到有效的保证作用。

建设项目的准备工作主要内容包括：

① 征地、拆迁工作已基本完成。

② 接通施工用水、电、通信和道路及场地平整。

③ 组织工程地质勘察。

④ 必需的生产、生活临时设施满足要求。

⑤ 组织设备、材料订货。

⑥ 施工图纸已准备齐全。

⑦ 组织建设监理和建设工程招标、投标，择优选定监理单位和施工承建单位。需要指出的是：在建设项目准备工作开始前，建设单位（项目法人或业主）的代理机构，向主管部门办理报建手续。工程项目进行报建登记后，方可组织施工准备工作。

（5）建设实施阶段

建设项目经批准开工建设，项目便进入了建设实施阶段。这是项目决策的实施、建成投产发挥投资效益的关键环节。建设实施阶段是建设程序中时间最长、工作量最大、资源消耗最多的阶段，是对工程全过程进行组织与管理的重要阶段。施工过程应按照设计要求和施工规范，对建设项目的质量、进度、投资、安全、协作配合等进行指挥、控制和协调，以达到竣工标准要求。

在建设实施阶段，执行工程备案制，要按照"政府监督、项目法人或业主负责、社会监理、企业保证"的要求建立健全质量保证体系，确保工程质量。

建设实施阶段是根据设计图纸进行建筑、安装施工。建筑施工是建设程序中的重要环节。要做到计划、设计、施工三个环节的相互衔接，投资、工程内容、施工图纸、设备材料、施工力量五个方面的确切落实，以保证建设计划的全面完成。施工前要认真做好图纸会审，编制施工图预算和施工组织设计，明确投资、进度、质量的控制要求；施工中严格按照施工图施工，如需要变更，应征得设计单位同意。要遵循合理的施工程序和顺序，严格执行施工验收规范，按照质量检验评定标准进行工程质量验收，实行工程备案制，以确保工程质量。对质量不合格的工程要及时采取措施，不留隐患。施工单位必须按合同规定的内容全面完成施工任务。达到竣工标准要求，经过验收后，移交给建设单位。

（6）生产准备阶段

生产准备是项目投产前所要进行的重要工作，是衔接建设和生产的桥梁，是建设阶段转入生产经营的必要条件，建设单位（业主）应适时组成专门机构做好生产准备工作。

生产准备根据工程类型的不同要求来确定，一般包括以下几个方面：

① 生产组织准备。建立生产经营的管理机构及相应的管理制度。

② 招收并培训生产人员。按照生产经营的要求，配备生产管理人员，并通过培训提高人员的综合素质，使其能满足运营的要求。

③ 生产技术准备。主要包括技术咨询的汇总、运营技术方案的制定、岗位操作规程制定和新技术的培训。

④ 生产物资准备。主要是落实投产运营所需要的原材料、协作产品、燃料、水、电等供应及运输条件的准备。

⑤ 及时做好产品销售合同协议的签订，以提高生产经营效益。

（7）竣工验收阶段

建设项目按批准的设计文件和工程合同所规定的内容全部施工完成并满足质量要求后，要及时组织验收，这是投资成果转入生产或使用的标志，是全面考核建设成果、检验设计和施工质量的重要环节，是一项严肃认真、细致的技术工作。竣工验收合格的项目，即可转入生产或使用。

对于规模较大、技术复杂的建设项目，可组织有关人员首先进行初步验收，不合格的工程不予验收；有遗留问题的项目，必须提出具体处理意见，指定负责人限期整改，符合设计要求后重新组织验收。

（8）后评价阶段

建设项目的后评价阶段，是我国建设程序中新增加的一项内容。建设项目竣工投产或使用后，经过1~2年的生产运营，对其目标、执行过程、效益和影响进行系统地、客观地分析，并以此确定目标是否达到，检验项目是否合理和有效。总之，后评价是建设项目已实施完成并且发挥一定效益时所进行的评价。

项目后评价的主要内容包括以下几个方面：

① 目标评价。目标评价是通过项目实际产生的经济技术指标与项目审批决策时所确定

的目标进行比较，检查项目是否达到了预期的目标，从而判断项目是否成功。

② 效益评价。效益评价是对项目投资、国民经济效益、技术进步、可行性研究深度进行评价。

③ 影响评价。影响评价是对项目于周边地区在经济、环境和社会三方面所产生的作用和影响进行评价。

④ 项目过程评价。项目的过程评价是根据项目的结果和作用，对项目周期的各个环节进行回顾和检查，即对项目的立项、勘察设计、施工建设管理、竣工投产、生产运营等全过程进行评价。

任务 2 建筑装饰工程的基本概念

2.1 建筑装饰工程的含义

在建筑学中，建筑装饰和装修一般不易截然划分开。通常建筑装修是指为了满足建筑使用功能的要求，在主体结构工程以外进行的装潢和修饰，如门、窗、栏杆、楼梯、隔断装潢、墙柱、梁、顶棚、地面、楼梯等表面的装饰。建筑装饰是为了满足视觉要求对建筑进行的艺术加工，如在建筑物内外加设的绘画、雕塑等。

在工程施工中，人们习惯把装饰和装修两者统称为装饰工程，把在建筑设计中随土建工程一起施工的一般装修，称为"粗装修"；而把有专业设计，在后期施工的专业装饰以及给排水、电器照明、采暖、通风、空调等部件的装饰，称为"精装饰"。随着科学技术的进步和专业分工的发展，近年来精装饰与装修分离，在建筑业中逐步形成一个新的专业，即建筑装饰工程技术专业。

2.2 建筑装饰工程的内容

建筑装饰工程的内容广泛多样，按建筑装饰行业习惯，建筑装饰工程一般包括下列主要内容。

1. 楼地面工程

楼地面饰面主要包括地砖、石材、塑料地板、水磨石地面、木地板、地毡饰面以及特殊构造地面等。

2. 墙、柱面工程

墙、柱面饰面主要包括：天然石材饰面、人造石材饰面，金属板饰面、玻璃饰面，复合涂层饰面、裱贴壁纸饰面、木饰面、装饰布饰面饰面及特殊性能饰面等。

3. 吊顶工程

按骨架和面层不同进行分类。骨架包括：轻钢龙骨、木龙骨、铝合金龙骨、复合材料龙骨等；面层包括：石膏板、木胶合板、矿棉板、吸声板、花纹装饰板、铝合金板条、塑料扣板等。

4. 门窗工程

门按材料不同可分为木门、钢木门、塑钢门、铝合金门、不锈钢门、装饰铝板门、彩板组合门、防火门、防火卷帘门等；按制作形式不同可分为推拉门、平开门、转门、自动门、弹簧门等。窗按材料不同可分为木窗、铝合金窗、钢窗（实腹、空腹）、塑钢窗、彩板窗；按开关方式分为平开窗、推拉窗、固定窗、上下翻窗等。按窗玻璃形式不同可分为：净片玻璃窗、毛玻璃窗、花纹玻璃窗、有色玻璃窗，以及单层、双层、钢化、防火、热反射、镭射中空玻璃窗等。

5. 装饰屋面工程

装饰屋面主要包括：锥体采光顶棚，圆拱采光顶棚，彩色玻璃钢屋面，彩色镁质轻质板屋面，中空玻璃、夹丝玻璃，夹胶玻璃、钢化玻璃顶棚，有机玻璃屋面及镀锌铁皮屋面等。

6. 楼梯与楼梯扶手工程

按栏板材料分：玻璃栏板、有机玻璃栏板、镶贴面板栏板、方钢立柱、铸铁花饰立柱、不锈钢管立柱等。

按扶手材料分：不锈钢扶手、铝合金扶手、硬木扶手、黄铜扶手、塑钢扶手等。

7. 细部装饰工程

细部装饰工程包括的内容比较多而繁杂，这里仅列举其中的一部分。不锈钢花饰、铜花饰、木收口条、吊顶木封边条，铝合金风口、木风口、卫生间镶镜、不锈钢浴巾杆、毛巾杆、卫生间洗手盆、花岗石台座，嵌墙壁柜、柚木窗台板、花岗石窗台板、铝合金窗台板、塑料踢脚板、柚木踢脚板、地砖踢脚板、水泥砂浆表面涂漆踢脚板等。

8. 各种配件

主要包括：窗帘盒、窗帘轨、窗帘、暖气罩、挂镜线、门窗套、门牌、招牌、烟感探测器、消防喷淋头、音响广播器材、舞厅灯光器材等。

9. 灯具

主要包括：普通照明灯具如日光灯、筒灯等，装饰灯具如吊灯、花纹吊灯、吸顶灯、壁灯、台灯、落地灯、床头灯，以及各种指示灯如出口灯、安全灯等。

10. 家具

家具可分为：固定的和移动的柜、橱、台、床、桌、椅、凳、茶几、沙发等。

11. 外装饰工程

外装饰工程包括涂料饰面、面砖饰面、幕墙饰面。其中幕墙饰面有石材幕墙、玻璃幕墙和铝板幕墙。

2.3 建筑装饰工程的作用

建筑装饰工程的作用可以概括为以下三点：

1. 保护结构，提高结构耐久性

建筑物的墙体、楼板、屋顶均是建筑物的承重部分，除承担结构荷载，具有一定的安全性、适用性以外，还要考虑遮挡风雨、保温隔热、防止噪声、防火、防渗漏、防风沙、防止室内潮湿等诸多因素。而这些要求，有的可以依靠结构材料来满足，有的则依靠装饰装修来弥补。如普通黏土砖具有抗压能力强、大气稳定性好等特点，因而用做外墙时可以做成只勾缝、不抹面的清水砖墙；而用于内墙时，因其颜色暗淡、反射性能差、吸收热量多，不能抵御盐碱的腐蚀，因而必须在其表面进行装饰处理。此外，饰面还可以弥补和改善结构功能不足，提高结构的耐久性。

2. 满足室内、外环境的艺术要求

建筑物的墙体、楼面、地面、顶棚均是建筑物装饰与美化的主要部分。装饰与美化是建筑空间艺术处理的重要手段，无论室内、室外，效果一般由三个方面来体现，即质感、线型和色彩。

质感是材料质地给人们的感觉。如混凝土显得较为粗糙、厚重；玻璃和铝合金显得较为轻巧、活泼。

线型主要是指立面装饰的分格缝与凹凸线条构成的装饰效果。如抹灰、石材、墙地面瓷砖等不同材料组合产生不同的立面效果。

色彩是构成建筑物外观乃至影响周围环境的重要因素。一般以白色或浅色为主的立面色调，常给人以明快、清新的感觉；以深色为主的立面，则显得端庄、稳重。

3. 改善室内工作条件，提高建筑物的维护功能

为了保证人们良好的生活条件与工作环境，墙面、地面、楼面、顶棚均应该是清洁的、明亮的，而这些大多通过室内装饰手段来实现。

① 室内装饰有光线反射的效果，特别是可以使远离窗口的墙体、地面不致太暗，从而提高室内亮度。

② 室内装饰有提高热工性能的作用。当主体结构热工性能满足不了规定标准时，可以通过抹灰、贴面等手段来补足，增加保温、隔热效果。

③ 室内装饰可以改善室内的卫生条件。当室内湿度偏高时，可以吸收空气中的水蒸气含量，避免凝结水的出现；当室内干燥时，又可释放出一定量的水蒸气，使房间保持正常的湿度和舒适的物理环境。

④ 室内装饰可以改善声学性能。如反射声波、吸声、隔声等，从而提高室内音质效果。

⑤ 室内装饰应选择不燃或难燃材料，以提高防火性能。

2.4　建筑装饰产品及其施工的特点

建筑装饰产品是附着在建筑物上的产品，它与一般的工业产品相比较，具有特有的一系列技术经济特点，这主要体现在产品本身及其施工过程上。

1. 建筑装饰产品的特点

建筑装饰产品除具有各不相同的性质、设计、类型、规格、档次、使用要求外，还具有以下共同特点：

（1）建筑装饰产品的固定性

建筑装饰产品是建造在建筑物上的，无法进行转移。这种一经建造就在空间固定的属性，称为建筑装饰产品的固定性。

（2）建筑装饰产品的时间性

建筑装饰产品要考虑一定的耐久性，但并不要求其与建筑主体结构寿命一样长，因为建筑装饰风格会随时间的变化而有所更新，且建筑装饰产品要保持长时间有相当的困难。

（3）建筑装饰产品的多样性

建筑装饰根据不同的建筑风格、建筑结构、装饰设计，会产生不同的建筑装饰产品。对于每一个建筑物，它所具有的建筑装饰产品都是独一无二的，是无法像工业产品那样进行批量生产的。

2. 建筑装饰工程施工的特点

（1）建筑装饰工程施工的建筑性

建筑装饰工程是建筑工程的有机组成部分，装饰工程施工是建筑施工的延续与深化，而并非单纯的艺术创作。与建筑工程密切关联的任何装饰工程施工的工艺操作，均不可只顾及主观上的装饰艺术表现而漠视对建筑主体结构的维护与保养。对于建筑装饰工程施工，必须以保护建筑结构主体及安全适用为基本原则，进而通过装饰造型、装饰饰面及设置装配等工艺操作以达到既定目标。

（2）建筑装饰工程施工的规范性

建筑装饰工程是对建筑及其环境美的艺术加工与创造，但它并不是一种表面的美化处理，而是一项工程建设项目，一种必须依靠合格的材料与构配件等通过规范的构造做法，并由建筑主体结构予以稳固支撑的建设工程。一切工艺操作及工序处理，均应遵循国家颁发的有关施工验收规范；工程质量的检查验收应贯穿装饰施工过程的始终，包括每一道工序及每一个专业项目；所采用的各种材料和所有构配件，均应符合国家标准或行业标准。

（3）建筑装饰工程施工的专业性

建筑装饰工程是一项十分复杂的生产活动，长期以来，其工程施工状况一直存在着工程量大，施工工期长、耗用劳动量过多和占建筑物总造价高等特点。近年来，随着材料的发展和技术的进步，使建筑装饰工程施工作业简化了工序和工艺，提高了生产效率，在实现工业化的道路上迈出了巨大的步伐。工程构件的预制化程度，装饰项目和配套设施的专业化生产与施工，使装饰工程的施工人员摆脱了传统建筑装饰工人所要付出的繁重体力劳动。

（4）建筑装饰工程施工的严肃性

建筑装饰工程施工的很多项目都与使用者的生活、工作及日常活动直接相联系，要求按规程实施其操作工艺，有的工艺则应达到较高的专业水准并精心施工。建筑装饰工程大多是以饰面为最终效果，许多操作工序处于隐蔽部位而对工程质量起着关键作用，很容易被忽略，或是其质量弊病很容易被表面的美化修饰所掩盖，这就要求从业人员应该是经过专业技术培训并接受过职业道德教育的持证上岗人员，具有很高的专业技能和及时发现问题、解决问题的能力，具有严格执行国家政策和法规的强烈意识，能切实保障建筑装饰装修工程的质量和安全。

（5）建筑装饰工程施工的技术经济性

建筑装饰工程的使用功能及其艺术性的体现与发挥所反映的时代感和科学技术水平，特别是工程造价，在很大程度上均受到装饰材料及现代声、光、电及控制系统等设备的制约。在建筑主体、安装工程和装饰工程的费用中其比例一般为结构：安装：装饰 = 3：3：4，而国家重点工程、高级宾馆及涉外或外资工程等高级建筑装饰装修工程费要占总投资的一半以上。随着科学技术的进步，新材料、新工艺和新设备的不断发展，建筑装饰工程的造价还会继续提高。

任务3　建筑装饰工程的施工程序

建筑装饰工程施工是一项十分复杂的生产活动，施工过程中需要按照一定的程序来进行。建筑装饰工程施工程序是在整个施工过程中各项工作中必须遵循的先后顺序。它是多年来建筑装饰工程施工实践经验的总结，也反映了施工过程中必须遵循的客观规律。建筑装饰工程的施工程序一般可划分为承接任务、签订施工合同，施工准备工作，全面组织施工、竣工验收阶段及交付使用等四个阶段。

3.1　承接施工任务、签订合同

1. 承接施工任务

建筑装饰工程施工任务的承接方式，同土建工程一样有两种：一是通过招标投标承接；二是由建设单位（业主）向预先选择的几家有承包能力的施工企业发出招标邀请。目前，以前者为最普遍，它有利于建筑装饰行业的竞争与发展，有利于施工单位技术水平的提高，改善管理体制，提高企业素质。

2. 签订施工合同

承接施工任务后，建设单位（业主）与施工单位（或土建分包与装饰分包单位）应根据《经济合同法》和《建筑装饰工程施工合同》的有关规定及要求签订施工合同。施工合同应规定承包的内容、要求、工期、质量、造价及材料供应等，明确合同双方应承担的义务和职责以及完成的施工准备工作。施工合同经双方法人代表签字后具有法律效力，必须共同遵守。

3.2　施工准备工作

施工合同签订后，施工单位应全面展开施工准备工作。施工准备包括开工前的计划准备和现场准备。

1. 开工前的计划准备

开工前的计划准备是确保装饰任务顺利进行的重要环节。要做好计划准备，首先对所承建工程进行摸底，详细了解工程概况、规模、工程特点、工期要求及现场的施工条件，以便统筹安排。同时，要根据工程规模，确定装饰队伍，组织技术力量，组建管理班子，编制切实可行的施工组织设计。

2. 开工前的现场准备

开工前的现场准备主要是为了后面的全面施工做好准备，其内容很多，也很繁杂，主要应做好以下两方面的工作：

（1）技术准备

建筑装饰工程施工的技术准备主要包括熟悉和审查施工图纸，收集资料，编制施工组织设计，编制施工预算等。

① 熟悉和审查图纸。施工单位在接到施工任务后，首先要组织人员熟悉施工图纸，了解设计意图，掌握工程特点，进行设计交底，组织图纸会审，提出设计与施工中的具体要求，对各专业图纸中若有错漏、残缺，可在会审时提出并予以解决，并做好记录。

② 收集资料。根据装饰施工图纸要求，对现场进行调查，了解建筑物主体的施工质量、空间特点等，以制定切实可行的施工组织设计。

③ 编制切实可行的施工组织设计。施工组织设计是指导装饰工程进行施工准备和组织施工的基本技术经济文件，是施工准备和组织施工的主要依据。施工单位在工程开工前，根据工程规模、特点、施工期限及工程所在区域的自然条件、技术经济条件等因素进行编制施工组织设计，并报有关部门批准。

④ 编制工程预算。根据施工图纸和国家或地方有关部门编制的装饰预算定额，进行施工预算编制。它是控制工程成本支出与工程消耗的依据。根据施工预算中分部分项工程的工程量及定额工料用量，对各装饰班组下达施工任务，以便实行限额定料及班组核算，从而实现降低工程成本和提高管理水平的目的。

3. 施工条件及物资准备

① 施工条件准备。搭设临时设施，如仓库、加工棚、办公用房、职工宿舍等，施工用水、电等各项作业条件的准备以及装饰工程施工的测量及定位放线，设置的永久性坐标与参照点等。

② 物资准备。装饰工程涉及的工种较多，所需的材料、机具品种也相应多。因此，在开工前，要全面落实各种资源的供应，同时根据工程量大小，工期的长短，合理安排劳动力和各种物资机具供应，以确保装饰施工顺利进行。

③ 场地清理。为保证装饰施工如期开工，施工前应清除场地内的障碍物，建筑物内的垃圾、粉尘，设置污水排放沟池等，为文明施工、环保施工创造一个良好的条件。

④ 组织好施工力量。调整和健全施工组织机构及各类分工，对于特殊工种，要做好技术培训和安全教育。

3.3　全面组织施工

在做好现场充分施工准备的基础上，具备开工条件的前提下可向建设单位（业主）提交开工报告，提出开工申请，在征得建设单位及有关部门的批准后，即可开工。

在施工过程中，应严格按照《建筑装饰装修工程质量验收规范》（GB 50210—2001）、《住宅装饰装修工程施工规范》（GB 50327—2001）、《建筑地面工程施工质量验收规范》（GB 50209—2010）、《建筑工程施工质量验收统一标准》（GB 50300—2001）及《民用建筑工程室内环境污染控制规范》（GB 50325—2002）等国家标准进行检查与验收，以确保装饰工程质量达到有关标准，满足用户的要求。

3.4　竣工验收、交付使用

竣工验收是施工的最后阶段，在竣工验收前，施工单位内部应先进行预验收，检查各分部分项工程的装饰质量，整理各项交工验收的技术经济资料，由建设单位（业主）或委托监理单位组织竣工验收，经有关部门验收合格后办理验收签证书，即可交付使用。如验收不符合有关规定的标准，必须采取措施进行整改，达到所规定的标准，方可交付使用。

任务 4　建筑装饰工程施工组织设计

4.1　建筑装饰工程施工组织设计的概念

建筑装饰工程施工组织设计是规划和指导整个装饰工程从工程投标、签订承包合同、施工准备到施工过程以及竣工交验的一个综合性技术经济文件。

建筑装饰装修工程的施工一般都是在有限的空间进行，其作业场地狭小，施工工期紧。

特别是对于新建工程项目，装饰装修工程是最后一道工序，为了尽快投入使用发挥投资效益，一般都需要抢工期。而对于扩建、改造工程，常常是边使用边施工。建筑装饰工程工序繁多，施工操作人员的工种复杂，工序之间需要平行、交叉、轮流作业，材料、机具等频繁搬运等造成施工现场拥挤滞塞的局面，这样就增加了施工组织的难度。要做到施工现场有条不紊，工序之间衔接紧凑，保证施工质量并提高功效，就必须依靠具备专门知识和经验的组织管理人员，并以施工组织设计作为指导性文件和切实可行的科学管理方案，对材料的进场顺序、堆放位置、施工顺序、施工操作方式、工艺检验、质量标准等进行严格控制，随时指挥调度，使建筑装饰工程施工严密、有组织、按计划地顺利进行。

4.2　建筑装饰工程施工组织设计的内容

1. 工程概况

在工程概况中简要说明本装饰工程的性质、规模、装饰地点、装饰面积、施工期限以及气候条件等情况。

2. 施工方案

施工方案的选择是依据工程概况，结合劳动力、材料、机械设备等条件，全面安排施工任务，安排总的施工顺序，确定主要工种的施工方法；对拟建工程根据各种条件可能采用的几种方案进行定性、定量的分析，通过经济评价，选择最佳方案。

3. 施工进度计划

施工进度计划是反映最佳方案在时间上的全面安排，采用计划的方法，使工期、成本、资源等方面通过计算和调整达到既定目标，在此基础上即可安排劳动力和各项资源需用量计划。

4. 施工平面图

施工平面图是施工方案及进度在空间上的全面安排。它是将投入的各项资源和生产、生活活动场地合理地布置在施工现场，使整个现场有组织、有计划的文明施工。

5. 主要技术经济指标

主要技术经济指标是对确定施工方案及施工部署的技术经济效益进行全面的评价，用以衡量组织施工的水平。

4.3　建筑装饰工程施工组织设计的作用

建筑装饰工程的施工组织设计，是一个非常重要、不可缺少的技术经济文件，是合理组织施工和加强施工管理的一项重要措施。它对保质、保量、按时完成整个建筑装饰工程的施工任务具有决定性作用。

具体而言，建筑装饰工程施工组织设计的作用，主要表现在以下几个方面：

① 是沟通设计、施工和监理各方面之间的桥梁。它既要充分体现装饰工程设计和使用功能的要求，又要符合建筑装饰工程施工的客观规律，对施工的全过程起到战略部署和战术安排的作用。

② 是施工准备工作的重要组成部分，对及时做好各项施工准备工作起到促进作用。

③ 对拟建装饰工程从施工准备到竣工验收全过程的各项活动起指导作用。

④ 能协调施工过程中各工种之间、各项资源供应之间的合理关系。

⑤ 对施工全过程所有活动进行科学管理提供重要手段。

⑥ 是编制工程概算、施工图预算和施工预算的主要依据之一。

⑦ 是施工企业整个生产管理工作的重要组成部分。

⑧ 是施工基层单位编制施工作业计划的主要依据。

4.4 建筑装饰工程施工组织设计的分类

建筑装饰工程施工组织设计根据设计阶段和编制对象的不同可分为三大类，即建筑装饰工程施工组织总设计、单位装饰工程施工组织设计和分部（分项）装饰工程作业设计。

1. 建筑装饰工程施工组织总设计

建筑装饰工程施工组织总设计是以民用建筑群以及结构复杂、技术要求高、建设工期长、施工难度大的大型公共建筑物和高层建筑的装饰施工为对象而编制的。当有了批准的扩大初步设计或方案设计以后，一般以总承包单位为主，由建设单位、设计与分包单位共同编制。它是对整个建筑装饰工程在组织施工中的统一规划和总的战略部署，并作为修建工地大型临设工程，编制年（季）度施工计划及编制单位装饰工程施工组织设计的依据。

2. 单位装饰工程施工组织设计

单位装饰工程施工组织设计是以单位装饰工程，即一座公共建筑、一栋高级公寓或一个合同内所含装饰项目作为施工组织对象而编制的。在有了施工图纸设计并会审后，由直接组织施工的基层单位编制，用于指导该装饰工程的施工并作为编制季、月、旬工作计划的依据。

3. 分部（分项）装饰工程作业设计

分部（分项）建筑装饰作业设计是以某些特殊工程，如结构复杂、施工难度大以及采用新工艺、新技术、新材料或缺乏施工经验的分部（分项）装饰施工为对象编制的，它直接指导现场施工，并作为编制月、旬作业计划的依据。

4.5 施工组织设计编制原则

由于施工组织设计是指导施工的技术经济性文件，对保证顺利施工、确保工程质量、降低工程投资均起着重要作用，因此应十分重视施工组织设计的编制，在编制过程中应遵循以下原则：

1. 认真贯彻执行国家的基本建设方针和政策

在编制建筑装饰工程施工组织设计时应充分考虑国家有关的方针政策，严格按基本建设程序办事，严格执行建筑装饰装修管理规定，认真执行建筑装饰工程及相关专业的有关规范、规程，遵守施工合同。

2. 合理安排装饰工程的施工程序和顺序

对装饰工程规模大，施工工期长的工程，必须遵守一定的程序和顺序，合理安排分期分段进行装饰施工，以期早日发挥投资的经济效益。装饰施工程序和顺序反映装饰施工的客观规律要求，交叉搭接则体现争取时间的主观性，在组织施工时，必须合理安排装修施工程序和顺序，避免不必要的重复、返工、窝工，以加快施工进度，缩短工期。

3. 采用先进的技术、科学地选择施工方案

在装饰工程施工中，采用先进的施工技术是提高劳动生产率、提高工程质量、加快施工进度、降低工程成本的重要手段。在选择施工方案时，要积极采用新工艺、新技术、新材料、新设备，结合装饰工程的特点，满足装饰设计效果，符合施工验收规范及操作规程要求，使技术的先进性、适用性、经济性有机地结合在一起。

4. 用流水施工和网络计划技术安排施工进度

采用流水方法组织施工，以保证装饰施工连续、均衡、有节奏地进行。合理地使用人力、物力和财力，以减少各项资源的浪费。在编制建筑装饰工程施工组织设计时可选用横道图或网络技术，合理安排工序搭接和必要的技术间歇，做好人力、物力的综合平衡。

5. 坚持质量第一、重视安全施工的基本原则

编写建筑装饰工程施工组织设计应贯彻"百年大计，质量第一"和"预防为主"的方针，编写过程中，以我国现行有关建筑装饰施工验收规范及操作规程为依据，使施工质量符合质量检验评定标准。从人、机、料、法和环境方面制定保证质量的措施，预防和控制影响装饰质量的各种因素，确保装饰工程达到预定目标。

编制建筑装饰工程施工组织设计应重视施工过程中的安全，建立健全各项安全管理制度，尤其是装饰施工的安全用电、防火措施，应作为重点对待。

4.6　施工组织设计的实施

施工组织设计一经批准，即成为装饰施工准备和组织整个施工活动的指导性文件，必须严肃对待，认真贯彻实施。

在实施过程中，要做好以下几项工作：

1. 做好施工组织设计的交底工作

在装饰工程正式开工前，要组织召开各级生产、技术会议，详细讲解其内容要求，施工关键，技术难点和保证措施，以及各专业配合协调措施，要求有关部门制定具体的实施计划和技术细则。

2. 制定保证顺利施工的各项规章制度

大量的工程实践说明，制定严格、科学、健全的规章制度，施工组织设计才能顺利实施，才能建立正常的施工秩序，才能确保装饰质量和经济效益。

3. 大力推行技术经济承包责任制

全面实施施工组织设计的重要措施之一，就是把技术经济责任制同企业职工的经济利益挂起钩来，以便相互监督，相互约束，以利于调动干部职工的积极性。在工程中推行节约材料奖、技术进步奖、文明施工奖、工期提前奖和优良工程综合奖。

4. 实现工程施工的连续性和均衡性

根据施工组织设计的要求，工程开工后，及时做好人力、物力和财力的统筹安排，使装饰施工能保持均衡、有节奏地进行，在具体实施中，要通过月、旬作业计划，及时分析各种不均衡因素，综合多方面的施工条件，不断进行各专业、各工种间的综合平衡，进一步完善和调整施工组织文件，真正做到装饰工程施工的节奏性、均衡性和连续性。

任务 5 课程任务、学习目的与学习方法

5.1 建筑装饰施工组织与管理课程任务

建筑装饰工程施工组织设计的根本任务，是根据建筑装饰工程施工图和设计要求，在人力、资金、材料、机具、施工方法和施工作业环境等主要因素上进行合理的安排，在一定的时间和空间上实现有组织、有计划、有秩序的施工，以期在整个工程的施工过程中达到较为理想的效果，即：在时间上能保证速度快、工期短；在质量上能做到精度高、效果好；在经济上能达到消耗少、成本低、利润高等目的。本课程的主要任务是研究装饰工程施工组织的一般规律和利用现代科学的计划管理方法，组织建筑装饰工程施工的具体方法。

5.2 建筑装饰施工组织与管理课程学习目的

对一个建筑物进行装饰施工时，可以有不同的施工顺序；每一个施工过程可以有不同的施工方法；各种施工准备工作可以用不同的方法进行；各种材料可以有不同的采购地点，运输方式等。这些问题不论在技术方面还是在组织方面，通常有许多可行的方案供施工人员选择，但不同的方案，其经济效果是不一样的。从中选择最合理的方案，是施工人员在施工前必须解决的重要问题。对上述问题进行综合考虑，选出合理的施工方案，编制出指导施工的技术经济文件，即建筑装饰装修工程施工组织。本课程的研究对象是编制建筑装饰工程的施工组织设计。通过本课程的学习，要求了解建筑装饰施工组织的基本知识和一般规律；掌握建筑装饰工程流水施工和网络计划的基本方法，并能正确地运用到建筑装饰施工组织的实践中；掌握网络计划方法的基本理论和优化原理，提高建筑装饰工程施工组织管理水平，具有独立编制建筑装饰工程施工组织设计的能力。

5.3 建筑装饰施工组织与管理课程学习方法

1. 多记

本课程中涉及许多名词概念、专业术语，需要有意识地区分、归纳、记忆，避免混淆和引起误解。不仅要记忆本课程的知识点，而且要记忆相关课程的知识点，如建筑装饰构造、建筑装饰施工、建筑装饰工程预算等相关课程。

2. 多看

学习本课程需要丰富的施工现场知识、经验，要求学生应主动地、有意识地到装饰工程现场获取知识和经验，在实践中学习理论。

3. 多练

只有通过大量的习题练习，才能熟练掌握流水施工参数的计算、网络计划的绘制和优化等重要内容。

习题

一、名词解释

1. 项目；2. 建设项目；3. 单位工程；4. 建筑装饰；5. 建筑装饰工程施工组织设计

二、填空题

1. 基本建设项目按建设性质可分为＿＿＿＿＿＿、＿＿＿＿＿＿、＿＿＿＿＿＿、＿＿＿＿＿＿和＿＿＿＿＿＿，按建设项目的用途可分为＿＿＿＿＿＿和＿＿＿＿＿＿。

2. 基本建设程序一般可分为＿＿＿＿＿＿、＿＿＿＿＿＿、＿＿＿＿＿＿、＿＿＿＿＿＿、＿＿＿＿＿＿、＿＿＿＿＿＿、＿＿＿＿＿＿和＿＿＿＿＿＿八个阶段。

3. 建筑装饰产品的特点为＿＿＿＿＿＿、＿＿＿＿＿＿和＿＿＿＿＿＿。

4. 建筑装饰装修工程施工的特点为＿＿＿＿＿＿、＿＿＿＿＿＿、＿＿＿＿＿＿和＿＿＿＿＿＿。

5. 施工组织设计是沟通＿＿＿＿＿＿和＿＿＿＿＿＿之间的桥梁。

三、判断题

1. 装饰装修工程中的木结构工程是单位工程。（　　　）

2. 建筑装饰装修工程施工组织总设计由总承包单位编制。（　　　）

3. 建筑装饰产品要求与建筑主体结构的寿命一样长。（　　　）

4. 建筑装饰装修工程施工准备工作不仅存在于开工之前，而且贯穿于整个施工过程中。
（　　　）

四、简答题

1. 试述建筑装饰装修工程施工组织设计的任务。

2. 什么是基本建设项目？基本建设项目的组成内容有哪些？

3. 试述建筑装饰装修工程的施工程序。它由哪些内容组成？

4. 试述建筑装饰装修工程施工组织设计的作用与分类。

5. 试述建筑装饰装修工程施工准备工作的主要任务。

6. 编制建筑装饰工程的施工组织设计应遵循哪些原则？

项目 2　流水施工

项目描述

流水施工来源于"流水作业"，是流水施工原理在建筑工程施工组织中的具体应用。流水施工是一种比较科学的组织施工的方法，用该方法组织施工可以取得较好的经济效益。因此在建筑装饰工程实际施工组织中，流水施工常被广泛采用。

知识目标

了解组织施工方式中的平行施工和依次施工的概念、特点；掌握流水施工的基本概念、原理、特点、具体施工方式；熟悉流水施工的主要参数。

能力目标

能够对一般分部分项工程和一些简单的单位工程合理地组织流水施工。

内容要点

① 流水施工的基本概念；
② 流水施工的主要参数；
③ 流水施工的组织方式。

任务 1　流水施工的基本概念

1.1　概述

一个工程由许多施工过程组成，合理组织施工是指对工程系统内所有生产要素进行合理的安排，以最佳的方式将各种生产要素结合起来，使其形成一个协调的系统，从而达到作业时间省、物资资源耗费低、产品和服务质量优的目标。

合理组织施工过程，应考虑以下基本要求：

（1）施工过程的连续性

在施工过程中各阶段、各施工区的人流、物流始终处于不停的运动状态之中，避免不必要的停顿和等待现象，且使流程尽可能短。

（2）施工过程的协调性

要求施工过程中的基本施工过程和辅助施工过程之间、各道工序之间以及各种机械设备之间在生产能力上要保持适当数量和质量要求的协调（比例）关系。

（3）施工过程的均衡性

在工程施工的各个阶段，力求保持相同的工作节奏，避免忙闲不均、前松后紧、突击加班等不正常现象。

（4）施工过程的平行性

这是指各项施工活动在时间上实行平行交叉作业，尽可能加快速度，缩短工期。

（5）施工过程的适应性

在工程施工过程中对由于各项内部和外部因素影响引起的变动情况具有较强的应变能力。这种适应性要求建立信息迅速反馈机制，注意施工全过程的控制和监督，及时进行调整。

1913 年，美国福特汽车公司的创始人亨利·福特创造了全世界第一条汽车装配流水线，开创了工业生产的"流水作业法"。流水作业使产品的生产速度大大地提高了，是一种组织产品生产的理想方法。

建筑装饰工程的"流水施工"来源于工业生产中的"流水作业"，实践证明它也是项目施工中最有效的科学组织方法。但是，由于建筑装饰施工项目产品及施工的特点不同，流水施工的概念、特点和效果与其他产品的流水作业也有所不同。

1.2　流水施工的表达方式

流水施工的表达方式主要有线条图和网络图，线条图是装饰工程中常用的表达方式，它具有绘制简单，直观清晰，形象易懂，使用方便等优点。线条图根据绘制方法又分为水平指示图表（即横道图）和垂直指示图表（即斜线图）。

1. 水平指示图表

水平指示图表的横坐标表示持续时间，纵坐标表示施工过程或专业工作队编号，带有编号的圆圈表示施工段的编号。它是利用时间坐标上横线条的长度和位置来反映工程中各施工过程的相互关系和施工进度。在图的下方，还可以画出单位时间需要的资源曲线，它是根据横道图中各施工过程的单位时间某资源的需要量叠加而成，用以表示某资源需要量在时间上的动态变化。水平指示图表如图 2.1 所示。

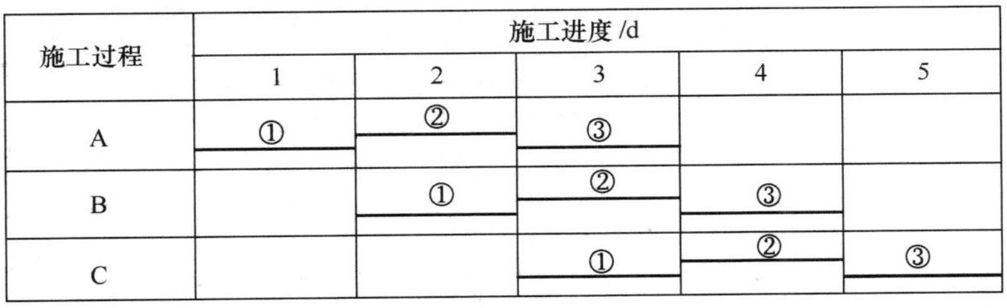

施工过程	施工进度 /d				
	1	2	3	4	5
A	①	②	③		
B		①	②	③	
C			①	②	③

图 2.1　水平指示图表

2. 垂直指示图表

垂直指示图表的横坐标表示持续时间，纵坐标表示施工段的编号，斜向指示线段的代号表示施工过程或专业工作队的编号。

垂直指示图表能直观地反映出在一个施工段或工程对象中各施工过程的先后顺序和配合关系。斜线的斜率能形象地反映各施工过程进行的快慢。垂直指示图表如图 2.2 所示。

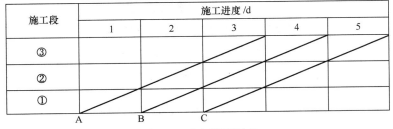

图 2.2　垂直指示图表

1.3 组织施工的三种方式

通常情况下，组织施工可以采用依次施工、平行施工、流水施工等三种方式。现就三种方式的施工特点和效果分析如下：

【案例 2.1】

背景：

现有三幢同类型房屋进行同样的装饰，一幢为一个施工段。已知每幢房屋装饰均大致分为顶棚、墙面、地面、踢脚线四个施工过程，各施工过程所花时间分别为 4 周、1 周、3 周、2 周。顶棚施工班组的人数为 10 人，墙面施工班组的人数为 15 人，地面施工班组的人数为 10 人，踢脚线施工班组的人数为 5 人。

问题：

要求分别采用依次施工、平行施工、流水施工的方式对其组织施工，并分析各种施工方式的特点。

解：

1. 依次施工

依次施工又称顺序施工，是各施工段或各施工过程依次开工、依次完工的一种组织施工的方式。具体说，依次施工可以分为按施工段依次施工和按施工过程依次施工两大类。下面以按施工过程依次施工为例进行分析。

（1）按施工过程依次施工的定义及计算公式

按施工过程依次施工是指同一施工过程的若干个施工段全部施工完毕后，再开始进行第二个施工过程的施工，依次类推的一种组织施工的方式。其中，施工段是指工程量大致相等的若干个施工区段。按施工过程依次施工的进度安排如图 2.3 所示。

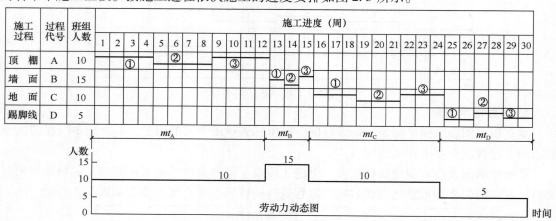

图 2.3 按施工过程依次施工进度计划

由图 2.3 可知，依次施工的工期表达式为

$$T = m \sum t_i \tag{2.1}$$

式中 m——施工段数或房屋幢数；

t_i——各施工过程在一个施工段上完成施工任务所需时间；

T——完成该工程所需总工期。

（2）按施工过程依次施工的特点

优点：

① 单位时间内投入的劳动力和各项物资较少，施工现场管理简单；

② 从事某施工过程的施工班组能连续均衡地施工，工人不存在窝工情况。

缺点：

① 工作面不能充分利用；

② 施工工期长。

因此，根据以上分析可知，依次施工一般适用于规模较小、工作面有限的小型装饰工程。

2. 平行施工

（1）平行施工的定义及计算公式

平行施工是指各个施工段的同一施工过程的同时开工、同时结束的一种施工组织方式。

【案例 2.1】如果采用平行施工组织方式，则进度计划如图 2.4 所示。

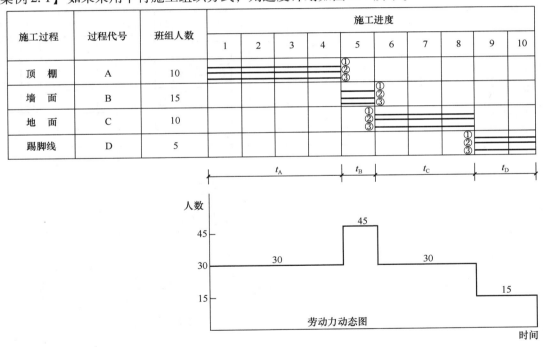

图 2.4　平行施工进度计划

由图 2.4 可知，平行施工的工期表达式为

$$T = \sum t_i \tag{2.2}$$

（2）平行施工的特点

优点：

① 各施工过程工作面充分利用；

② 工期短。

缺点：

① 施工班组成倍增加，机具设备也相应增加，材料供应集中，临时设施设备也需增加，造成组织安排和施工现场管理困难，增加施工管理费用；

② 施工班组不存在连续或不连续施工情况，仅在一个施工段上施工。如果工程结束后再无其他工程，则可能出现窝工。

平行施工方式一般适用于工期要求紧，大规模同类型的建筑群装饰工程或分期分批工程。

3. 流水施工

（1）流水施工的基本定义及计算公式

流水施工是指所有的施工过程均按一定的时间间隔投入施工，各个施工过程陆续开工、陆续竣工，使同一施工过程的施工班组保持连续均衡地施工，不同施工过程尽可能平行搭接施工的组织方式。【案例2.1】如果按照流水施工组织，则进度计划如图2.5所示。

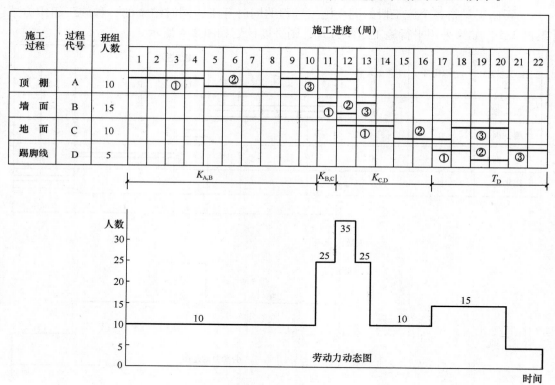

图2.5 流水施工进度计划

从图2.5可知，流水施工的工期计算公式可以表示为

$$T = \sum K_{i,i+1} + T_n \tag{2.3}$$

式中 $K_{i,i+1}$——相邻两个施工过程的施工班组开始投入同一施工段施工的时间间隔；

T_n——施工班组完成最后一个施工过程的全部施工任务所需的时间；

（2）流水施工的特点

流水施工综合平行施工和依次施工的优点，是一种目前在施工现场广泛采用的组织施工的方式，它具有以下几个特点：

① 流水施工中，各施工过程的施工班组都尽可能连续均衡地施工，且各班组专业化程度较高，因此不仅提高了工人的技术水平和熟练程度，而且有利于提高企业管理水平和经济效益。

② 流水施工能够最大限度地充分利用工作面，因此在不增加施工人数的基础上，合理地缩短了工期。

③ 流水施工既有利于机械设备的充分利用，又有利于资源的均衡使用，便于施工现场的管理。

④ 流水施工工期较为合理。首先，流水施工的工期虽然比平行施工的工期长，但是却没成倍增加班组数；其次，流水施工的工期比同样的施工班组情况下的依次施工的工期却短很多。因此，流水施工工期较为合理。

现代建筑装饰施工是一项非常复杂的组织管理工作，尽管理论上流水施工组织方式和实际情况存在差异，甚至差异很大，但是它所总结的一套安排施工的原理和方法对于实际工程有一定的指导意义。

当然，用流水施工组织方式来表示工程进度计划时，也存在不足之处，例如各过程的逻辑关系不能直接看出，不能进行目标优化等。

1.4　组织流水施工的条件

组织流水施工，必须具备以下的条件：

1. 划分施工过程

把整幢建筑物建造过程分解成若干个施工过程，每个施工过程由固定的专业工作队负责实施完成。

施工过程划分的目的，是为了对施工对象的建造过程进行分解，以明确具体专业工作，便于根据建造过程组织各专业施工队依次进入工程施工。

2. 划分施工段

把建筑物尽可能地划分成劳动量或工作量大致相等的施工段（区），又称流水段（区）。

施工段（区）的划分目的是为了形成流水作业的空间。每一个段（区）类似于工业产品生产中的产品，它是通过若干专业生产来完成。工程施工与工业产品的生产流水作业的区别在于，工程施工的产品（施工段）是固定的，专业队是流动的；而工业生产的产品是流动的，专业队是固定的。

3. 组织独立的施工班组

在一个流水分部中，每个施工过程尽可能组织独立的施工班组，这样可使每个施工班组按施工顺序，依次地、连续地、均衡地从一个施工段转移到另一个施工段，重复地完成同类任务。

4. 主要施工过程必须连续、均衡地施工

主要施工过程是指工程量较大、作业时间较长的施工过程。对于主要施工过程必须连续、均衡地施工；对其他施工过程，可考虑与相邻的施工过程合并。如不能合并，为缩短工期，可安排间断施工。

5. 不同施工过程尽可能组织平行搭接施工

不同施工过程之间的关系，关键是工作时间上有搭接和工作空间上有搭接。在有工作面的条件下，除必要的技术和组织间歇时间外，应尽可能组织平行搭接施工。

如果一个工程规模较小，不能划分施工区段的工程任务，且没有其他工程任务与其组织流水施工，则该工程就不能组织流水施工。

任务 2　流水施工的主要参数

流水施工参数是指组织流水施工时，为了表示各施工过程在时间和空间上的相互依存关系，引入一些描述施工进度计划图特征和各种数量关系的参数。

流水施工参数，按其性质的不同，一般可以分为工艺参数、空间参数和时间参数三种。

2.1　工艺参数

工艺参数是指在组织流水施工时，用以表达流水施工在施工工艺方面进展状态的参数，通常包括施工过程数和流水强度两个参数。

1. 施工过程数 n

施工过程数是指一组流水的施工过程的个数，用符号 n 表示。

在组织建筑装饰工程流水施工时，首先应将施工对象划分成若干个施工过程。施工过程划分的数目多少和粗细程度，一般与下列因素有关：

（1）施工计划的性质和作用

对于长期计划及建筑群体、规模大、工期长的工程施工控制性进度计划，其施工过程划分可以粗一些，综合性大一些。对于中小型单位工程及工期不长的工程施工实施性计划，其施工过程划分可以细一些，具体一些，一般可划分至分项工程，对于月度作业性计划，有些施工过程还可以分解为工序，如刮腻子、油漆等。

（2）施工方案

对于一些相同的施工工艺，应根据施工方案的要求，可以将它们合并为一个施工过程，也可以根据施工的先后分为两个施工过程。例如，油漆木门窗可以作为一个施工过程，但是如果施工方案中有说明时，可以作为两个施工过程。

（3）工程量的大小与劳动力的组织

施工过程的划分还与工程量的大小有关。对于工程量小的施工过程，当组织流水施工有困难时，可以与其他施工过程相合并。例如，地面工程，如果垫层的工程量较小，可以与混凝土面层合并为一个施工过程，这样就可以使各个施工过程的工程量大致相等，便于组织流水施工。

施工过程的划分与施工班组及施工习惯有一定的关系。例如，安装玻璃、油漆的施工，可以将它们合并为一个施工过程即玻璃油漆施工过程，它的施工班组就作为一个混合班组，也可以将它们分为两个施工过程，即玻璃安装施工过程和油漆施工过程，这时它们的施工班组为单一工种的施工班组。

（4）施工的内容和范围

施工过程的划分与其工作内容和范围有关。例如，直接在施工现场与工程对象上进行的施工过程，可以划入流水施工过程，而场外的施工内容（如零配件的加工）可以不划入流水施工过程。

流水施工的每一施工过程如果各由一个专业施工班组施工，则施工过程数 n 与专业施工班组数相等，否则两者不相等。

对装饰施工工期影响最大的或对整个流水施工起决定性作用的装饰施工过程称为主导施工过程。在划分施工过程之后，应先找出主导施工过程，以便抓住流水施工的关键环节。

装饰施工过程可分为三类：即为制造装饰成品、半成品而进行的制备类施工过程；把材料和制品运至工地仓库或转运至装饰施工现场的运输类施工过程；在施工过程中占主要地位的装饰安装施工类施工过程。

2. 流水强度 V

每一装饰施工过程在单位时间内所能完成的工程量称为流水强度。根据施工过程的主导因素不同，可以将施工过程分为机械施工过程和手工操作施工过程两种。

（1）机械施工过程的流水强度的计算公式

$$V = \sum_{i=1}^{x} R_i S_i \tag{2.4}$$

式中　V——某施工过程的流水强度；

　　　R_i——某种施工机械台数；

　　　S_i——该种施工机械台班生产率；

　　　x——用于同一施工过程的主导施工机械的种数。

（2）手工操作施工过程的流水强度的计算公式

$$V = RS \tag{2.5}$$

式中　V——某施工过程的流水强度；

　　　R——每一工作队工人人数（R 应小于工作面上允许容纳的最多人数）；

　　　S——每个工人的每班产量定额。

2.2　空间参数

空间参数是指在组织流水施工时，用以表达流水施工在空间布置上开展状态的参数，通常包括施工段数和工作面。

1. 施工段数 m

在组织流水施工时，通常把装饰施工对象划分为劳动量相等或大致相等的若干段称为施工流水段，简称流水段或施工段，一般用符号 m 表示。如果是多层建筑物的装饰工程，则施工段数等于单层划分的施工段数 m_0 乘以该建筑物的层数，即

$$m = m_0 \times 建筑物层数$$

每一个施工段在某一段时间内，一般只能供一个施工过程的工作队使用。

划分施工段的目的，是为了组织流水施工，保证不同的施工班组能在不同的施工段上同时进行施工，从而使各施工班组按照一定的时间间隔从一个施工段转移到另一个施工段进行连续施工。这样，既能消除等待、停歇现象，又互不干扰，同时又缩短了工期。

划分施工段的基本要求：

① 施工段的数目及分界要合理。施工段数目划分过少，会引起劳动力、机械、材料供

应的过分集中，有时会造成供应不足的现象。若划分过多，则会增加施工持续总时间，而且工作面不能充分利用。划分施工段应保证结构不受影响，施工段的分界要同施工对象的结构界限相一致，尽可能利用单元、伸缩缝、沉降缝等自然分界线。

② 各施工段上所消耗的劳动量相等或大致相等（相差宜在15%之内），以保证各施工班组施工的连续性和均衡性。

③ 划分的施工段必须为后面的施工提供足够的工作面。

④ 尽量使主导施工过程的工作队能连续施工。由于各施工过程的工程量不同，所需最小工作面不同，以及施工工艺的不同要求等原因，如要求所有工作队都连续工作，所有施工段上都连续有工作队在工作，有时往往是不可能的，则应组织主导施工过程能连续施工。

⑤ 当组织流水施工对象有层间关系时，应使各工作队能够连续施工。即各施工过程的工作队做完第一段，能立即转入第二段；做完第一层的最后一段，能立即转入第二层的第一段。因此每层最少施工段数目 m_0 应大于或等于其施工过程数 n，即 $m_0 \geq n$。

当 $m_0 = n$ 时，工作队连续施工，施工段上始终有施工班组，工作面能充分利用，无停歇现象，也不会产生工人窝工现象，比较理想。

当 $m_0 > n$ 时，工作队仍能连续施工，虽然有停歇的工作面，但不一定是不利的，有时还是必要的，如利用停歇的时间做养护、干燥、备料、弹线等工作。

当 $m_0 < n$ 时，工作队不能连续施工会出现窝工，这对一个建筑物的装饰施工组织流水施工是不适宜的。

2. 工作面 A

工作面又称工作前线，是指在施工对象上可能安置的操作工人的人数或布置施工机械的场地，工作面反映施工过程在空间上布置的可能性。

对于某些装饰工程，在施工一开始就已经在整个长度或宽度上形成了工作面，这种工作面称为"完整的工作面"（如外墙饰面工程）；对于有些工程的工作面是随着施工过程的进展逐步（逐层、逐段）形成的，这样的工作面称为"部分的工作面"（如内墙粉刷等）。但是，不论在哪一个工作面上，通常前一施工过程的结束，就为后面的施工过程提供了工作面。

在确定一个施工过程必要的工作面时，不但要考虑前一施工过程为这一施工过程可能提供的工作面的大小，还必须要遵守施工规范和安全技术的有关规定。因此，工作面的形成，直接影响到流水施工。

2.3 时间参数

在组织流水施工时，用以表达流水施工在时间排列上所处状态的参数，称之为时间参数。其包括流水节拍、流水步距、平行搭接时间、技术与组织间歇时间及流水工期五种。

1. 流水节拍 t_i

流水节拍是指从事某一装饰施工过程的专业施工班组，在一个施工段上施工作业的持续时间，用 t_i 表示。它与投入该施工过程的劳动力、机械设备和材料供应的集中程度有关。流水节拍决定着装饰施工速度和施工的节奏性，有两种确定方法，一种是根据工期要求来确定，另一种是根据现场投入的资源来确定。

当按可能投入的资源确定流水节拍时，用下式计算，但必须满足最小工作面要求。

$$t_i = \frac{Q_i}{R_i S_i N_i} = \frac{P_i}{R_i N_i} \qquad (2.6)$$

式中　　t_i——某装饰施工过程在某施工段上的流水节拍;

　　　　Q_i——某装饰施工过程在某施工段上的工程量;

　　　　R_i——专业班组的人数或机械台数班;

　　　　S_i——某专业工种或机械产量定额;

　　　　N_i——某专业班组或机械的工作班次;

　　　　P_i——某装饰施工过程在某施工段上的劳动量。

当按工期要求确定流水节拍时,首先根据工期要求确定出流水节拍,再按上式计算所需的工人人数(或机械台班),然后检查劳动力、机械是否满足需要。

当施工段数确定之后,流水节拍的长短对总工期有一定的影响,流水节拍长则相应的工期也长。因此,流水节拍越短越好,但实际上由于工作面的限制,流水节拍也有一定的限制,流水节拍的确定应充分考虑劳动力、材料和施工机械供应的可能性,以及劳动组织和工作面的使用的合理性。

确定流水节拍应考虑的因素:

① 施工班组人数要适宜,既要满足最小劳动组合人数的要求,又要满足最小工作面的要求。

所谓最小劳动组合,是指某一施工过程进行正常施工所必需的最低限度的班组人数及其合理组合,如模板安装就要按技工和普工的最少人数及合理比例组成施工班组,人数过少或比例不当都将引起劳动生产率的下降。

最小工作面是指施工班组为保证安全生产和有效地操作所必需的工作面。它决定了最大限度可安排多少工人。不能为了缩短工期而无限地增加人数,否则将造成工作面的不足而产生窝工。

② 工作班制要恰当。工作班制的确定要视工期的要求而定。当工期不紧迫,工艺上又无连续施工要求时,可采用一班制;当组织流水施工时为了给第二天连续施工创造条件,某些施工过程可考虑在夜班进行,即采用二班制;当工期较紧或工艺上要求连续施工,或为了提高施工中机械的使用率时,某些项目可考虑三班制施工。

③ 以主导装饰施工过程流水节拍为依据,确定其他装饰施工过程的流水节拍。主导装饰施工过程的流水节拍应是各装饰施工过程流水节拍的最大值,应尽可能地有节奏,以便组织有节奏流水。

④ 流水节拍的确定,应考虑到机械设备的实际负荷能力和可能提供的机械设备的数量。也要考虑机械设备操作安全和质量要求。

⑤ 流水节拍一般取整数,必要时可保留 0.5d(台班)的小数值。

2. 流水步距 $K_{i,i+1}$

流水步距是指流水施工过程中,相邻的两个专业班组,在保持其工艺先后顺序、满足连续施工要求和时间上最大搭接的条件下,相继投入同一施工段流水施工的时间间隔,用 $K_{i,i+1}$ 表示。

流水步距的大小,反映着流水作业的紧凑程度,对工期起着很大的影响。在流水段不变的条件下,流水步距越大,工期越长;流水步距越小,则工期越短。

流水步距的数目取决于参加流水施工的施工过程数。如果施工过程为 n 个,则流水步距

的总数为 $n-1$ 个。

（1）确定流水步距的原则

① 始终保持两个相邻施工过程的先后工艺顺序。

② 保持主要施工过程的连续、均衡。

③ 做到前后两个施工过程施工时间的最大搭接。

（2）确定流水步距的方法

简捷实用的方法主要有图上分析法、分析计算法和"累加数列错位相减取大差法"，而"累加数列错位相减取大差法"适用于各种形式的流水施工，其计算步骤如下：

① 将每个施工过程的流水节拍逐个累加，形成累加数列。

② 错位相减，即将前一施工过程流水节拍的累加数列与后一施工过程流水节拍的累加数列错位相减，得到一组差值。

③ 找出上一步差值中的最大值，即为该相邻两个施工过程之间的流水步距。

【案例2.2】

背景：

某项目由四个施工过程组成，分别由 A、B、C、D 四个专业工作队完成。在平面上划分成四个施工段，每个施工过程在各个施工段上的流水节拍见表2.1。

问题：

试确定相邻专业工作队之间的流水步距。

表2.1　某工程流水节拍（d）

工作队 ＼ 施工段	①	②	③	④
A	4	2	3	2
B	3	4	3	4
C	3	2	2	3
B	2	2	1	2

解：

（1）计算各专业工作队的累加数列

A：4　6　9　11

B：3　7　10　14

C：3　5　7　10

D：2　4　5　7

（2）错位相减

A 与 B：

```
        4    6    9    11
   - )        3    7    10    14
   ─────────────────────────────
        4    3    2    1   -14
```

B 与 C：

```
        3    7    10    14
   - )        3    5    7    10
   ─────────────────────────────
        3    4    5    7   -10
```

28

C 与 D：

```
        3    5    7   10
 -)          2    4    5    7
        3    3    3    5   -7
```

（3）求流水步距

因流水步距等于错位相减所得结果中最大值，因此：

$$K_{A,B} = 4d$$
$$K_{B,C} = 7d$$
$$K_{C,D} = 5d$$

3. 平行搭接时间 $C_{i,i+1}$

在组织流水施工时，有时为了缩短工期，在工作面允许的条件下，如果前一施工队组完成部分施工任务后，能够提前为后一个施工队组提供工作面，使后者提前进入前一个施工段，两者在同一施工段上平行搭接施工，这个搭接时间为平行搭接时间。

4. 技术与组织间歇时间 $Z_{i,i+1}$

在流水施工过程中，由于施工工艺的要求，某施工过程在某施工段上必须停歇的时间间隔称为技术间歇时间。例如，混凝土浇筑后，必须经过必要的养护时间，才能进行下一道工序；门窗底漆涂刷后，必须经过必要的干燥时间，才能涂刷面漆等。由于施工组织原因造成的间歇时间称为组织间歇时间。如墙面、顶棚粉刷前的标高弹线工作及其他作业前的准备工作。

5. 流水工期

流水工期是指完成一项工程任务所需的时间。其计算公式一般为

$$T = \sum K_{i,i+1} - \sum C_{i,i+1} + \sum Z_{i,i+1} + T_n \tag{2.7}$$

式中　　$\sum K_{i,i+1}$——所有流水步距之和；

　　　　T_n——最后一个施工过程在各施工段上的流水节拍之和；

　　$\sum C_{i,i+1}$——所有平行搭接时间之和；

　　$\sum Z_{i,i+1}$——所有技术与组织间歇时间之和。

式（2.7）适用于任何节奏专业流水施工的工期计算。

根据以上流水施工参数的概念，可以把流水施工的组织要点归纳如下：

① 将拟建工程（如一个单位工程或分部分项工程）的全部施工活动，划分组合为若干施工过程，每一施工过程交给按专业分工组成的施工班组或混合施工班组来完成。施工班组的人数要考虑每个工人所需要的最小工作面和流水施工组织的需要。

② 将拟建工程每层的平面划分为若干施工段，每个施工段在同一时间内，只供一个施工班组开展作业。

③ 确定各施工班组在每段的作业时间，并使其连续均衡。

④ 按照各施工过程的先后排列顺序，确定相邻施工过程之间的流水步距，并使其在连续作业的条件下，最大限度地搭接起来，形成分部工程施工的专业流水组。

⑤ 搭接各分部工程的流水组，组成单位工程流水施工。

⑥ 绘制流水施工进度计划。

任务3 流水施工的组织方式

流水施工的组织方式根据流水施工节拍特征的不同，可分为有节奏流水、无节奏流水两大类。有节奏流水又根据不同的施工过程之间的流水节拍是否相等，分为等节奏流水和异节奏流水。

3.1 等节奏流水施工的组织方式

等节奏流水又称全等节拍流水，是指各个施工过程的流水节拍均为常数的一种流水施工方式。即同一施工过程在各施工段上的流水节拍都相等，并且不同施工过程之间的流水节拍也相等的一种流水施工方式，这是最理想的流水施工组织方式。

等节奏流水施工组织方式能保证专业班组的工作连续、有节奏，可以实现均衡施工，能最理想地达到组织流水施工作业的目的。

1. 等节奏流水施工的建立步骤

（1）确定流水节拍

同一个施工过程流水节拍相等，不同施工过程流水节拍也相等，即 $t_1 = t_2 = \cdots = t_n = t$ =常数，要做到这一点必须使各施工段上的工程量基本相等。

（2）确定流水步距

各施工过程之间的流水步距相等，且等于流水节拍，即 $K_{i,i+1} = t$。

（3）确定流水工期

由式（2.4）计算：

$$T = \sum K_{i,i+1} + T_n$$

$$\sum = K_{i,i+1} = (n-1)k, T_n = mt$$

所以

$$T = (n-1)k + mt = (n-1)t + mt = (m+n-1)t \qquad (2.8)$$

式中　T——某工程流水施工工期；

$K_{i,i+1}$——第 i 个施工过程和第 $i+1$ 个施工过程的流水步距；

$\sum K_{i,i+1}$——所有流水步距之和；

T_n——最后一个施工过程在各施工段上的流水节拍之和。

（4）当有技术与组织间歇时间 $Z_{i,i+1}$ 和平行搭接时间 $C_{i,i+1}$ 的情况下，等节奏流水施工的工期计算公式为

$$T = (m+n-1)t - \sum C_{i,i+1} + \sum Z_{i,i+1} \qquad (2.9)$$

式中　　$\sum C_{i,i+1}$——所有平行搭接时间之和；

$\sum Z_{i,i+1}$——所有技术与组织间歇时间之和。

【案例 2.3】

背景：

某大理石镶贴工程由弹线试拼 A、水泥砂浆打底 B、镶贴大理石 C、擦缝 D 等四个施工

过程组成,划分为五个施工段,流水节拍均为 3d,无技术组织间歇时间和平行搭接时间。为了保证各个施工班组在各施工段上连续施工,拟采用等节奏流水方式组织施工。

问题:

(1) 计算该工程的总工期;

(2) 绘制该工程的流水施工进度横道图。

解:

(1) 计算工期

因为

$$m = 5, \quad n = 4, \quad t = 3\text{d}$$

所以

$$T = (m + n - 1)t = (5 + 4 - 1) \times 3 = 24\text{d}$$

(2) 用横道图绘制流水进度计划,如图 2.6 所示。

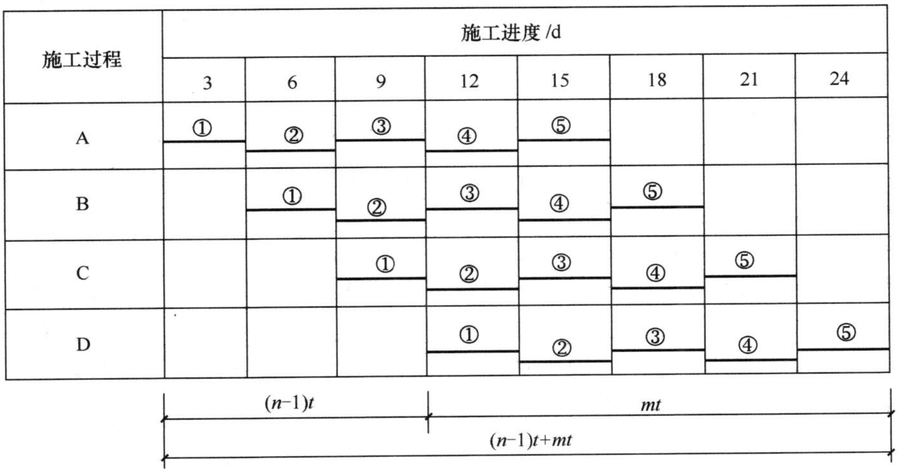

施工过程	施工进度 /d							
	3	6	9	12	15	18	21	24
A	①	②	③	④	⑤			
B		①	②	③	④	⑤		
C			①	②	③	④	⑤	
D				①	②	③	④	⑤

图 2.6 无间歇流水施工进度计划

【案例 2.4】

背景:

某分部工程划分为 A、B、C、D, E 五个施工过程,四个施工段,流水节拍均为 4d,其中 A 和 B、D 和 E 施工过程之间各有 2d 的技术间歇时间,B 和 C、C 和 D 施工过程之间各有 2d 的搭接时间,拟组织全等节拍流水施工。

问题:

(1) 计算该工程的总工期;

(2) 绘制该工程的流水施工进度横道图。

解:

(1) 计算工期

因为

$$m = 4, n = 5, t = 4\text{d}, \sum C_{i,i+1} = 4\text{d}, \sum Z_{i,i+1} = 4\text{d}$$

所以

$$T = (m + n - 1)t - \sum C_{i,i+1} + \sum Z_{i,i+1} = (4 + 5 - 1) \times 4 + 4 - 4 = 32d$$

（2）用横道图绘制流水进度计划，如图 2.7 所示。

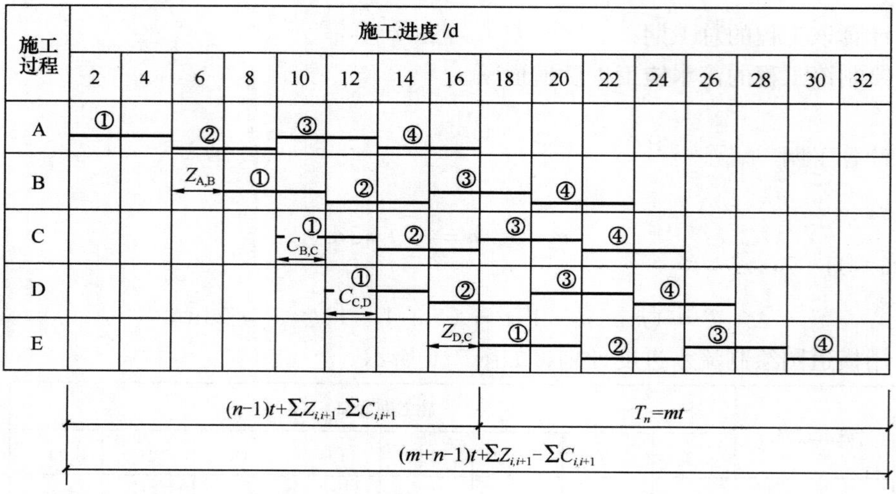

施工过程	施工进度 /d															
	2	4	6	8	10	12	14	16	18	20	22	24	26	28	30	32

图 2.7　有间歇流水施工进度计划

3. 等节奏流水施工方式的适用范围

等节奏流水施工比较适用于分部工程流水，不适用于单位工程，特别是大型的建筑群，因为等节奏流水施工虽然是一种比较理想的流水施工方式，它能保证专业班组的工作连续，工作面充分利用，实现均衡施工，但由于它要求所划分的各分部分项工程都采用相同的流水节拍，这对一个单位工程或建筑群来说，往往十分困难，不容易达到，因此实际应用范围不是很广泛。

3.2　异节奏流水施工的组织方式

异节奏流水施工是指同一个施工过程在各个施工段上的流水节拍相等，不同施工过程之间的流水节拍不一定相等的流水施工方式。根据各个施工过程的流水节拍是否为其中最小流水节拍的整数倍（或节拍之间存在最大公约数）又分为成倍节拍流水施工和一般异节奏流水施工。

1. 成倍节拍流水施工

在组织流水施工时，如果各装饰施工过程在每个施工段上的流水节拍均为其中最小流水节拍的整数倍或节拍之间存在最大公约数，为了加快流水施工速度，可按最大公约数（最大公约数一般情况等于流水节拍值中的最小流水节拍）的整数倍确定相应的专业施工队数目，即构成了成倍节拍流水施工。它的特点是：所有专业施工队能连续施工，而且都实现了最大限度地合理搭接，大大缩短了工期。

成倍节拍流水施工的建立步骤：

（1）确定专业施工队数目 N

每个装饰施工过程所需要专业施工队数目 b_i，由下式确定：

$$b_i = \frac{t_i}{最大公约数} = \frac{t_i}{t_{\min}} \qquad (2.10)$$

式中　t_i——某装饰施工过程的流水节拍；

　　　$t_{\min}$——所有装饰施工过程的流水节拍的最小值。

成倍节拍流水施工的专业施工队总数 N 为

$$N = \sum_{i=1}^{n} b_i \qquad (2.11)$$

式中　b_i——某装饰施工过程所需的专业施工队数目；

　　　N——施工班组总数。

（2）确定流水步距 K_b

对于成倍节拍流水施工，任何两个相邻专业施工班组间的流水步距，均等于最小流水节拍，即

$$K_b = t_{\min} \qquad (2.12)$$

确定流水施工工期，成倍节拍流水工期可按下式计算：

$$T = (m + N - 1)K_b - \sum C_{i.i+1} + \sum Z_{i,i+1} \qquad (2.13)$$

【案例 2.5】

背景：

某分部工程有 A、B、C、D 四个施工过程，施工段数为 6 个，流水节拍分别为 $t_a = 2d$，$t_b = 6d$，$t_c = 4d$，$t_d = 2d$，拟组织成倍节拍流水施工。

问题：

（1）计算该工程的总工期；

（2）绘制该工程的流水施工进度横道图。

解：

（1）计算工期：

因为

$$t_{\min} = 2d$$

所以

$$K_b = t_{\min} = 2d$$

因为

$$b_a = \frac{t_a}{t_{\min}} = \frac{2}{2} = 1 \text{个} \qquad b_b = \frac{t_b}{t_{\min}} = \frac{6}{2} = 3 \text{个}$$

$$b_c = \frac{t_c}{t_{\min}} = \frac{4}{2} = 2 \text{个} \qquad b_d = \frac{t_d}{t_{\min}} = \frac{2}{2} = 1 \text{个}$$

所以专业施工队总数：

$$N = \sum_{i=1}^{4} b_i = 1 + 3 + 2 + 1 = 7 \text{个}$$

$$T = (m + N - 1)K_b - \sum C_{i,i+1} + \sum Z_{i,i+1} = (6 + 7 - 1) \times 2 - 0 + 0 = 24d$$

（2）绘制流水施工进度计划如图 2.8 所示。

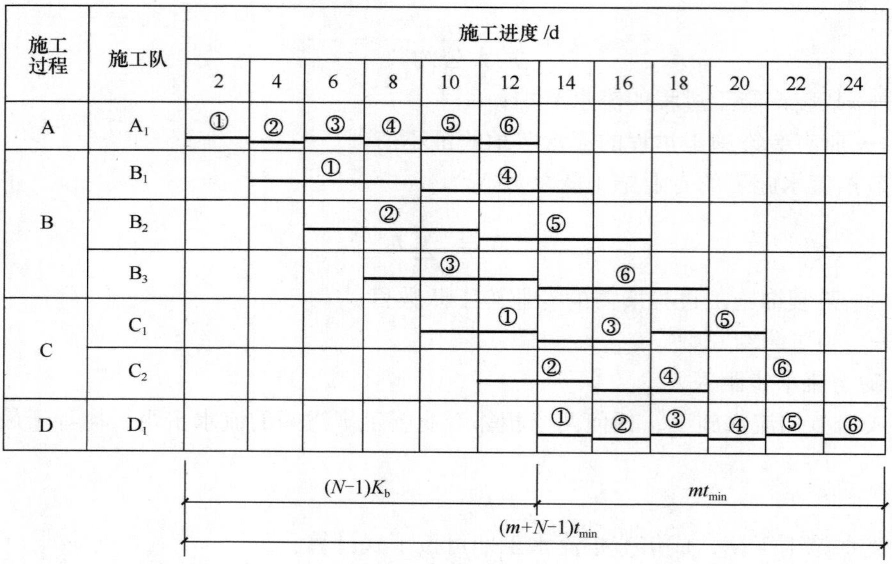

施工过程	施工队	施工进度/d											
		2	4	6	8	10	12	14	16	18	20	22	24
A	A₁	①	②	③	④	⑤	⑥						
B	B₁			①			④						
	B₂				②			⑤					
	B₃					③			⑥				
C	C₁						①		③		⑤		
	C₂							②		④		⑥	
D	D₁							①	②	③	④	⑤	⑥

图 2.8　成倍节拍流水施工进度计划

2. 一般异节奏流水施工

在异节奏流水施工中，如果各施工过程之间的流水节拍没有倍数的规律，称为一般异节奏流水施工。

一般异节奏流水施工的建立步骤：

（1）流水步距的确定

其计算可采用以下计算方法或采用"累加数列错位相减取大差"计算方法。

当 $t_i \leqslant t_{i+1}$ 时 $\qquad\qquad\qquad K_{i,i+1} = t_i$ 　　　　（2.14）

当 $t_i > t_{i+1}$ 时 $\qquad\qquad\qquad K_{i,i+1} = mt_i - (m-1)\,t_{i+1}$ 　（2.15）

式中　t_i——第 i 个施工过程的流水节拍；

t_{i+1}——第 $i+1$ 个施工过程的流水节拍。

（2）确定流水施工工期

一般异节奏流水施工工期可采用下式计算：

$$T = \sum K_{i,i+1} + T_n - \sum C_{i,i+1} + \sum Z_{i,i+1} \qquad (2.16)$$

式中　$\sum K_{i,i+1}$——流水施工中各流水步距之和；

T_n——流水施工中最后一个施工过程的持续时间。

【案例 2.6】

背景：

某工程划分为 A、B、C、D 四个施工过程，分三个施工段组织流水施工，各施工过程的流水节拍分别为 $t_A = 3\mathrm{d}$，$t_B = 4\mathrm{d}$，$t_C = 5\mathrm{d}$，$t_D = 3\mathrm{d}$；施工过程 B 完成后需有 2d 的技术间歇时间，施工过程 D 与 C 搭接 1d。

问题：

（1）试求各施工过程之间的流水步距；

（2）试求该工程的工期；

（3）绘制该工程的流水施工进度横道图。

解：

（1）根据上述条件及式（2.14）、式（2.15），各流水步距计算如下：

因为 $t_A < t_B$，所以

$$K_{A,B} = t_A = 3d$$

因为 $t_B < t_C$，所以

$$K_{B,C} = t_B = 4d$$

因为 $t_C > t_D$，所以

$$K_{C,D} = mt_i - (m-1)t_{i+1} = 3 \times 5 - (3-1) \times 3 = 9d$$

（2）该工程的工期按式（2.16）计算如下：

$$T = \sum K_{i,i+1} - \sum C_{i,i+1} + \sum Z_{i,i+1} + T_n$$
$$= K_{A,B} + K_{B,C} + K_{C,D} - 1 + 2 + mt_D$$
$$= (3 + 4 + 9) - 1 + 2 + (3 \times 3)$$
$$= 26d$$

（3）绘制流水施工进度计划如图 2.9 所示。

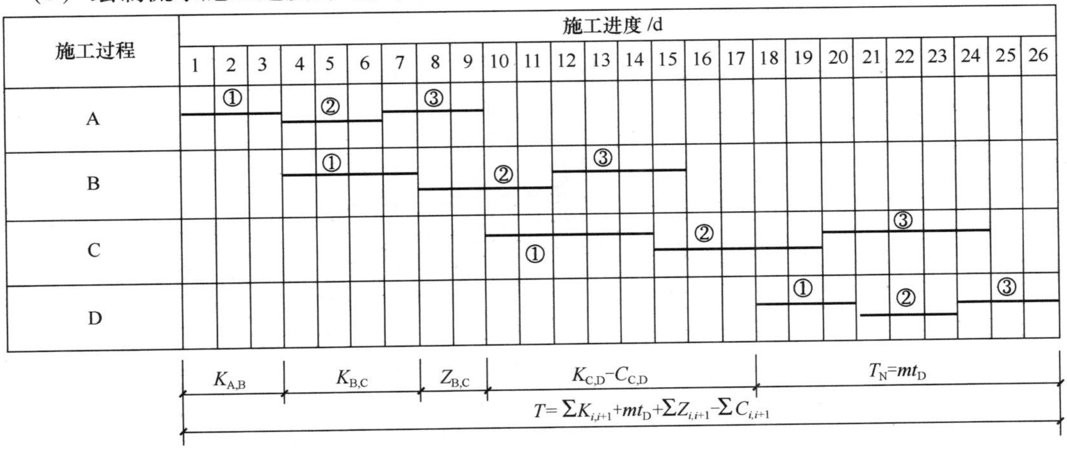

图 2.9   一般异节奏流水施工进度计划

【案例 2.7】

背景：

某工程由 A、B、C、D 四个施工过程组成，四个施工段，施工顺序依次为 A → B → C → D，各施工过程本身在各施工段的流水节拍依次为 $t_A = 1d$，$t_B = 2d$，$t_C = 2d$，$t_D = 1d$。

问题：

在劳动力相对固定的条件下，试组织流水施工。

解：

本例从流水节拍特征分析，可组织成倍节拍流水。因为无劳动力可增加，因此无法做到等步距。为了使施工队组连续作业，只可按一般异节奏流水施工。因此可按一般异节奏流水施工或采用"累加数列错位相减取大差"法计算流水步距。

（1）按一般异节奏流水施工计算流水步距

因为 $t_A < t_B$，所以

$$K_{A,B} = t_A = 1d$$

因为 $t_B = t_C$，所以

$$K_{B,C} = t_B = 2d$$

因为 $t_C > t_D$，所以

$$K_{C,D} = mt_i - (m-1)t_{i+1} = 4 \times 2 - (4-1) \times 1 = 5d$$

（2）按"累加数列错位相减取大差"法计算流水步距

累加数列：

A 数列：　　　1　　2　　3　　4

B 数列：　－)　　　2　　4　　6　　8

第三数列：　　1　　0　　-1　　-2　　-8

取最大差值为 1，即 $K_{A,B} = 1$。

同理可求得 $K_{B,C} = 2$，$K_{C,D} = 5$。

（3）计算施工工期

$$T = \sum K_{i,i+1} + T_n = (1 + 2 + 5) + (1 + 1 + 1 + 1) = 12d$$

（4）绘制施工进度计划如图 2.10 所示

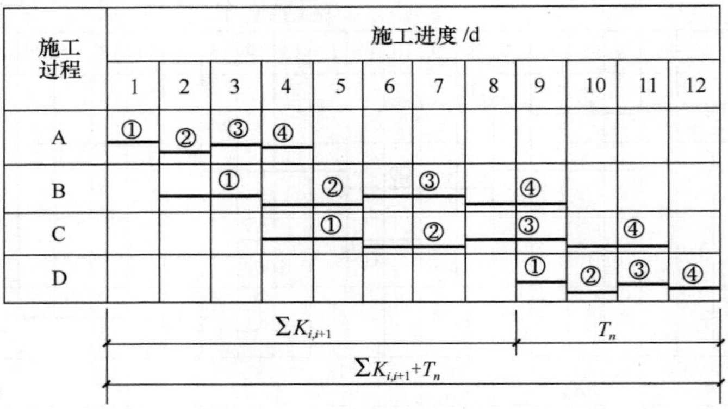

图 2.10　成倍节拍组织一般异节奏流水施工进度计划

从图 2.10 可知，虽然在同一施工段上不同施工过程的时间不尽相同，但有互为整数倍关系。如果不组织多个同工种施工队完成同一施工过程任务，必然是用一般异节奏专业流水的组织形式，流水步距不等。如果以缩短作业时间长的施工过程达到等步距要求，就要检查工作面是否满足要求；如果延长作业时间短的施工过程，工期则延长。因此，确定流水施工的组织形式时，既要分析流水节拍的特征，还要考虑工期要求和具体施工条件。

3. 异节奏流水施工方式的适用范围

成倍节拍流水施工方式比较适用于线型工程（如道路、管道等）的施工。一般异节奏流水施工方式适用于分部和单位工程流水施工，它允许不同施工过程采用不同的流水节拍，因此，在进度安排上比等节奏流水灵活，实际应用范围较广泛。

3.3　无节奏流水施工的组织方式

无节奏流水施工又称分别流水法施工，是指同一施工过程流水节拍不完全相等，不同施工过程流水节拍也不完全相等的流水施工方式。

当各施工段的工程量不等，各施工班组生产效率各有差异，并且不可能组织有节奏流水时，则可组织无节奏流水施工。其特点是：各施工班组依次在各施工段上可以连续施工，但各施工段上并不是都有施工班组工作，因为无节奏流水施工中，各工序之间不像组织有节奏流水那样有一定的时间约束，所以在进度安排上比较灵活。

无节奏流水作业的实质是：各专业施工班组连续流水作业，流水步距经计算确定，使工作班组之间在一个施工段内互不干扰，或前后工作班组之间工作紧紧衔接，因此组织无节奏流水作业的关键在于计算流水步距。

1. 无节奏流水施工的建立步骤

（1）确定流水步距 $K_{i,i+1}$

流水步距按"累加数列错位相减取大差"的方法计算。

（2）确定流水施工工期

无节奏流水施工工期 T 的计算公式是

$$T = \sum K_{i,i+1} - \sum C_{i,i+1} + \sum Z_{i,i+1} + T_n$$

式中　　$\sum K_{i,i+1}$——流水步距之和；

　　　　T_n——最后一个施工过程在各施工段上的流水节拍之和。

其他符号同前。

【案例 2.8】

背景：

某工程由 A、B、C 三个施工过程组成，施工顺序为 A→B→C，$\sum C_{i,i+1} = 0$，各施工段的流水节拍如表 2.2 所示。拟组织无节奏流水施工。

问题：

（1）试求各施工过程之间的流水步距；

（2）试求该工程的工期；

（3）绘制该工程的流水施工进度横道图。

表 2.2　某工程流水节拍（d）

工作队 ＼ 施工段	①	②	③	④	⑤	⑥
A	3	3	2	2	2	2
B	4	2	3	2	2	3
C	2	2	3	3	3	2

解：

（1）确定流水步距

按"累加数列错位相减取大差"的方法，A 施工过程的累加数列为：3、6、8、10、12、14，B 施工过程的累加数列为：4、6、9、11、13、16。将 A、B 两组数列错位相减得第三组数列：

$$
\begin{array}{rrrrrr}
3 & 6 & 8 & 10 & 12 & 14 \\
-)\quad & 4 & 6 & 9 & 11 & 13 & 16 \\
\hline
3 & 2 & 1 & 1 & 11 & -16
\end{array}
$$

第三组数列中的最大值即为 A、B 两个施工过程间的流水步距，即 $K_{A,B} = 3$。同理求得 $K_{B,C} = 5$。

（2）确定流水施工工期

$$T = \sum K_{i,i+1} + T_n = (3 + 5) + (2 + 2 + 3 + 3 + 3 + 2) = 23\text{d}$$

（3）绘制流水施工进度计划如图 2.11 所示。

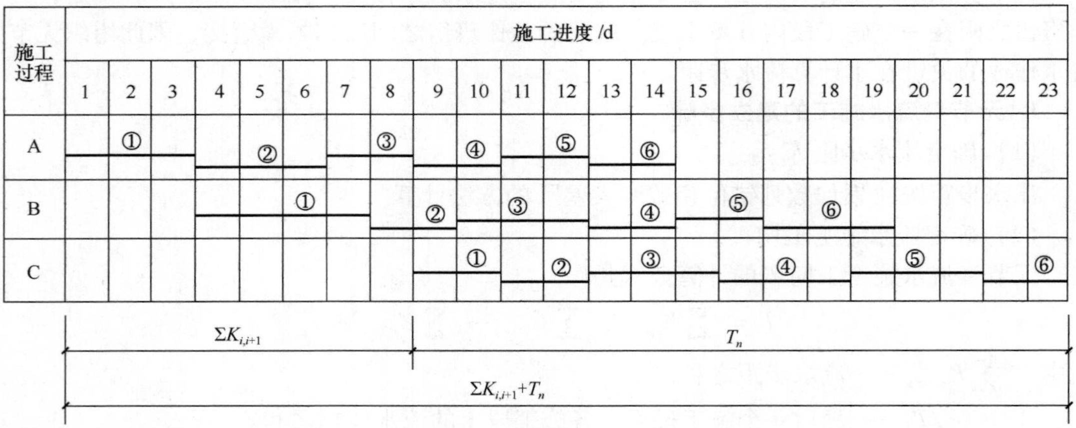

施工过程	施工进度 /d																						
	1	2	3	4	5	6	7	8	9	10	11	12	13	14	15	16	17	18	19	20	21	22	23
A	①		②		③		④		⑤		⑥												
B				①		②		③		④		⑤		⑥									
C						①		②		③			④			⑤			⑥				

图 2.11　无节奏流水施工进度计划

2. 无节奏流水施工方式的适用范围

无节奏流水施工适用于各种不同结构性质和规模的工程施工组织。由于它不像有节奏流水施工那样有一定的时间规律约束，在进度安排上比较灵活、自由，适用于分部工程和单位工程及大型建筑群的流水施工，是流水施工中应用最广泛的一种方式。

在上述各种流水施工的基本方式中，到底采用哪一种方式，除了分析流水节拍的特征，还要考虑工期要求和具体施工条件。任何流水施工组织形式只是一种组织手段，最终目的是要达到工程质量好、施工安全、工期短、施工成本低。

习题与实训

一、习题

1. 名词解释

（1）流水施工；（2）流水步距；（3）流水节拍；（4）施工段；（5）工作面；（6）等节奏流水；（7）异节奏流水；（8）无节奏流水

2. 选择题

（1）不属于流水施工时间参数的是（　　）。

A. 流水节拍　　　B. 流水步距　　　C. 工期　　　D. 施工段

（2）下列哪个参数为流水施工空间参数（　　）。

A. 搭接时间　　　B. 施工过程数　　　C. 施工段数　　　D. 流水强度

（3）流水步距是指相邻两个工作队相继投入同一施工段工作的（　　）。

A. 持续时间　　　　　　　　　　B. 时间间隔

C. 流水组的工期　　　　　　　　D. 施工段数

（4）某工程由 A、B、C 三个施工过程组成，施工段数为三个，流水节拍分别为 $t_A = 6d$，$t_B = 6d, t_C = 12d$，组织异节奏流水施工，该工程工期为（　　）。

A. 36　　　　　　B. 24　　　　　　C. 30　　　　　　D. 48

（5）最理想的组织流水施工方式是（　　）。

A. 等节奏流水　　B. 异节奏流水　　C. 无节奏流水　　D. 成倍节拍流水

（6）流水节拍是指（　　）。

A. 某个专业队的施工作业时间

B. 某个专业队在一个施工段上的作业时间

C. 某个专业队在各个施工段上平均作业时间

D. 两个相邻专业队进入同一施工段作业的时间间隔

（7）下列属于异节奏流水施工的特点是（　　）。

A. 所有施工过程在各施工段上的流水节拍均相等

B. 不同施工过程在同一施工段上的流水节拍都相等

C. 专业工作队数目大于施工过程数

D. 流水步距等于流水节拍

（8）某工程有 5 个施工过程，4 个施工段，则其流水步距数目为（　　）。

A. 4　　　　　　　B. 5　　　　　　C. 6　　　　　　D. 3

（9）流水施工中，（　　）必须连续均衡施工。

A. 所有施工过程　　B. 主导工序　　C. 次要工序　　D. 无特殊要求

（10）某施工段油漆工程量为 200 个单位，安排施工队人数为 25 人，每人每天完成 0.8 个单位，则该段流水节拍为（　　）。

A. 12d　　　　　　B. 10d　　　　　　C. 8d　　　　　　D. 6d

3. 简答题

（1）什么是流水施工？其特点是什么？

（2）组织流水施工的条件和要点有哪些？

（3）流水施工的主要参数有哪些？

（4）流水施工的时间参数如何确定？

（5）如何确定无节奏流水施工的流水步距？

（6）流水施工按节奏特征不同可分为哪几种方式？

4. 计算题

（1）某工程有 A、B、C、D 四个施工过程，四个施工段。其中，$t_A = 2d$，$t_B = 4d$，$t_C = 2d$，$t_D = 1d$。试分别计算依次施工，平行施工及流水施工的工期，并绘出施工进度计划横道图。

（2）已知某工程分为五个施工过程，分五段组织施工，流水节拍均为 2d，在第二个施工过程结束后有 1d 的技术间歇。试组织流水施工，并绘出施工进度计划横道图。

（3）某分部工程，施工过程数 $n = 4$，施工段数 $m = 6$，各过程流水节拍为 $t_A = 2d$，$t_B = 4d$，$t_C = 6d$，$t_D = 4d$。且已知 A、B 之间存在 2d 技术间歇时间。试组织成倍流水施工，并绘出施工进度计划横道图。

（4）某分部工程，已知施工过程数 $n=4$，施工段数 $m=4$，各施工过程在各施工段上的流水节拍 $t_A=3d$，$t_B=2d$，$t_C=4d$，$t_D=2d$，并且在施工过程 C 和 D 之间有 2d 技术间歇时间。试组织流水施工，并绘出施工进度计划横道图。

（5）试根据表2.3的数据，组织流水施工，并绘出施工进度计划横道图。

表2.3　各施工过程的流水节拍

施工过程	施 工 段					
	①	②	③	④	⑤	⑥
A	2	1	3	4	5	5
B	2	2	4	3	4	4
C	3	2	4	3	4	4
D	4	3	3	2	5	5

二、实训

【案例1】

背景：

某群体工程由Ⅰ、Ⅱ、Ⅲ三个单项工程组成。它们都要经过 A、B、C、D 四个施工过程，每个施工过程在各个单项工程上的持续时间如表2.4所示。

表2.4　各施工过程上的流水节拍（d）

施工过程	单 项 工 程		
	Ⅰ	Ⅱ	Ⅲ
A	4	2	3
B	2	3	4
C	3	4	3
D	2	3	3

问题：

（1）什么是无节奏流水？

（2）什么是流水步距？什么是流水施工工期？如果该工程的施工顺序为Ⅰ、Ⅱ、Ⅲ，试计算该群体工程的流水步距和工期。

（3）如果该工程的施工顺序为Ⅱ、Ⅰ、Ⅲ，则该群体工程的工期应如何计算？

解：

（1）无节奏流水施工：流水组中各作业队的流水节拍没有规律。

（2）流水步距：两个相邻的作业队相继投入同一施工段工作的时间间隔。

流水施工工期：施工对象全部施工完成的总时间。

施工过程数目：$n=4$。

施工段数目：$m=3$。

流水步距计算：

$$
\begin{array}{rrrr}
4 & 6 & 9 & \\
-)\quad & 2 & 5 & 9 \\
\hline
4 & 4 & 4 & -9
\end{array}
$$

施工过程 A、B 的流水步距：$K_{A,B}=\max\{4,4,4,-9\}=4d$

$$
\begin{array}{r}
2 \quad 5 \quad 9 \\
-)\quad\; 3 \quad 7 \quad 10 \\
\hline
2 \quad 2 \quad 2 \quad -10
\end{array}
$$

施工过程 B、C 的流水步距：$K_{B,C} = \max \{2, 2, 2, -10\} = 2d$

$$
\begin{array}{r}
3 \quad 7 \quad 10 \\
-)\quad\; 2 \quad 5 \quad 8 \\
\hline
3 \quad 5 \quad 5 \quad -8
\end{array}
$$

施工过程 C、D 的流水步距：$K_{C,D} = \max \{3, 5, 5, -8\} = 5d$

流水施工工期：$T = \sum K_{i,i+1} + T_n = (4 + 2 + 5) + (2 + 3 + 3) = 19d$

（3）如果该工程的施工顺序为 Ⅱ、Ⅰ、Ⅲ，则该群体工程的工期计算：

流水步距计算：

$$
\begin{array}{r}
2 \quad 6 \quad 9 \\
-)\quad\; 3 \quad 5 \quad 9 \\
\hline
2 \quad 3 \quad 4 \quad -9
\end{array}
$$

施工过程 A、B 的流水步距：$K_{A,B} = \max \{2, 3, 4, -9\} = 4d$

$$
\begin{array}{r}
3 \quad 5 \quad 9 \\
-)\quad\; 4 \quad 7 \quad 10 \\
\hline
3 \quad 1 \quad 2 \quad -10
\end{array}
$$

施工过程 B、C 的流水步距：$K_{B,C} = \max \{3, 1, 2, -10\} = 3d$

$$
\begin{array}{r}
4 \quad 7 \quad 10 \\
-)\quad\; 3 \quad 5 \quad 8 \\
\hline
4 \quad 4 \quad 5 \quad -8
\end{array}
$$

施工过程 C、D 的流水步距：$K_{C,D} = \max \{4, 4, 5, -8\} = 5d$

流水施工工期：$T = \sum K_{i,i+1} + T_n = (4 + 3 + 5) + (3 + 2 + 3) = 20d$

【案例 2】

背景：

某两层三单元连体别墅装饰工程，每一单元的工程量分别为外墙贴瓷砖 $187m^2$，雨篷贴花岗石 $11m^2$，楼梯间扶手刷清漆 $2.53m^2$，楼梯间栏杆刷调和漆 $50m^2$，顶棚吊顶 $90m^2$，内墙刷涂料 $130m^2$。以上施工过程的每工产量（表 2.5），顶棚吊顶后 3d 才能进行内墙刷涂料施工。

问题：

试组织全等节拍流水施工。

解：

（1）划分施工过程。

由于贴花岗石工程量小，将其与外墙贴瓷砖并为"外墙贴瓷砖及花岗石"一个施工过程；楼梯间扶手刷清漆及调和漆也合并为一个施工过程。

（2）确定施工段。

根据建筑物的特征，可按房屋的单元分界，划分为三个施工段，即采用一班制施工。

（3）确定主要施工过程的施工人数并计算其流水节拍。

本例主要施工过程为外墙贴瓷砖及花岗石，配备施工班组人数为 21 人，由式 2.6 计算流水节拍：

$$t_i = \frac{Q_i}{R_i S_i N_i} = \frac{P_i}{R_i N_i} \tag{2.6}$$

式中　t_i——某装饰施工过程在某施工段上的流水节拍；

　　　Q_i——某装饰施工过程在某施工段上的工程量；

　　　R_i——专业班组的人数或机械台数班；

　　　S_i——某专业工种或机械产量定额；

　　　N_i——某专业班组或机械的工作班次；

　　　P_i——某装饰施工过程在某施工段上的劳动量。

根据主要施工过程的流水节拍，应用以上公式可计算出其他施工过程的施工班组人数，其结果见表2.5。

流水步距 $K = t = 3\mathrm{d}$。

表 2.5　各施工过程的流水节拍及施工人数

施工过程	工程量		每天产量	劳动量（工日）	施工班组人数	流水节拍
	数量	单位				
外墙贴瓷砖	187	m²	3.5	53	21	3
贴花岗石	11	m²	1.2	9	21	
刷清漆	2.53	m²	0.45	6	2	3
刷调和漆	50	m²	1.5	33	11	
顶棚吊顶	90	m²	1.25	72	24	3
内墙刷涂料	130	m²	4	33	11	

（4）计算工期

（5）绘制流水施工进度表（图2.12）

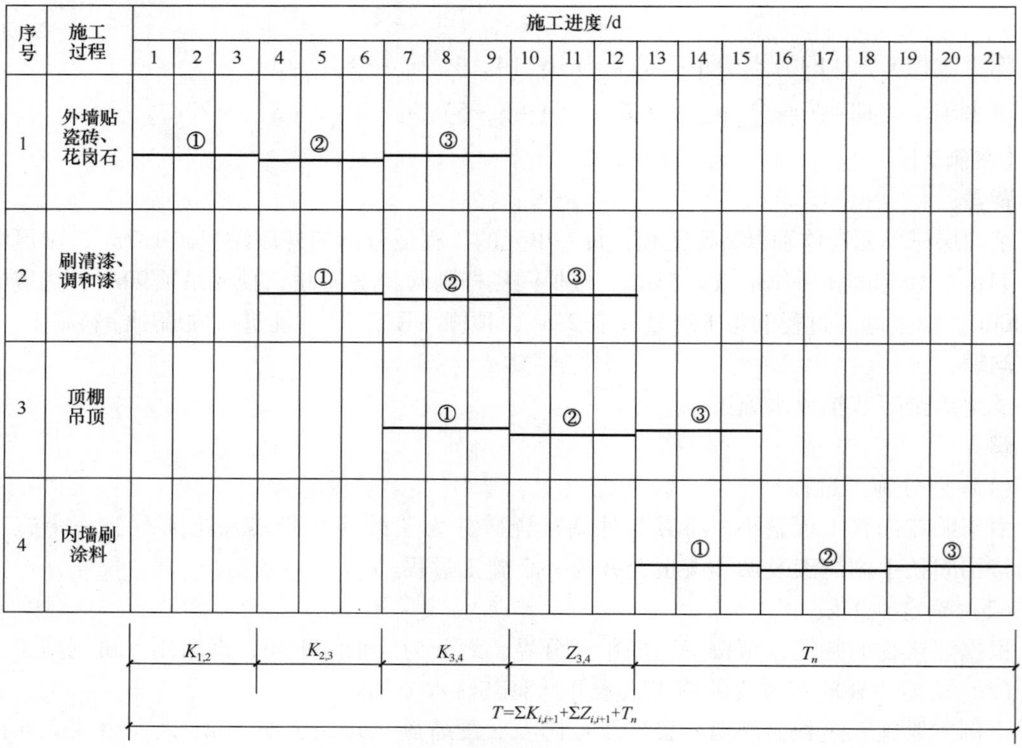

图 2.12　等节奏流水施工进度计划

项目 3   网络计划技术

项目描述

网络计划技术是运用网络的形式来设计和表达一项计划中的各个工作的先后顺序和逻辑关系，通过计算找到关键线路和关键工作，然后不断改善网络计划，选择最优化方案付诸实施，是国际上常用的表达计划管理的方法。

知识目标

在了解横道图与网络图区别与联系的基础上，进一步了解网络图的分类、优化；熟悉双代号网络图的绘图规则、绘制方法和基本应用；掌握双代号网络图的相关概念、时间参数的计算；熟悉单代号网络图的绘图规则、绘制方法；掌握单代号网络图的相关概念、时间参数的计算以及网络计划的应用；掌握双代号时标网络图绘制、时间参数的计算；熟悉双代号网络计划的优化。

能力目标

具备熟练计算双代号网络图、单代号网络图及双代号时标网络图时间参数的能力；能够识读并绘制一般单位工程、分部工程的双代号网络图；能对简单的双代号网络图进行检查和调整，为今后工作打好良好的基础。

内容要点

① 网络计划技术的基本知识；
② 双代号网络图的绘制与时间参数的计算；
③ 单代号网络图的绘制与时间参数的计算；
④ 双代号时标网络图的绘制与时间参数的计算；
⑤ 网络计划优化概述。

任务 1   网络计划技术的基本知识

1.1   网络计划技术的产生与发展

在 20 世纪 50 年代中期以来，为适应生产发展和科技进步的需要，国外陆续采用了一些用网络图表达的计划管理的新方法，由于这些新方法都是建立在网络图的基础上，所以在国际上把这种方法统称为"网络计划方法"或"网络计划技术"。这种方法是根据系统工程原理，运用网络的形式来设计和表达一项计划中的各个工作的先后顺序和逻辑关系，通过计算找到关键线路和关键工作，然后不断改善网络计划，选择最优化方案付诸实施，最后在执行过程中进行有效的控制和监督，使计划尽可能地实现预期目标。著名数学家华罗庚教授将此法归之于"统筹方法"。

我国自 1965 年开始应用网络计划技术，经过多年的实践和应用，至今已得到不断扩大和发展，目前在建筑施工中广泛用于计划和管理领域。为了使网络计划技术在工程计划编制与控制的实际应用中遵循统一的技术规定，做到概念正确、计算原则一致和表达方式统一，以保证网络计划管理的科学性、规范性，建设部于 1992 年颁发了行业标准《工程网络计划技术规程》（JGJ/T 1001—1991），于 1999 年颁发了重新修订的行业标准《工程网络计划技术规程》（JGJ/T 121—1999），并于 2002 年 2 月 1 日起实施。

1.2 横道计划与网络计划的特点分析

1. 横道计划

横道计划是结合时间坐标线，用一系列水平线段分别表示各施工过程的施工起止时间及其先后顺序的一种进度计划，如图 3.1 所示。由于该计划最初是由美国人甘特在第一次世界大战前研究的，因此又称"甘特图"。

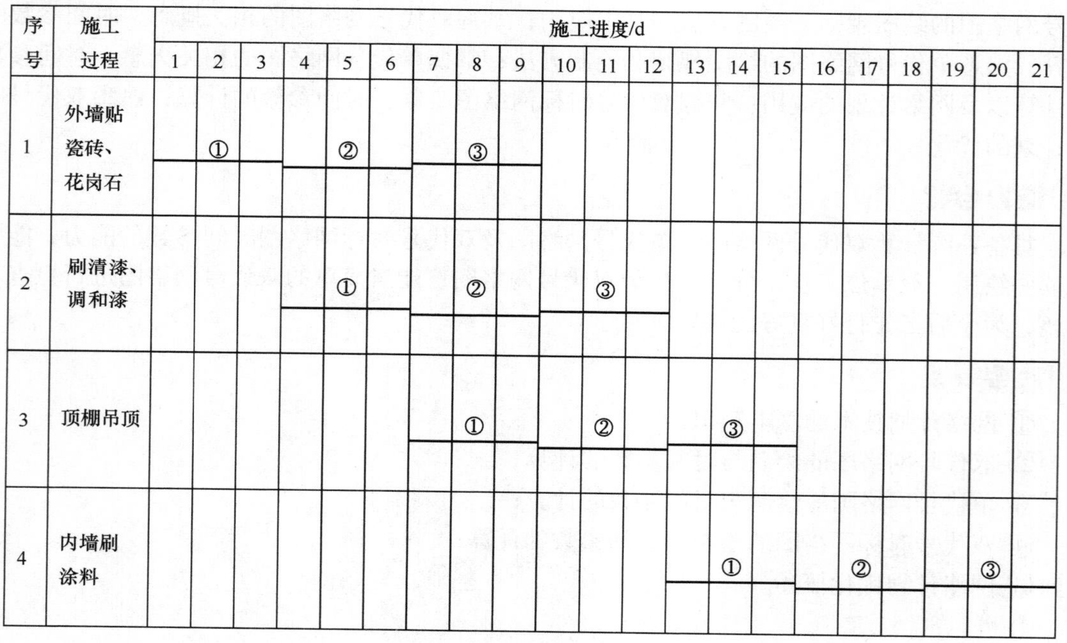

序号	施工过程	施工进度/d																				
		1	2	3	4	5	6	7	8	9	10	11	12	13	14	15	16	17	18	19	20	21
1	外墙贴瓷砖、花岗石		①			②			③													
2	刷清漆、调和漆					①			②			③										
3	顶棚吊顶								①			②			③							
4	内墙刷涂料														①			②			③	

图 3.1　横道计划进度表

优点：

（1）编制容易，绘图较简便。

（2）各施工过程排列整齐有序，表达直观清楚。

（3）结合时间坐标，各过程起止时间、持续时间及工期一目了然。

（4）可以直接在图中进行劳动力、材料、机具等各项资源需要量统计。

缺点：

（1）不能直接反映各施工过程之间相互关系、相互制约的逻辑关系。

（2）不能明确指出哪些工作是关键工作，哪些工作不是关键工作，即不能表明某个施工过程的推迟或提前完成对整个工程进度计划的影响程度。

（3）不能计算每个施工过程的各个时间参数，因此也无法指出在工期不变的情况下某些过程存在的机动时间，进而无法指出计划安排的潜力有多大。

（4）不能应用计算机进行计算，更不能对计划进行有目标的调整和优化。

2. 网络计划

网络计划是以网络图的形式来表达任务构成、工作顺序并加注工作时间参数的一种进度计划。网络图是指由箭线和节点（圆圈）组成的，用来表示工作流程的有向、有序的网状图形。网络图按其所用符号的意义不同，可分为双代号网络图和单代号网络图两种，分别如图 3.2 和图 3.3 所示。

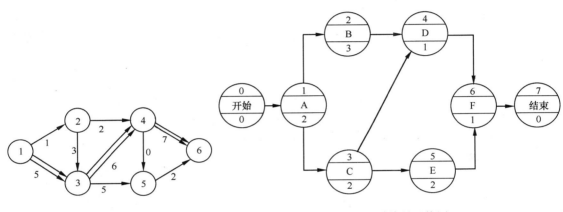

图 3.2　双代号网络图　　　　　　　图 3.3　单代号网络图

优点：

① 能明确反映各施工过程之间相互联系、相互制约的逻辑关系。

② 能进行各种时间参数的计算，找出关键施工过程和关键线路，便于在施工中抓住主要矛盾，避免盲目施工。

③ 可通过计算施工过程存在的机动时间，更好地利用和调配人力，物力等各项资源，达到降低成本的目的。

④ 可以利用计算机对复杂的计划进行有目的的控制和优化，实现计划管理的科学化。

缺点：

① 绘图麻烦，不易看懂，表达不直观。

② 无法直接在图中进行各项资源需要量统计。

1.3　网络计划技术的分类

网络计划技术是一种内容非常丰富的计划管理方法，在实际应用中，通常从不同角度将其分成不同的类别。常见的分类方法有以下几种：

1. 按绘制网络图的代号不同分类

（1）双代号网络计划

双代号网络计划是以双代号网络图表示的计划，双代号网络图是以箭线及其两端节点的编号表示工作的网络图。

（2）单代号网络计划

单代号网络计划是以单代号网络图表示的计划，单代号网络图是以节点及其节点编号表示工作，以箭线表示工作之间逻辑关系的网络图。

2. 按目标的多少不同分类

（1）单目标网络计划

单目标网络计划是指只有一个终点节点的网络计划。

（2）多目标网络计划

多目标网络计划是指有两个及其以上终点节点的网络计划。

3. 按网络计划包括范围不同分类

（1）局部网络计划

局部网络计划是指以一个建筑物或构筑物中的一部分，或以一个分部工程为对象编制的网络计划。

（2）单位工程网络计划

单位工程网络计划是指以一个单位工程或单体工程为对象编制的网络计划。

（3）综合网络计划

综合网络计划是指以一个建设项目为对象编制的网络计划。

4. 网络计划的其他分类

（1）时标网络计划

时标网络计划是指以时间坐标为尺度编制的网络计划，它的最主要特点是时间直观，可以直接显示时差，如图 3.4 所示。

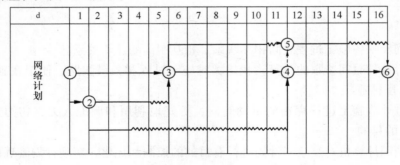

图 3.4　双代号时标网络图

（2）非时标网络计划

工作的持续时间以数字形式标注在箭线下面绘制的网络计划称为非时标网络计划，如图 3.2 所示。

任务 2　双代号网络图

在建筑装饰工程施工过程中，要完成一个工程或一项任务，需要进行许多施工过程或工作过程。用一条箭线表示一个施工过程，施工过程的名称标注在箭线的上方，完成该施工过程所需的时间标注在箭线的下方，箭尾表示施工过程的开始，箭头表示施工过程的结束，在箭头和箭尾衔接的地方，画上圆圈并编上序号，并用箭尾的序号 i 和箭头的序号 j 作为这个施工过程的代号（$i-j$），这种表示方式称为"双代号表示法"（图 3.5），将所有施工过程根据施工顺序和相互关系，用"双代号表示法"从左向右绘制成的图形，称为"双代号网络图"，如图 3.2 所示。

图 3.5　双代号网络图工作的表示方法

2.1　双代号网络图的构成

双代号网络图是由箭线（工作）、节点与节点编号和线路三个基本要素构成。

1. 箭线（工作）

（1）工作

工作又称工序、活动或过程，是指完成一项任务的过程。双代号网络图中，一条箭线表示一项工作。根据计划编制的粗细不同，工作既可以是一个建设项目、一个单项工程，也可以是一个分项工程、一个工序。

工作按其是否占用时间、消耗资源的情况通常分为三种：第一种是既占用时间又消耗资源的工作（如贴外墙面砖）；第二种是只占用时间而不消耗资源的工作（如油漆干燥）；第三种是既不占用时间也不消耗资源的工作。在工程实际中，前两种工作是实际存在的，称为实工作，用实箭线表示；第三种工作是根据需要人为虚设的，只表示相邻工作之间的逻辑关系，称为虚工作，一般不标注名称，其持续时间为零，或者用虚箭线表示，如图 3.6 表示。

图 3.6　虚工作表示法

（2）紧前工作、紧后工作和平行工作

工作按其与其他工作的相互关系分为三类：即紧前工作、紧后工作和平行工作。凡是紧排在本工作之前的工作，称为本工作的紧前工作；紧排在本工作之后的工作，称为本工作的紧后工作；与本工作同时进行的工作称为平行工作。

2. 节点与节点编号

（1）节点

节点在双代号网络图中，表示工作的开始、结束。在双代号网络图中，它表示工作之间的逻辑关系，反映前后工作交接过程的顺序，表示前项工作的结束和后项工作开始的瞬间。

在双代号网络图中，节点有起点节点、中间节点和终点节点三种。网络图中的第一个节点为起点节点，表示一项任务的开始；最后一个节点为终点节点，表示一项任务的结束；其余节点均为中间节点，既表示前面工作的结束节点，又表示后面工作的开始节点，如图 3.7 所示。

双代号网络图中节点的重要特征在于它具有瞬时性。它只表示工作开始或结束的瞬间，

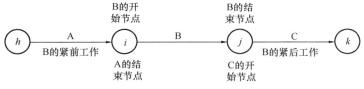

图 3.7　网络图中节点示意图

节点本身既不占用时间，也不消耗任何资源。一个节点的出现时刻，就是以该节点为结束节点的所有工作结束的时刻，也意味着以该节点为开始节点的所有工作开始的时刻。节点的这一特征，使节点具有控制工作进度的作用。

（2）节点编号

网络图中的每个节点都有自己的编号，以便赋予每项工作以代号，便于计算网络图的时间参数和检查网络图是否正确。

节点编号必须满足两条基本规则，其一，箭头节点编号大于箭尾节点编号；其二，在一个网络图中，所有节点不能出现重复编号，编号可连续也可非连续编号。

（3）内向箭线和外向箭线

按箭线与节点关系分为内向箭线和外向箭线。指向某节点的箭线称为该节点的内向箭线；从某节点的引出的箭线称为该节点的外向箭线。

3. 线路

在网络图中从起点节点开始，沿箭头方向顺序通过一系列箭线与节点，最后到达终点节点的通路称为线路。线路上各工作持续时间之和，称为该线路的长度。沿着箭线的方向有很多条线路，其中工期最长的线路称为关键线路，除关键线路之外的其他线路称为非关键线路，位于关键线路上的工作称为关键工作。关键工作没有机动时间，这些工作完成的快慢，直接影响整个工程项目的计划工期。关键工作常用粗箭线或双线表示，以区别非关键工作。

关键线路不是一成不变的，在一定的条件下，关键线路和非关键线路可以互相转化。关键线路在网络图中不只一条，可能会有几条关键线路，即这几条关键线路的工作持续时间相等。

4. 虚工作的应用

虚工作在双代号网计划中只表示前后相邻工作之间的逻辑关系，既不占用时间，也不消耗资源。虚工作用虚箭线表示，起着联系、区分、断路的作用。

（1）联系作用

工作 A、B、C、D 之间的逻辑关系为：工作 A 完成后可同时 B、D 两项工作，工作 C 完成后进行工作 D。不难看出，A 完成后其紧后工作为 B，C 完成后其紧后工作为 D，很容易表达，但 D 又是 A 的紧后工作，为把 A 和 D 联系起来，必须引入虚工作 2－5，逻辑关系才能正确表达，如图 3.8 所示。

（2）区分作用

双代号网络计划是用两个代号表示一项工作。如果两项工作用同一代号，则不能明确表示出该代号表示哪一项工作。因此，不同的工作必须用不同代号，如图 3.9 所示。

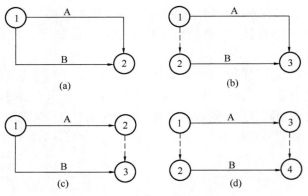

图 3.9　虚工作的区分作用
（a）出现"双同代号"的错误；（b）、（c）两种不同的区分方式；
（d）多画了一个不必要的虚工作

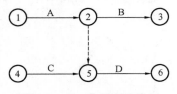

图 3.8　虚工作的联系作用

（3）断路作用

图 3.10 所示为某水磨石地面工程找平层（A）、分隔条（B）、铺石子浆（C）、磨平磨光（D）四项工作的流水施工网络图。该网络图中出现了 A_2 与 C_1，B_2 与 D_1，A_3 与 C_2、D_1，B_3 与 D_2 四处把并无联系的工作联系上了，即出现了多余联系的错误。

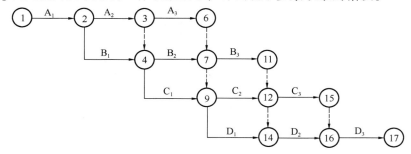

图 3.10　逻辑关系错误的网络图

为了正确表达工作间的逻辑关系，在出现逻辑错误的圆圈（节点）之间增设新节点（虚工作），切断毫无关系的工作之间的关系，这种方法称为断路法。断路法切断多余联系的网络图和正确的网络图如图 3.11 所示。

由此可见，双代号网络图中虚工作是非常重要的，但在应用时要恰如其分，不能滥用，以必不可少为限。

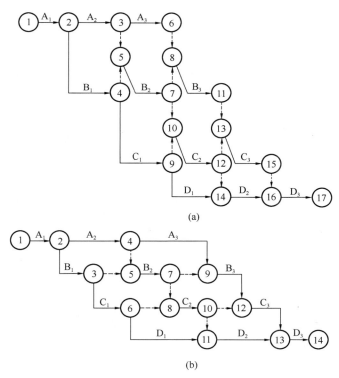

图 3.11　断路法切断多余联系和正确的网络图

（a）切断多余联系的网络图；（b）逻辑关系正确的网络图

【案例3.1】

背景：

一双代号网络图如图3.12所示。

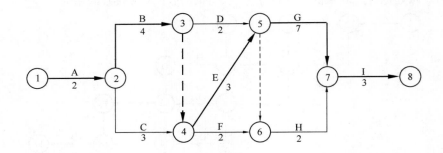

图3.12　双代号网络图

问题：

（1）该双代号网络图中共有几条线路？

（2）试计算各条线路的持续时间。

（3）试确定该双代号网络图的关键线路。

解：

（1）该双代号网络图中共有8条线路。

（2）各条线路的持续时间计算如下：

第一条线路：①→②→③→⑤→⑦→⑧＝2＋4＋2＋7＋3＝18；

第二条线路：①→②→③→⑤→⑥→⑦→⑧＝2＋4＋2＋2＋3＝13；

第三条线路：①→②→③→④→⑤→⑦→⑧＝2＋4＋3＋7＋3＝19；

第四条线路：①→②→③→④→⑤→⑥→⑦→⑧＝2＋4＋2＋2＋3＝13；

第五条线路：①→②→③→④→⑤→⑥→⑦→⑧＝2＋4＋3＋2＋3＝14；

第六条线路：①→②→④→⑥→⑦→⑧＝2＋3＋2＋2＋3＝12；

第七条线路：①→②→④→⑤→⑦→⑧＝2＋3＋3＋7＋3＝18；

第八条线路：①→②→④→⑤→⑥→⑦→⑧＝2＋3＋3＋2＋3＝13。

（3）通过计算可知，该双代号网络图的关键线路为第三条线路，即①→②→③→④→⑤→⑦→⑧。

2.2　双代号网络图的绘制

正确绘制双代号网络图是网络计划技术应用的关键，绘制时必须正确表示各种逻辑关系，遵守绘图的基本原则，并且还要选择适当的网络图排列方式。

1. 网络图的逻辑关系

网络图的逻辑关系是指网络计划中所表示的各个工作之间客观上存在或主观上安排的先后顺序关系。这种顺序关系划分为两类：一类是施工工艺关系，简称工艺逻辑关系；另一类是施工组织关系，简称组织逻辑关系。

（1）工艺逻辑关系

工艺逻辑关系是由施工工艺所决定的各个施工过程之间客观上存在的先后顺序关系。对于一个具体的工程项目而言，当确定施工方法之后，各个施工过程的先后顺序一般是固定的，有的是绝对不允许颠倒的。

（2）组织逻辑关系

组织逻辑关系是施工组织安排中，考虑劳动力、机具、材料及工期等方面的影响，在各施工过程之间主观上安排的施工顺序，这种关系不受施工工艺的限制，不是由工程性质本身决定的，而是在保证工作质量、安全和工期等的前提下，可以人为安排的顺序关系。

在网络图中，各个施工过程之间有多种逻辑关系。在绘制网络图时，必须正确反映各施工过程之间的逻辑关系。几种常见的逻辑关系表示方法如表 3.1 所示。

表 3.1　双代号网络图中各工作逻辑关系表示方法

序号	工作之间的逻辑关系	网络图中表示方法	说　明
1	有 A、B 两项工作按照依次施工方式进行	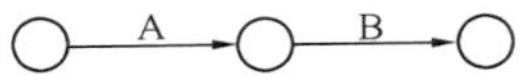	B 工作依赖着 A 工作，A 工作约束着 B 工作的开始
2	有 A、B、C 三项工作同时开始工作	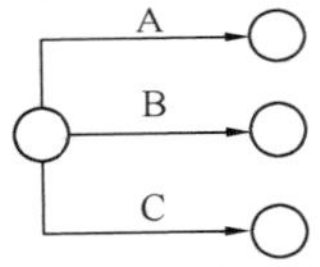	A、B、C 三项工作称为平行工作
3	有 A、B、C 三项工作同时结束	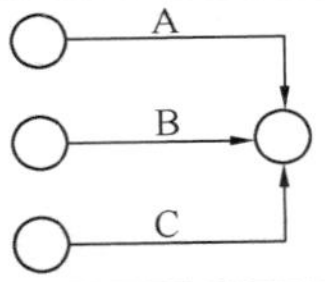	A、B、C 三项工作称为平行工作
4	有 A、B、C 三项工作，只有在 A 完成后 B、C 才能开始	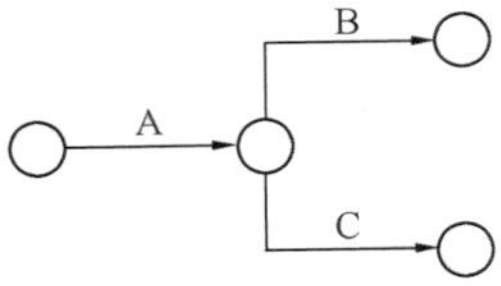	A 工作制约着 B、C 工作的开始。B、C 为平行工作
5	有 A、B、C 三项工作，C 工作只有在 A、B 完成后才能开始	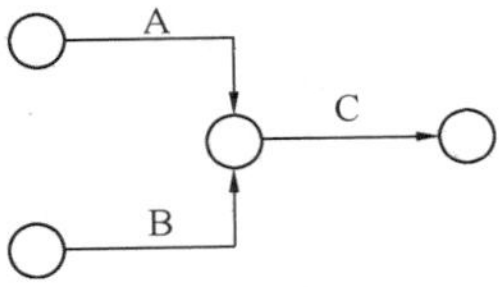	C 工作依赖着 A、B 工作。A、B 为平行工作
6	有 A、B、C、D 四项工作，只有当 A、B 完成后，C、D 才能开始	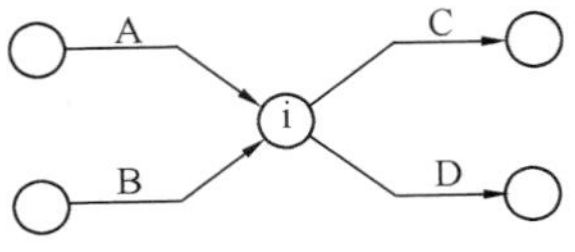	通过中间节点 i 正确地表达了 A、B、C、D 之间的关系
7	有 A、B、C、D 四项工作，A 完成后 C 才能开始；A、B 完成后 D 才开始	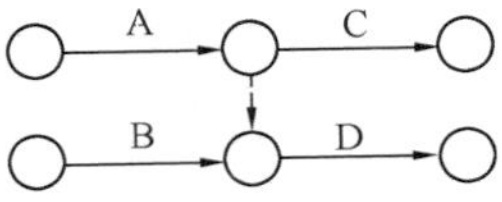	D 与 A 之间引入了逻辑连接（虚工作），只有这样才能正确表达它们之间的约束关系

续表

序号	工作之间的逻辑关系	网络图中表示方法	说　明
8	有 A、B、C、D、E 五项工作，A、B 完成后 C 开始；B、D 完成后 E 开始	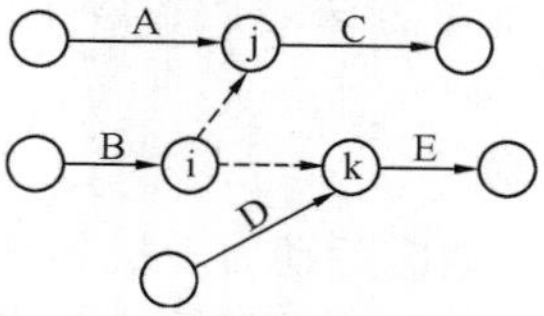	虚工作 i-j 反映出 C 工作受到 B 工作的约束，虚工作 i-k 反映出 E 工作受到 B 工作的约束
9	在 A、B、C、D、E 五项工作，A、B、C 完成后 D 才能开始；B、C 完成后 E 才能开始	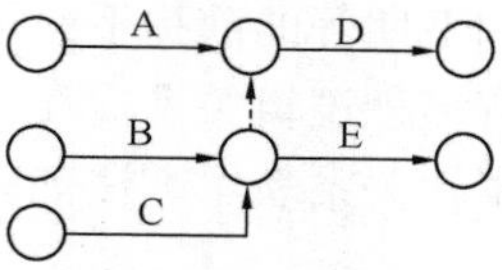	虚工作表示 D 工作受到 B、C 工作制约
10	A、B 两项工作分三个施工段，流水施工	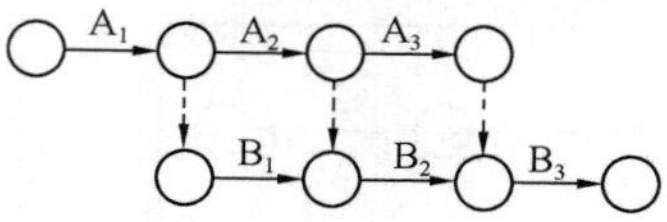	每个工种工程建立专业工作队，在每个施工段上进行流水作业，不同工种之间用逻辑搭接关系表示

【案例 3.2】

背景：

A、B、C 工作同时开始，A 工作后开始 D 工作，A、B 工作后开始 E 工作，A、B、C 工作后，F 工作开始。

问题：

试以双代号表示方法表示以上工作之间的逻辑关系。

解：

以上的工作之间逻辑关系如图 3.13 所示。

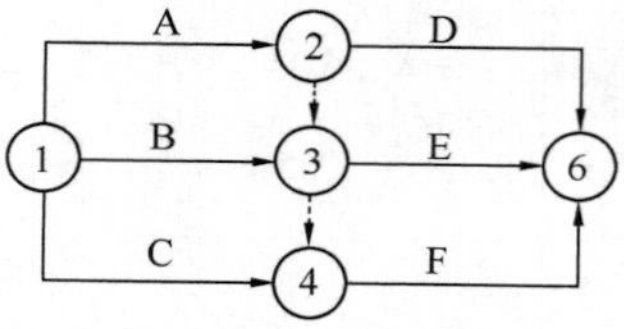

2. 双代号网络图的绘制规则

在绘制双代号网络图时，除了正确反映工作之间的各种逻辑关系外，还必须遵循以下规则：

图 3.13　双代号表示法的逻辑关系图

① 一项工作只能用唯一的一条箭线表示，任何箭线必须从一个节点开始到另一个节点结束；一项工作全部完成后，紧接它后面的工作才能开始，不得从一条箭线的中间引出另一条箭线。如图 3.14（a）中，工作 A 与 B 的表达是错误的，正确的表达为图 3.14（b）中所示。

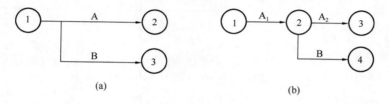

(a)　　　　　　　　　　　　　　　　(b)

图 3.14　引出箭线的正误画法

（a）在箭线上引出箭线的错误画法；（b）正确画法

② 在一个双代号网络图中，只允许有一个起点节点和一个终点节点。如图 3.15（a）

中出现了①、③两个起点节点，出现了⑥、⑦两个终点节点，都是错误的。

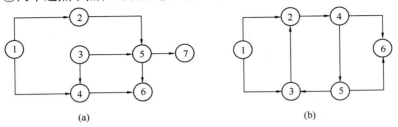

图 3.15　多个起点、终点节点及循环线路的错误画法

（a）多个起点、终点节点的错误画法；（b）循环线路的错误画法

③ 在网络图中不允许出现循环线路（闭合回路）。如图 3.15（b）中，②→④→⑤→③→②形成了循环线路，它所表达的逻辑关系是错误的。

④ 网络图中不允许出现有双向箭头或无箭头的工作。如图 3.16（a）中的箭线是错误的，因为施工网络图是一种有向图，沿箭头方向循序前进，所以一条箭线只能有一个箭头。另外，在网络图中应尽量避免使用反向箭线，如 3.16（b）中的②→③，因为反向箭线容易发生错误，造成循环回路。

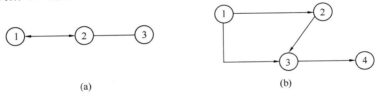

图 3.16　错误箭头画法

（a）双向箭头、无箭头的错误箭线画法；（b）反向箭线的错误画法

⑤ 在一个网络图中，不允许出现同样编号的节点或箭线。在图 3.17（a）中 A、B 两个工作均用①→②表示是错误的，正确的表达方式应为图 3.17（b）所示。此外，箭尾的编号要小于箭头的编号，各节点的编号不能重复，但可以连续编号或跳号。

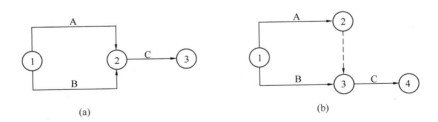

图 3.17　相同编号箭线的正误画法

（a）相同编号箭线的错误画法；（b）正确画法

⑥ 在同一网络图中，同一项工作不能出现两次。如图 3.18（a）中工作 C 出现两次是不允许的，应引进虚工作以表达其逻辑关系，如图 3.18（b）所示。

⑦ 在双代号网络图中，不允许出现没有箭尾节点的箭线和没有箭头节点的箭线，如图 3.19 中所示均是错误的。

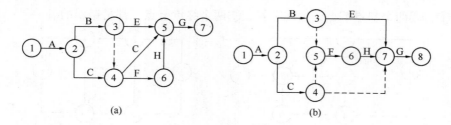

图 3.18　同一工作出现两次的正误画法

（a）同一工作出现两次的错误画法；（b）正确画法

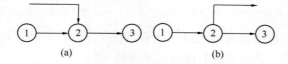

图 3.19　无箭尾无箭头节点箭线的错误画法

（a）无箭尾节点的箭线的错误画法；（b）无箭头节点的箭线的错误画法

⑧ 在双代号网络图中，尽量避免出现交叉箭线，当无法避免时，应采用过桥法、断线法或指向法表示，如图 3.20 所示。

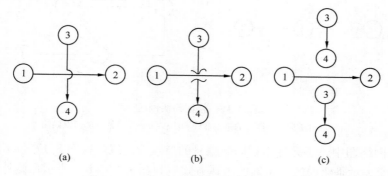

图 3.20　双代号网络图中箭头表示方法

（a）过桥法；（b）断线法；（c）指向法

⑨ 当网络图的起点节点有多条外向箭线，或终点节点有多条内向箭线时，为使图形简洁正确，可用母线法绘制，如图 3.21 所示。

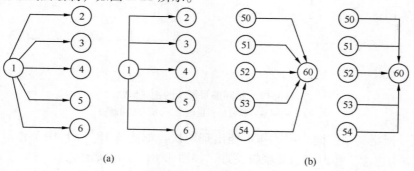

图 3.21　母法法

（a）起点母线；（b）终点母线

【案例 3.3】

背景：

一双代号网络图如图 3.22 所示。

问题：

试指出网络图中的错误，并说明错误的原因。

解：

该网络图中有多项错误，分别说明如下：

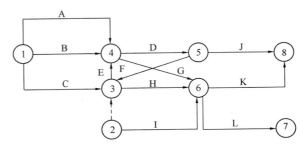

图 3.22　双代号网络图

①→④节点，表示 A，B 工作错误，因为双代号网络图每两个节点只能表示一项工作，而该网络图①→④节点却表示了 A，B 两个工作。

③→④→⑤是循环线路，而双代号网络图中不允许出现循环线路。

③→⑤和④→⑥为交叉箭线，没有采用过桥法、断线法或指向法表示。

②节点为无内向箭线的节点，一个网络图中只允许有一个起点节点，且编号最小。①节点为起点节点，②节点则错误。

⑦节点为无外向箭线的节点，一个网络图中只允许有一个终点节点，且编号最大。⑧节点为终点节点，⑦节点则错误。

3. 双代号网络图的排列方式

在绘制双代号网络图的实际应用中，要求网络图要按一定的次序组织排列，使其条理清晰、形象直观。双代号网络图的排列方式，主要有以下三种：

（1）按施工过程排列

按施工过程排列，是根据施工顺序把各施工过程按垂直方向排列，把施工段按水平方向排列。例如，某水磨石地面工程，分为水泥砂浆找平层、镶玻璃分格条、铺抹水泥石子浆面层、磨平磨光浆面等四个施工过程，若分为三个施工段组织流水施工，其网络图的排列形式，如图 3.23 所示。

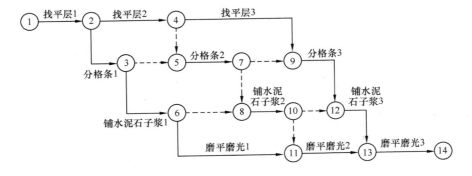

图 3.23　按施工过程排列

（2）按施工段排列

按施工段进行排列，与按施工过程排列相反。它是把同一施工段上的各个施工过程按水平方向排列，而施工段则按垂直方向排列，其网络图形式如图 3.24 所示。

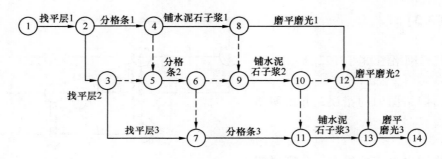

图 3.24　按施工段排列

（3）按楼层排列

图 3.25 所示为一个五层内装饰工程的施工组织网络图，整个施工分为地面、天棚粉刷、内墙粉刷和安装门窗四个施工过程，而这四个施工过程是按楼层自上而下的顺序组织施工。

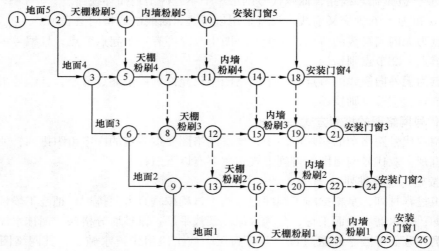

图 3.25　按楼层排列

4. 双代号网络图的绘制方法

1）节点位置法

为了使所绘制网络图中不出现逆向箭线和竖向实线箭线，在绘制网络图之前，先确定各个节点相对位置，再按节点位置号绘制网络图，如图 3.26 所示。

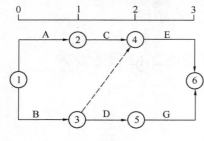

图 3.26　节点位置法

（1）节点位置号的确定原则

节点位置号的确定原则以图 3.26 为例，说明节点位置号（即节点位置坐标）的确定原则：

① 无紧前工作的工作的开始节点位置号为 0。如工作 A、B 的开始节点位置号为 0。

② 有紧前工作的工作的开始节点位置号等于其紧前工作的开始节点位置号的最大值加 1。如 E：紧前工作 B、C 的开始节点位置号分别为 0、1，其节点位置号为 1 + 1 = 2。

③ 有紧后工作的工作的完成节点位置号等于其紧后工作的开始节点位置号的最小值。如 B：紧后工作 D、E 的开始节点位置分别为 1、2，则其节点位置号为 1。

④ 无紧后工作的工作完成节点位置号等于有紧后工作的工作完成节点位置号的最大值加 1。如工作 E、G 的完成节点位置号等于工作 C、D 的完成节点位置号的最大值加 1，即 2 + 1 = 3。

（2）绘图步骤

① 提供逻辑关系列表，一般只要提供每项工作的紧前工作；

② 确定各项工作紧后工作；

③ 确定各工作开始节点位置号和完成节点位置号；

④ 根据节点位置号和逻辑关系绘出初始网络图；

⑤ 检查、修改、调整，绘制正式网络图。

【案例 3.4】

背景：

已知网络图的资料如表 3.2 所示。

问题：

试绘制双代号网络图。

表 3.2　网络图资料表

工作	A	B	C	D	E	G
紧前工作	—	—	—	B	B	C、D

解：

① 列出关系表，确定出紧后工作和节点位置号，如表 3.3 所示。

表 3.3　关　系　表

工　作	A	B	C	D	E	G
紧前工作	—	—	—	B	B	C、D
紧后工作	—	D、E	G	G	—	—
开始节点的位置号	0	0	0	1	1	2
完成节点的位置号	3	1	2	2	3	3

② 绘出网络图，如图 3.27 所示。

2）逻辑草稿法

先根据网络图的逻辑关系，绘制出网络图草图，再结合绘图规则进行调整布局，最后形成正式网络图。绘图步骤：

① 根据已提供的逻辑关系列表，确定各项工作的紧后工作。

② 绘制无紧前工作的工作，使它们具有相同的箭尾节点，即起点节点。

③ 依次绘制其他各项工作。首先，绘制仅有一

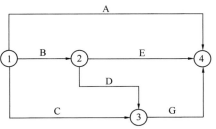

图 3.27　网络图

57

项紧前工作的工作，将该工作的箭线直接画在其紧前工作的完成节点之后；然后，绘制有多项紧前工作的工作，利用虚工作将所有紧前工作进行合并，再从合并后的节点引出本工作的箭线。

④ 合并没有紧后工作的箭线，即为终点节点。

⑤ 按网络图绘图规则和各项工作的紧后工作这一逻辑关系进行检查，检查网络图逻辑关系是否正确，是否有多余的终点节点和多余的虚工作。

⑥ 调整网络图并对节点进行编号。

【案例 3.5】

背景：

已知网络图的资料如表 3.4 所示。

问题：

试绘制双代号网络图。

表 3.4　网络图资料表

工作	A	B	C	D	E	G	H
紧前工作	—	—	—	—	A、B	B、C、D	C、D

解：

① 列出关系表，确定出紧后工作，如表 3.5 所示。

② 绘制没有紧前工作的工作 A、B、C、D，如图 3.28（a）所示。

③ 绘制有紧前工作 A、B 的工作 E，如图 3.28（b）所示。

④ 绘制有紧前工作 C、D 的工作 H，如图 3.28（c）所示。

⑤ 绘制有紧前工作 B、C、D 的工作 G，并合并工作 E、G、H，如图 3.28（d）所示。

表 3.5　关　系　表

工作	A	B	C	D	E	G	H
紧前工作	—	—	—	—	A、B	B、C、D	C、D
紧后工作	E	E、G	G、H	G、H	—	—	—

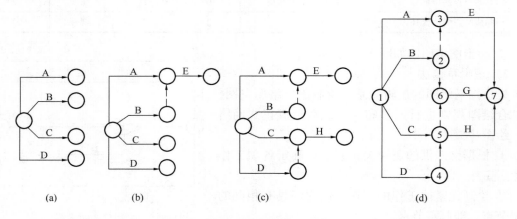

图 3.28　双代号网络图绘图

2.3　双代号网络图时间参数的计算

网络图的时间参数，是确定工程项目计划工期和关键线路（工作）的基础，也是确定非关键工作机动时间、进行网络计划优化和科学合理对工程进行计划管理的依据。

双代号网络图时间参数的计算内容主要包括：各项工作最早开始时间、最早结束时间、最迟开始时间、最迟完成时间、总时差和自由时差；各节点最早开始时间、最早完成时间。

双代号网络图时间参数的计算方法常用的有工作计算法和节点计算法两种。

1. 工作计算法

设有线路 h → i → j → k。

1）工作时间参数常用符号

D_{i-j}（Day）：工作 i – j 的持续时间；

ES_{i-j}（Earliest Start Time）：工作 i – j 的最早开始时间；

EF_{i-j}（Earliest Finish Time）：工作 i – j 的最早完成时间；

LF_{i-j}（Lastest Finish Time）：工作 i – j 的最迟完成时间；

LS_{i-j}（Latest Start Time）：工作 i – j 的最迟开始时间；

TF_{i-j}（Total Float）：工作 i – j 的总时差；

FF_{i-j}（Free Float）：工作 i – j 的自由时差。

2）工作时间参数的意义及其计算规定

计算各工作的时间参数，应在确定各项工作的持续时间之后进行。虚工作必须同其他工作一样进行计算，其工作持续时间为零。各工作的时间参数的计算结果应标注在箭线的上面，如图 3.29 所示。

图 3.29　工作计算法的
时间参数标注形式

（1）工作最早开始时间 ES_{i-j}

一项工作的最早开始时间指各紧前工作全部完成后，本工作有可能开始的最早时刻，以 ES_{i-j} 表示，i – j 为工作的节点代号。工作 i – j 的最早开始时间 ES_{i-j} 的计算应符合下列规定：

① 工作 i – j 的最早开始时间 ES_{i-j}，应从网络计划的起点节点开始，顺着箭线方向依次逐项计算；

② 以起点节点 i 为箭尾的工作 i – j，当未规定其最早开始时间 ES_{i-j} 时，其值等于零，即

$$ES_{i-j} = 0(i = 1) \tag{3.1}$$

③ 当工作 i – j 只有一项紧前工作 h – i 时，其最早开始时间 ES_{i-j} 应为

$$ES_{i-j} = ES_{h-i} + D_{h-i} \tag{3.2}$$

④ 当工作 i – j 有多项紧前工作 h – i 时，其最早开始时间 ES_{i-j} 应为

$$ES_{i-j} = \max\{ES_{h-i} + D_{h-i}\} \tag{3.3}$$

式中　ES_{h-i}——工作 i – j 的紧前工作 h – i 的最早开始时间；

$\quad\quad D_{h-i}$——工作 i – j 的紧前工作 h – i 的持续时间。

（2）工作最早完成时间 EF_{i-j}

一项工作最早完成时间指各紧前工作全部完成后，本工作有可能完成的最早时刻，以 EF_{i-j} 表示。工作 i – j 的最早完成时间 EF_{i-j} 可按下式进行计算：

$$EF_{i-j} = ES_{i-j} + D_{i-j} \tag{3.4}$$

式中　EF_{i-j}——工作 i-j 的最早开始时间；

　　　D_{i-j}——工作 i-j 的持续时间。

（3）网络计划的计算工期 T_c 和计划工期 T_p

网络计划的计算工期是根据时间参数计算所得到的工期，等于网络计划中以终点节点为完成节点的各工作最早完成时间的最大值，用字母 T_c 表示，可按下式进行计算：

$$T_c = \max\{EF_{i-n}\} \tag{3.5}$$

式中　EF_{i-n}——以终点节点为完成节点的工作 i-n 的最早完成时间。

网络计划的计划工期是根据要求工期和计算工期所确定的作为实施目标的工期，用字母 T_p 表示。网络计划的计划工期 T_p 的计算应按下列情况分别确定：

① 当规定要求工期 T_r 时

$$T_p \leqslant T_r \tag{3.6}$$

式中　T_r——要求工期，是指任务委托人所提出的指令性工期。

② 当未规定要求工期 T_r 时

$$T_p = T_c \tag{3.7}$$

（4）工作最迟完成时间 LF_{i-j}

工作最迟完成时间指在不影响整个任务按期完成的前提下，本工作必须完成的最迟时间，以 LF_{i-j} 表示。工作最迟完成时间 LF_{i-j} 的计算应当符合下列规定：

① 工作 i-j 的最迟完成时间 LF_{i-j} 应从网络计划的终点节点开始，逆着箭线方向依次逐项进行计算。

② 以终点节点为完成节点的工作最迟完成时间 LF_{i-n}，应按网络计划的计划工期 T_p 确定，即

$$LF_{i-n} = T_p \tag{3.8}$$

③ 其他工作 i-j 的最迟完成时间 LF_{i-j} 应为

$$LF_{i-j} = \min\{LF_{j-k} - D_{j-k}\} \tag{3.9}$$

式中　LF_{j-k}——工作 i-j 的各项紧后工作 j-k 的最迟完成时间；

　　　D_{j-k}——工作 i-j 的各项紧后工作 j-k 的持续时间。

（5）工作最迟开始时间 LS_{i-j}

工作最迟开始时间指在不影响整个任务按期完成的前提下，工作必须开始的最迟时间，以 LS_{i-j} 表示。工作 i-j 最迟开始时间可按下式计算。

$$LS_{i-j} = LF_{i-j} - D_{i-j} \tag{3.10}$$

（6）工作总时差 TF_{i-j}

工作总时差是指在不影响总工期的前提下，本工作可以利用的机动时间，以 TF_{i-j} 表示。

根据工作总时差的定义可知，一项工作 i-j 的工作总时差 TF_{i-j} 等于该工作的最迟开始时间 LS_{i-j} 与其最早开始时间 ES_{i-j} 之差，或等于该工作的最迟完成时间 LF_{i-j} 与其最早完成时间 EF_{i-j} 之差，即

$$TF_{i-j} = LS_{i-j} - ES_{i-j} = LF_{i-j} - EF_{i-j} \tag{3.11}$$

（7）工作自由时差 FF_{i-j}

一项工作的自由时差指在不影响其紧后工作最早开始时间的前提下，本工作可以利用的

机动时间，用 FF_{i-j} 表示。工作 i-j 的自由时差 FF_{i-j} 的计算，应当符合下列规定：

① 当工作 i-j 有紧后工作 j-k 时，其自由时差为

$$FF_{i-j} = ES_{j-k} - ES_{i-j} - D_{i-j} = ES_{i-k} - EF_{i-j} \qquad (3.12)$$

式中　ES_{j-k}——工作 i-j 的紧后工作 j-k 的最早开始时间。

② 当工作 i-j 有多个紧后工作 j-k 时，其自由时差为

$$FF_{i-j} = \min\{ES_{j-k}\} - ES_{i-j} - D_{i-j} = \min\{ES_{i-k}\} - EF_{i-j} \qquad (3.13)$$

式中　ES_{j-k}——工作 i-j 的紧后工作 j-k 的最早开始时间。

③ 以终点节点为完成节点的工作，其自由时差 FF_{i-j} 应按网络计划的计划工期 T_p 确定，即

$$FF_{i-n} = T_p - ES_{i-n} - D_{i-j} = T_p - EF_{i-j} \qquad (3.14)$$

（8）双代号网络计划关键工作和关键线路的确定

① 关键工作的确定：在网络计划中，总时差为最小的工作为关键工作；当计划工期等于计算工期时，总时差为零的工作为关键工作。关键工作的时间参数具有以下特征：

$$ES_{i-j} = LS_{i-j} \qquad EF_{i-j} = LF_{i-j} \qquad TF_{i-j} = FF_{i-j} = 0$$

② 关键线路的确定：自始至终全部由关键工作组成的线路，或线路上总的工作持续时间最长的线路为关键线路。为突出重点、引起重视，关键线路在网络图中可用粗实线、双线或彩色线标明。

在双代号网络图中，关键线路具有以下几个特点：

当计划工期等于计算工期时，关键线路上的工作的总时差和自由时差均等于 0。

关键线路是从网络计划开始节点至完成节点之间工作持续时间最长的线路。

关键线路在网络计划中可能不止一条，有时也可能有两条以上。

关键线路以外的工作称为非关键工作，如果使用了总时差，也可能转化为关键工作。

在非关键线路上延长的时间超过它的总时差时，就转化为关键线路，关键线路也可能转化为非关键线路。

【案例 3.6】

背景：

一双代号网络图如图 3.30 所示。

问题：

① 计算各工作的时间参数。

② 确定该双代号网络图的关键线路。

解：

1. 各工作的时间参数的计算

（1）工作最早开始时间的 ES_{i-j} 计算

按公式（3.1）、（3.2）和（3.3）计算图 3.30 所示网络图中各项工作的最早开始时间，其计算结果如下：

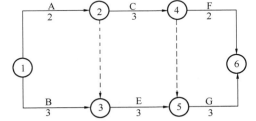

图 3.30　双代号网络图时间参数计算

$$ES_{1-2} = 0$$

$$ES_{1-3} = 0$$

$$ES_{2-3} = ES_{1-2} + D_{1-2} = 0 + 2 = 2$$

$$ES_{2-4} = ES_{1-2} + D_{1-2} = 0 + 2 = 2$$

$$ES_{3-5} = \max\{ES_{1-3} + D_{1-3}, ES_{2-3} + D_{2-3}\} = \max\{0 + 3, 2 + 0\} = 3$$

$$ES_{4-5} = ES_{2-4} + D_{2-4} = 2 + 3 = 5$$

$$ES_{4-6} = ES_{2-4} + D_{2-4} = 2 + 3 = 5$$

$$ES_{5-6} = \max\{ES_{3-5} + D_{3-5}, ES_{4-5} + D_{4-5}\} = \max\{3 + 3, 5 + 0\} = 6$$

（2）工作最早完成时间的 EF_{i-j} 计算

按公式（3.4）计算图 3.30 所示网络图中各项工作的最早完成时间，其计算结果如下：

$$EF_{1-2} = ES_{1-2} + D_{1-2} = 0 + 2 = 2 \qquad EF_{1-3} = ES_{1-3} + D_{1-3} = 0 + 3 = 3$$

$$EF_{2-3} = ES_{2-3} + D_{2-3} = 2 + 0 = 2 \qquad EF_{2-4} = ES_{2-4} + D_{2-4} = 2 + 3 = 5$$

$$EF_{3-5} = ES_{3-5} + D_{3-5} = 3 + 3 = 6 \qquad EF_{4-5} = ES_{4-5} + D_{4-5} = 5 + 0 = 5$$

$$EF_{4-6} = ES_{4-6} + D_{4-6} = 5 + 2 = 7 \qquad EF_{5-6} = ES_{5-6} + D_{5-6} = 6 + 3 = 9$$

（3）网络计划的计算工期 T_c 和计划工期 T_p 的计算

按公式（3.5）计算图 3.30 所示网络图的计算工期为

$$T_c = \max\{EF_{4-6}, EF_{5-6}\} = \max\{7, 9\} = 9$$

计算出的此数据用方框填写于图 3.31 终点节点 6 的右侧。

由于案例背景资料中未规定要求工期，所以其计划工期可取计算工期，即 $T_p = T_c = 9$。

（4）工作最迟完成时间的计算 LF_{i-j}

按公式（3.8）和（3.9）计算图 3.30 所示网络图中各项工作的最迟完成时间，其计算结果如下：

$$LF_{4-6} = T_p = 9$$

$$LF_{5-6} = T_p = 9$$

$$LF_{4-5} = LF_{5-6} - D_{5-6} = 9 - 3 = 6$$

$$LF_{3-5} = LF_{5-6} - D_{5-6} = 9 - 3 = 6$$

$$LF_{2-4} = \min\{LF_{4-6} - D_{4-6}, LF_{4-5} - D_{4-5}\} = \min\{9 - 2, 6 - 0\} = 6$$

$$LF_{2-3} = LF_{3-5} - D_{3-5} = 6 - 3 = 3$$

$$LF_{1-3} = LF_{3-5} - D_{3-5} = 6 - 3 = 3$$

$$LF_{1-2} = \min\{LF_{2-4} - D_{2-4}, LF_{2-3} - D_{2-3}\} = \min\{6 - 3, 6 - 0\} = 3$$

（5）工作最迟开始时间的计算 LS_{i-j}

按公式（3.10）计算图 3.30 所示网络图中各项工作的最迟开始时间，其计算结果如下：

$$LS_{1-2} = LF_{1-2} - D_{1-2} = 3 - 2 = 1 \qquad LS_{1-3} = LF_{1-3} - D_{1-3} = 3 - 3 = 0$$

$$LS_{2-3} = LF_{2-3} - D_{2-3} = 3 - 0 = 3 \qquad LS_{2-4} = LF_{2-4} - D_{2-4} = 6 - 3 = 3$$

$$LS_{3-5} = LF_{3-5} - D_{3-5} = 6 - 3 = 3 \qquad LS_{4-5} = LF_{4-5} - D_{4-5} = 6 - 0 = 6$$

$$LS_{4-6} = LF_{4-6} - D_{4-6} = 9 - 2 = 7 \qquad LS_{5-6} = LF_{5-6} - D_{5-6} = 9 - 3 = 6$$

（6）工作总时差的计算

按公式（3.11）计算图 3.30 所示网络图中各项工作的总时差，其计算结果如下：

$$TF_{1-2} = LS_{1-2} - ES_{1-2} = 1 - 0 = 1 \qquad TF_{1-3} = LS_{1-3} - ES_{1-3} = 0 - 0 = 0$$

$$TF_{2-3} = LS_{2-3} - ES_{2-3} = 3 - 2 = 1 \qquad TF_{2-4} = LS_{2-4} - ES_{2-4} = 3 - 2 = 1$$
$$TF_{3-5} = LS_{3-5} - ES_{3-5} = 3 - 3 = 0 \qquad TF_{4-5} = LS_{4-5} - ES_{4-5} = 6 - 5 = 1$$
$$TF_{4-6} = LS_{4-6} - ES_{4-6} = 7 - 5 = 2 \qquad TF_{5-6} = LS_{5-6} - ES_{5-6} = 6 - 6 = 0$$

（7）工作自由时差的计算

按公式（3.12）、（3.13）和（3.14）计算图 3.30 所示网络图中各项工作的自由时差，其计算结果如下（图 3.31）：

$$FF_{1-2} = \min\{ES_{2-3}, ES_{2-4}\} - EF_{1-2} = 2 - 2 = 0 \qquad FF_{1-3} = ES_{3-5} - EF_{1-3} = 3 - 3 = 0$$
$$FF_{2-3} = ES_{3-5} - EF_{2-3} = 3 - 2 = 1 \qquad FF_{2-4} = \min\{ES_{4-5}, ES_{4-6}\} - EF_{2-4} = 5 - 5 = 0$$
$$FF_{3-5} = ES_{5-6} - EF_{3-5} = 6 - 6 = 0 \qquad FF_{4-5} = ES_{5-6} - EF_{4-5} = 6 - 5 = 1$$
$$FF_{4-6} = T_{p} - EF_{4-6} = 9 - 7 = 2 \qquad FF_{5-6} = T_{p} - EF_{5-6} = 9 - 9 = 0$$

（8）通过以上计算可以看出，工作总时差具有以下性质

① 总时差等于 0 的工作为关键工作（当计划工期等于计算工期时）。

② 如果工作总时差为 0，其自由时差一定等于 0。

③ 总时差不但属于本项工作，而且与前后工作均有联系，它为一条线路所共有。

（9）通过以上计算可以看出，工作自由时差具有以下性质

① 工作的自由时差小于或等于工作的总时差。

② 关键线路上的节点为完成节点的工作，其自由时差与总时差相差。

③ 使用自由时差对后续工作没有影响，后续工作仍可按其最早开始时间开始。

2. 确定关键线路

关键线路为 $1 \to 3 \to 5 \to 6$，关键工作为 B、E、G。

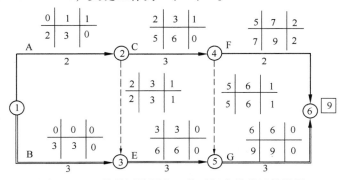

图 3.31　双代号网络图各工作时间参数的计算结果

2. 节点计算法

双代号网络图的节点计算法是以节点为研究对象。在工程实际进度控制中，节点作为工作之间的连接点非常重要，所以需要计算节点时间参数。

1）节点时间参数常用符号

节点时间参数只有节点最早时间和节点最迟时间两个参数，所用符号如下所示。

ET_{i}（Earliest Time）：节点最早时间；

LT_{i}（Latest Time）：节点最迟时间。

2）节点时间参数的意义及其计算规定

设有线路 $h \to i \to j \to k$。

按节点计算法计算的时间参数，其计算结果应标注在节点之上，如图 3.32 所示。

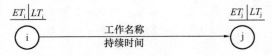

图 3.32　节点计算法时间参数的标注

（1）节点最早时间 ET_i

节点最早时间是指在双代号网络计划中，以该节点为开始节点的各项工作的最早开始时间。节点最早时间的计算，应当符合下列规定：

节点 i 的最早时间 ET_i 应从网络计划的起始节点开始，顺着箭线方向依次逐项计算。

① 如果起始节点 i 没有规定最早时间 ET_i 时，其值应等于 0，即

$$ET_i = 0 \tag{3.15}$$

② 当节点 j 只有一条内向箭线时，其最早时间 ET_j 应为

$$ET_j = ET_i + D_{i-j} \tag{3.16}$$

③ 当节点 j 有多条内向箭线时，其最早时间 ET_j 应为

$$ET_j = \max\{ET_i + D_{i-j}\} \tag{3.17}$$

（2）网络计划的计算工期 T_c 和计划工期 T_p

① 当规定要求工期 T_r 时

$$T_p \leqslant T_r \tag{3.18}$$

式中　　T_r——要求工期，是指任务委托人所提出的指令性工期。

② 当未规定要求工期 T_r 时

$$T_p = T_c = ET_n \tag{3.19}$$

式中　　ET_n——终点节点 n 的最早时间。

（3）节点最迟时间 LT_i

节点最迟时间是指双代号网络计划中，以该点为完成节点的各项工作的最迟完成时间。节点最迟时间的计算应符合下列规定：

① 节点 i 的最迟时间 LT_i 应从网络计划的终点节点开始，逆着箭线的方向依次逐项计算。

② 终点节点 n 的最迟时间 LT_n 应按网络计划的计划工期 T_p 确定，即

$$LT_n = T_P \tag{3.20}$$

③ 其他节点的最迟时间 LT_i 应为

$$LT_i = \min\{LT_j - D_{i-j}\} \tag{3.21}$$

式中　　LT_j——工作 i-j 的箭头节点 j 的最迟时间。

（4）节点时间参数与工作时间参数的关系

① 节点最早时间等于以该节点为开始节点的工作的最早开始时间。即 $ET_i = ES_{i-j}$；

② 节点最迟时间等于以该节点为完成节点的工作的最迟完成时间。即 $LT_j = LF_{i-j}$。

（5）节点时间参数与工作时差的关系

① 节点时间参数与工作总时差的关系：工作 i-j 的总时差等于该工作完成节点 j 的最迟时间减去开始节点 i 的最早时间，再减去本工作的持续时间。即

$$TF_{i-j} = LT_j - ET_i - D_{i-j} \tag{3.22}$$

② 节点时间参数与工作自由时差的关系：工作 i-j 的自由时差等于该工作完成节点 j 的最早时间减去开始节点 i 的最早时间，再减去本工作的持续时间。即

$$FF_{i-j} = ET_j - ET_i - D_{i-j} \tag{3.23}$$

③ 节点时间参数与工作 i-j 总时差及自由时差的关系：工作 i-j 的总时差与自由时差的差值就等于该工作完成节点 j 的最迟时间与最早时间的差值。即

$$TF_{i-j} - FF_{i-j} = LT_j - ET_j \tag{3.24}$$

（6）双代号网络计划关键工作和关键线路的确定

① 关键工作的确定：当进行节点时间参数计算时，凡满足下列三个条件的工作必为关键工作。

$$\left. \begin{array}{l} LT_i - ET_i = T_p - T_c \\ LT_j - ET_j = T_p - T_c \\ LT_j - ET_i - D_{i-j} = T_p - T_c \end{array} \right\} \tag{3.25}$$

②关键线路的确定：由关键工作组成的线路即为关键线路。

【案例 3.7】

背景：

一双代号网络图如图 3.33 所示。

问题：

① 计算各节点的时间参数。

② 计算各工作的时间参数及确定该双代号网络图的关键线路。

解：

（1）计算各节点的时间参数

① 节点最早时间的计算。

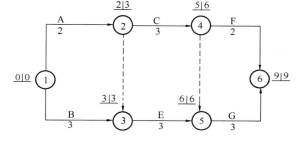

图 3.33 双代号网络图各节点时间参数的计算结果

按公式（3.15）、（3.16）和（3.17）计算图 3.33 所示网络图中节点的最早时间，其计算结果如下：

$$ET_1 = 0$$

$$ET_2 = ET_1 + D_{1-2} = 0 + 2 = 2$$

$$ET_3 = \max\{ET_1 + D_{1-3}, ET_2 + D_{2-3}\} = \max\{0 + 3, 2 + 0\} = 3$$

$$ET_4 = ET_2 + D_{2-4} = 2 + 3 = 5$$

$$ET_5 = \max\{ET_3 + D_{3-5}, ET_4 + D_{4-5}\} = \max\{3 + 3, 5 + 0\} = 6$$

$$ET_6 = \max\{ET_4 + D_{4-6}, ET_5 + D_{5-6}\} = \max\{5 + 2, 6 + 3\} = 9$$

② 网络计划的计算工期和计划工期。

根据公式（3.19），本案例中的网络计划的计划工期等于计算工期，即 $T_p = T_c = ET_n = 9$。

③ 节点最迟时间的计算。

按公式（3.20）和（3.21）计算图 3.33 所示网络图中各节点的最迟时间，其计算结果如下：

$$LT_6 = T_p = 9$$

$$LT_5 = LT_6 - D_{5-6} = 9 - 3 = 6$$

$$LT_4 = \min\{LT_6 - D_{4-6}, LT_5 - D_{4-5}\} = \min\{9 - 2, 6 - 0\} = 6$$

$$LT_3 = LT_5 - D_{3-5} = 6 - 3 = 3$$

$$LT_2 = \min\{LT_4 - D_{2-4}, LT_3 - D_{2-3}\} = \min\{6 - 3, 3 - 0\} = 3$$

$$LT_1 = \min\{LT_2 - D_{1-2}, LT_3 - D_{1-3}\} = \min\{3 - 2, 3 - 3\} = 0$$

（2）根据节点时间参数计算各工作的时间参数

① 工作的最早开始时间。

$$ES_{1-2} = ET_1 = 0 \qquad ES_{1-3} = ET_1 = 0$$

$$ES_{2-3} = ET_2 = 2 \qquad ES_{2-4} = ET_2 = 2$$

$$ES_{3-5} = ET_3 = 3 \qquad ES_{4-5} = ET_4 = 5$$

$$ES_{4-6} = ET_4 = 5 \qquad ES_{5-6} = ET_5 = 6$$

② 工作的最早完成时间。

$$EF_{1-2} = ET_1 + D_{1-2} = 0 + 2 = 2$$

$$EF_{1-3} = ET_1 + D_{1-3} = 0 + 3 = 3$$

$$EF_{2-3} = ET_2 + D_{2-3} = 2 + 0 = 2$$

$$EF_{2-4} = ET_2 + D_{2-4} = 2 + 3 = 5$$

$$EF_{3-5} = ET_3 + D_{3-5} = 3 + 3 = 6$$

$$EF_{4-5} = ET_4 + D_{4-5} = 5 + 0 = 5$$

$$EF_{4-6} = ET_4 + D_{4-6} = 5 + 2 = 7$$

$$EF_{5-6} = ET_5 + D_{5-6} = 6 + 3 = 9$$

③ 工作的最迟完成时间。

$$LF_{1-2} = LT_2 = 3 \qquad LF_{1-3} = LT_3 = 3$$

$$LF_{2-3} = LT_3 = 3 \qquad LF_{2-4} = LT_4 = 6$$

$$LF_{3-5} = LT_5 = 6 \qquad LF_{4-5} = LT_5 = 6$$

$$LF_{4-6} = LT_6 = 9 \qquad LF_{5-6} = LT_6 = 9$$

④ 工作的最迟开始时间。

$$LS_{1-2} = LT_2 - D_{1-2} = 3 - 2 = 1$$

$$LS_{1-3} = LT_3 - D_{1-3} = 3 - 3 = 0$$

$$LS_{2-3} = LT_3 - D_{2-3} = 3 - 0 = 3$$

$$LS_{2-4} = LT_4 - D_{2-4} = 6 - 3 = 3$$

$$LS_{3-5} = LT_5 - D_{3-5} = 6 - 3 = 3$$

$$LS_{4-5} = LT_5 - D_{4-5} = 6 - 0 = 6$$

$$LS_{4-6} = LT_6 - D_{4-6} = 9 - 2 = 7$$

$$LS_{5-6} = LT_6 - D_{5-6} = 9 - 3 = 6$$

⑤ 总时差。

$$TF_{1-2} = LT_2 - ET_1 - D_{1-2} = 3 - 0 - 2 = 1$$

$$TF_{1-3} = LT_3 - ET_1 - D_{1-3} = 3 - 0 - 3 = 0$$

$$TF_{2-3} = LT_3 - ET_2 - D_{2-3} = 3 - 2 - 0 = 1$$

$$TF_{2-4} = LT_4 - ET_2 - D_{2-4} = 6 - 2 - 3 = 1$$

$$TF_{3-5} = LT_5 - ET_3 - D_{3-5} = 6 - 3 - 3 = 0$$
$$TF_{4-5} = LT_5 - ET_4 - D_{4-5} = 6 - 5 - 0 = 1$$
$$TF_{4-6} = LT_6 - ET_4 - D_{4-6} = 9 - 5 - 2 = 2$$
$$TF_{5-6} = LT_6 - ET_5 - D_{5-6} = 9 - 6 - 3 = 0$$

⑥ 自由时差。

$$FF_{1-2} = ET_2 - ET_1 - D_{1-2} = 2 - 0 - 2 = 0$$
$$FF_{1-3} = ET_3 - ET_1 - D_{1-3} = 3 - 0 - 3 = 0$$
$$FF_{2-3} = ET_3 - ET_2 - D_{2-3} = 3 - 2 - 0 = 1$$
$$FF_{2-4} = ET_4 - ET_2 - D_{2-4} = 5 - 2 - 3 = 0$$
$$FF_{3-5} = ET_5 - ET_3 - D_{3-5} = 6 - 3 - 3 = 0$$
$$FF_{4-5} = ET_5 - ET_4 - D_{4-5} = 6 - 5 - 0 = 1$$
$$FF_{4-6} = ET_6 - ET_4 - D_{4-6} = 9 - 5 - 2 = 2$$
$$FF_{5-6} = ET_6 - ET_5 - D_{5-6} = 9 - 6 - 3 = 0$$

（3）关键线路的确定

图 3.33 所示网络计划中的关键线路为 1 → 3 → 5 → 6。

3. 标号法

标号法是一种快速找到网络计划计算工期和关键线路的方法。它利用节点计算法的基本原理，对网络计划中的每个节点进行标号，然后利用标号值确定网络计划的计算工期和关键线路。步骤：

（1）确定节点标号值（a，b_j）

① 网络计划起点节点的标号值为 0，即节点①的标号值 $b_1 = 0$。

② 其他节点的标号值等于以该节点为完成节点的各项工作的开始节点标号值加其持续时间所得之和的最大值，即 $b_j = \max\{b_i + D_{i-j}\}$。

节点的标号值宜用双标号法，即用源节点（得出标号值的节点）号为 a 作为第一标号，用标号值作为第二标号 b_j。

（2）确定计算工期

网络计划的计算工期就是终点节点的标号值。

（3）确定关键线路

自终点节点开始，逆着箭线跟踪源节点即可确定。

【案例 3.8】

背景：

一双代号网络图如图 3.34 所示。

问题：

利用标号法确定该双代号网络图的关键线路和工期。

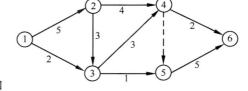

图 3.34　双代号网络图

解：

（1）确定节点标号值（a，b_j），如图 3.35 所示。

（2）确定计算工期。终点节点的标号值 16 即为计算工期。

（3）确定关键线路。

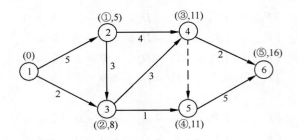

图 3.35　标号法确定关键线路

自终点节点⑥开始逆着箭线跟踪源节点分别为⑤、④、③、②、①，即 1→2→3→4→5→6 为关键线路。

任务3　单代号网络图

单代号网络图是网络计划的另外一种表示方法，也是由节点、箭线和线路组成。但构成单代号网络图的基本符号的含义与双代号网络图不尽相同，它是用一个圆圈或方框代表一项工作，将工作的代号、名称和持续时间写在圆圈或方框之内，箭线仅仅用来表示工作之间的逻辑关系和先后顺序，这种表示方法通常称为单代号表示方法，如图 3.36 所示。用这种表示方法把一项计划中的工作按先后顺序和逻辑关系从左到右绘制而成的图形，称为单代号网络图，如图 3.37 所示。

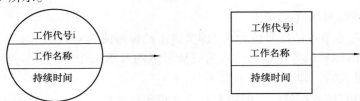

图 3.36　单代号网络图工作的表示方法

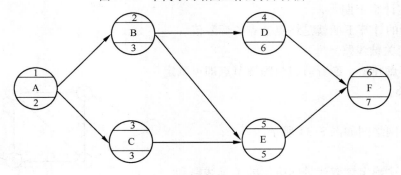

图 3.37　单代号网络图

单代号网络图与双代号网络图相比，具有以下特点：

① 单代号网络图具有绘制简便，逻辑关系明确，并且表示逻辑关系时，可以不借助虚箭线，因而比双代号网络图绘制简单。

② 单代号网络图具有便于说明，容易被非专业人员所理解和易于修改等优点。这对于

推广和应用网络计划编制进度计划，进行全面管理是有益的。

③ 单代号网络图在表达进度计划时，不如双代号网络计划形象，特别是在应用带有时间坐标的网络计划中。

④ 双代号网络图在应用电子计算机进行计算和优化过程更为简便，这是因为在双代号网络中，用两个代号表示一项工作，可以直接反映其紧前工作或紧后工作的关系。而单代号网络就必须按工作列出紧前、紧后工作关系，这在计算机中需要更多的储存单元。

由于单代号网络图和双代号网络图具有各自的优缺点，因此不同情况下，其表现的繁简程度也不相同。

虽然，单代号网络计划在目前应用不是很广。但是今后，随着计算机在网络计划中的应用不断扩大，单代号网络计划也将逐渐得到广泛应用。

3.1 单代号网络图的构成

单代号网络图是由节点、箭线和线路三个基本要素构成，如图3.37所示。

1. 节点

单代号网络图中，一个节点表示一项工作，一般常用圆圈或方框表示，节点所表示的工作名称、持续时间和工作代号等都标注在节点内。单代号网络图中的节点，既占用时间也消耗资源，与双代号网络图中实箭线的含义相同。

2. 箭线

在单代号网络图中，箭线仅表示两相邻工作之间的逻辑关系，它既不占用时间也不消耗资源，与双代号网络图中虚箭线的含义相同。箭线应画成水平线、折线或斜线。箭线水平投影的方向应自左向右，表示工作的进行方向，在单代号网络图中只有实箭线而无虚箭线。

3. 线路

单代号网络图中的线路与双代号网络图中线路的含义是相同的。即网络图中从起点节点开始，沿箭头方向顺序通过一系列箭线与节点，最后到达终点节点的通路称为线路，其中工期最长的线路称为关键线路，除关键线路之外的其他线路称为非关键线路，

3.2 单代号网络图的绘制

1. 单代号网络图的表达关系（表3.6）

表3.6 单代号网络图中各工作逻辑关系表示方法

序号	工作之间的逻辑关系	网络图中表示方法（单代号）	说　明
1	有 A、B 两项工作按照依次施工方式进行	(A) → (B)	B 工作依赖着 A 工作，A 工作约束着 B 工作的开始
2	有 A、B、C 三项工作同时开始工作	○ → (A)、(B)、(C)	A、B、C 三项工作称为平行工作

序号	工作之间的逻辑关系	网络图中表示方法（单代号）	说　明
3	有 A、B、C 三项工作同时完成	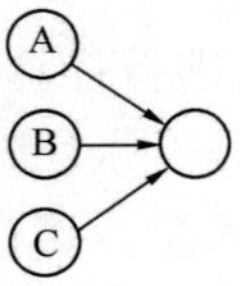	A、B、C 三项工作称为平行工作
4	有 A、B、C 三项工作，只有在 A 完成后 B、C 才能开始	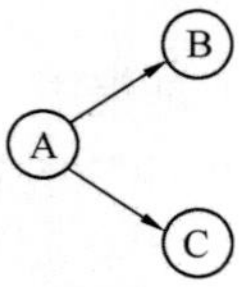	A 工作制约着 B、C 工作的开始。B、C 为平行工作
5	有 A、B、C 三项工作，A 工作只有在 B、C 完成后才能开始	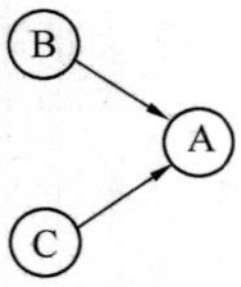	A 工作依赖着 B、C 工作。C、B 为平行工作
6	有 A、B、C、D 四项工作，只有当 A、B 完成后，C、D 才能开始	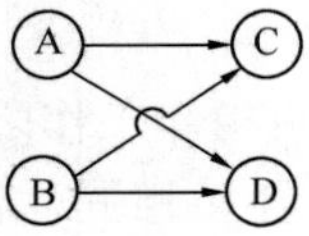	C、D 工作依赖着 A、B 工作。A、B 为平行工作
7	有 A、B、C、D 四项工作，A 完成后 C 才能开始；A、B 完成后 D 才开始	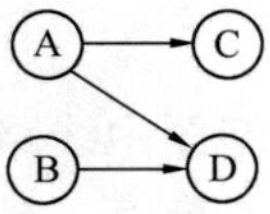	C 工作依赖着 A 工作，D 工作依赖着 A、B 工作。A、B 为平行工作
8	有 A、B、C、D、E 五项工作，A、B 完成后 C 开始；B、D 完成后 E 开始	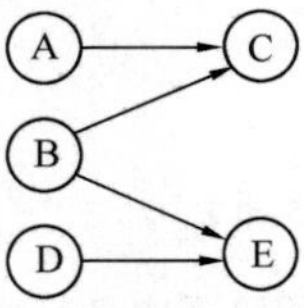	C 工作依赖着 A、B 工作，E 工作依赖着 B、D 工作。A、B、D 为平行工作
9	在 A、B、C、D、E 五项工作，A、B、C 完成后 D 才能开始；B、C 完成后 E 才能开始	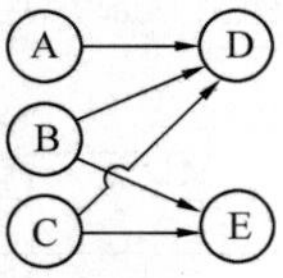	D 工作依赖着 A、B、C 工作，E 工作依赖着 B、C 工作。A、B、C 为平行工作
10	A、B 两项工作分三个施工段，流水施工	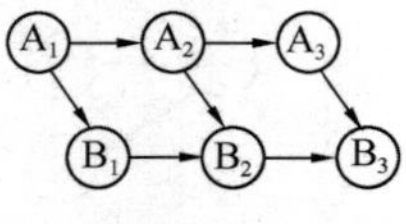	每个工种工程建立专业工作队，在每个施工段上进行流水作业，不同工种之间用逻辑搭接关系表示

2. 单代号网络图绘图基本规则

单代号网络图绘图基本规则具体如下：

① 单代号网络图必须正确表达已定的逻辑关系。

② 在单代号网络图中，严禁出现循环线路。

③ 在单代号网络图中，严禁出现双向箭头和无箭头的连线。

④ 在单代号网络图中，严禁出现没有箭尾节点的箭线和没有箭头节点的箭线。

⑤ 在绘制网络图时，箭线一般不宜交叉。当交叉不可避免时，可采用过桥法或指向法绘制。

⑥ 单代号网络图不允许出现有重复编号的工作，一个编号只能代表一项工作，而且箭头节点编号要大于箭尾节点编号。

⑦ 在单代号网络图中，一般只有一个起点节点和一个终点节点；当网络图中有多项起点节点或多项终点节点时，应在网络图的两端分别设置一个虚拟节点，作为该网络图的起点节点和终点节点。

⑧ 在一幅网络图中，单代号和双代号的画法严禁混用。

3. 单代号网络图的绘制步骤

单代号网络图的绘制步骤比较简单，一般分为以下五个步骤：

① 分析各项工作的先后顺序，明确它们之间的逻辑关系。

② 根据工作的先后顺序和逻辑关系，确定各工作的节点编号及其位置。

③ 根据各项工作的先后顺序、节点编号及节点位置，依次绘制初始网络图。

④ 当网络图中有多项起点节点或多项终点节点时，应在网络图的两端分别设置一个虚拟节点，作为该网络图的起点节点和终点节点。

⑤ 检查、修改并进行结构调整，最后绘出正式网络图。

【案例 3.9】

背景：

某分部工程各项工作的逻辑关系如表 3.7 所示。

表 3.7　某分部工程各项工作的逻辑关系

工作名称	紧前工作	持续时间
A	—	1
B	A	8
C	A	5
D	B	10
E	B	6
F	C、E	3
G	D、F	1

问题：

试绘出单代号网络图。

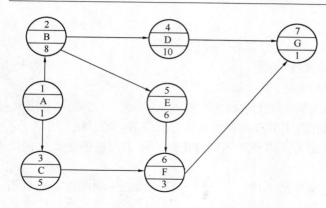

解：

根据上述资料，首先设置一个开始节点作为该网络图的起点节点，然后按照工作的紧前关系或紧后关系，从左向右进行绘制，最后设置一个完成节点作为该网络图的终点节点。本例经整理后的单代号网络图如图 3.38 所示。

图 3.38　根据表 3.7 所绘制的单代号网络图

3.3　单代号网络图时间参数的计算

1. 单代号网络图常用的时间参数

D_i：工作 i 的持续时间；

ES_i：工作 i 的最早开始时间；

EF_i：工作 i 的最早完成时间；

LF_i：在总工期已确定的情况下，工作 i 的最迟完成时间；

LS_i：在总工期已确定的情况下，工作 i 的最迟开始时间；

TF_i：工作 i 的总时差；

FF_i：工作 i 的自由时差；

$LAG_{i,j}$：工作 i 和工作 j 之间的时间间隔。

以上参数在单代号网络图中的标注形式，如图 3.39 所示。

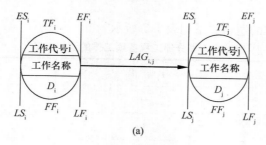

(a)

(b)

图 3.39　单代号网络计划时间参数的标注形式

2. 时间参数的计算

设有线路 h→i→j。

（1）工作最早时间的计算

工作最早时间的计算，包括工作最早开始时间和工作最早完成时间。其计算应符合下列规定：

① 工作 i 的最早开始时间 ES_i 应从网络图的起点节点开始，顺着箭线方向依次逐项进行计算。

② 当起点节点 i 的最早开始时间 ES_i 无规定时，其值应等于 0，即

$$ES_i = 0 \tag{3.26}$$

③ 工作 i 的最早完成时间 EF_i，等于该工作的最早开始时间与该工作的持续时间之和，即

$$EF_i = ES_i + D_i \tag{3.27}$$

④ 其他工作的最早开始时间 ES_i，应等于其紧前工作最早完成时间的最大值，即

$$ES_i = \max \{EF_h\} \tag{3.28}$$

（2）网络计划计算工期和计划工期的计算

网络计划计算工期应按下式计算：

$$T_c = EF_n \tag{3.29}$$

式中　EF_n——终点节点 n 的最早完成时间。

网络计划的计划工期 T_p 的计算与双代号网络图相同，即

① 当规定要求工期 T_r 时

$$T_p \leqslant T_r \tag{3.30}$$

② 当未规定要求工期时：

$$T_p = T_c \tag{3.31}$$

（3）时间间隔的计算

在单代号网络图中，相邻两工作之间存在时间间隔，常用符号 $LAG_{i,j}$ 表示，它表示工作 i 的最早完成时间 EF_i 与其紧后工作 j 的最早开始时间 ES_j 之间的时间间隔，其计算应符合下列规定：

① 当终点节点为虚拟节点时，其时间间隔为

$$LAG_{i,n} = T_p - EF_i \tag{3.32}$$

② 其他节点之间的时间间隔为

$$LAG_{i,j} = ES_j - EF_i \tag{3.33}$$

（4）工作最迟时间的计算

工作最迟时间的计算，包括最迟开始时间和最迟完成时间，其计算应符合下列规定：

① 工作 i 的最迟完成时间 LF_i 应从网络计划的终点节点开始，逆着箭线方向依次逐项进行计算。

② 终点节点所代表的工作 n 的最迟完成时间 LF_n，应按网络计划的计划工期 T_p 确定，即

$$LF_n = T_p \tag{3.34}$$

③ 其他工作 i 的最迟完成时间 LF_i 应为

$$LF_i = \min \{LS_j\} \tag{3.35}$$

④ 工作的最迟开始时间 LS_i 应按下式计算：

$$LS_i = LF_i - D_i \tag{3.36}$$

（5）工作总时差的计算

单代号网络图中工作总时差的计算方法，有以下两种：

① 根据工作总时差的定义，类似于双代号网络图的计算，其计算公式为

$$TF_i = LS_i - ES_i = LF_i - EF_i \tag{3.37}$$

② 从网络计划的终点节点开始，逆着箭线方向依次逐项进行计算，计算应符合下列规定：

终点节点所代表工作 n 的总时差 TF_n 应为

$$TF_n = T_p - EF_i \tag{3.38}$$

其他工作 i 的总时差 TF_i 应为

$$TF_i = \min \{ TF_j + LAG_{i,j} \} \tag{3.39}$$

（6）工作自由时差的计算

工作 i 的自由时差 FF_i 的计算，应符合下列规定：

① 终点节点所代表工作 n 的自由时差 FF_n 应为

$$FF_n = T_p - EF_n \tag{3.40}$$

② 其他工作 i 的自由时差 FF_i 应为

$$FF_i = \min \{ LAG_{i,j} \} \tag{3.41}$$

【案例 3.10】

背景：

某单代号网络图如图 3.40 所示。

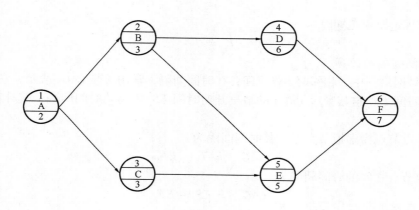

图 3.40　单代号网络图

问题：

试计算该单代号网络图的时间参数。

解：

（1）工作最早时间的计算

应用公式（3.26）～（3.28）计算图 3.40 所示单代号网络图各工作的最早时间，其计算结果为

$ES_1 = 0$

$ES_2 = EF_1 = 2$

$EF_1 = ES_1 + D_1 = 0 + 2 = 2$

$EF_2 = ES_2 + D_2 = 2 + 3 = 5$

$ES_3 = EF_1 = 2$　　　　　　　　　　　　$EF_3 = ES_3 + D_3 = 2 + 3 = 5$

$ES_4 = EF_2 = 5$　　　　　　　　　　　　$EF_4 = ES_4 + D_4 = 5 + 6 = 11$

$ES_5 = \max \{EF_2, EF_3\} = \max \{5, 5\} = 5$　　$EF_5 = ES_5 + D_5 = 5 + 5 = 10$

$ES_6 = \max \{EF_4, EF_5\} = \max \{11, 10\} = 11$　$EF_6 = ES_6 + D_6 = 11 + 7 = 18$

（2）网络计划计算工期和计划工期的计算

应用公式（3.29）~（3.31）计算网络计划计算工期和计划工期为

$$T_c = EF_6 = 18$$

由于本案例中未规定要求工期，则 $T_p = T_c = 18$。

（3）时间间隔的计算

按公式（3.32）和（3.33）计算图 3.40 所示网络图中各项时间间隔为

$LAG_{1,2} = ES_2 - EF_1 = 2 - 2 = 0$　　　　$LAG_{1,3} = ES_3 - EF_1 = 2 - 2 = 0$

$LAG_{2,4} = ES_4 - EF_2 = 5 - 5 = 0$　　　　$LAG_{2,5} = ES_5 - EF_2 = 5 - 5 = 0$

$LAG_{3,5} = ES_5 - EF_3 = 5 - 5 = 0$　　　　$LAG_{4,6} = ES_6 - EF_4 = 11 - 11 = 0$

$LAG_{5,6} = ES_6 - EF_5 = 11 - 10 = 1$

（4）工作最迟时间的计算

按公式（3.34）~（3.36）计算图 3.40 所示网络图中各项工作的最迟完成时间和最迟开始时间，其计算结果如下：

$LF_6 = T_p = 18$　　　　　　　　　　　　$LS_6 = LF_6 - D_6 = 18 - 7 = 11$

$LF_5 = LS_6 = 11$　　　　　　　　　　　$LS_5 = LF_5 - D_5 = 11 - 5 = 6$

$LF_4 = LS_6 = 11$　　　　　　　　　　　$LS_4 = LF_4 - D_4 = 11 - 6 = 5$

$LF_3 = LS_5 = 6$　　　　　　　　　　　　$LS_3 = LF_3 - D_3 = 6 - 3 = 3$

$LF_2 = \min \{LS_4, LS_5\} = \min \{5, 6\} = 5$　$LS_2 = LF_2 - D_2 = 5 - 3 = 2$

$LF_1 = \min \{LS_2, LS_3\} = \min \{2, 3\} = 2$　$LS_1 = LF_1 - D_1 = 2 - 2 = 0$

（5）工作总时差的计算

按公式（3.37）计算图 3.40 所示网络图中各项工作的总时差，其计算结果如下：

$TF_1 = LS_1 - ES_1 = 0 - 0 = 0$　　　　　$TF_2 = LS_2 - ES_2 = 2 - 2 = 0$

$TF_3 = LS_3 - ES_3 = 3 - 2 = 1$　　　　　$TF_4 = LS_4 - ES_4 = 5 - 5 = 0$

$TF_5 = LS_5 - ES_5 = 6 - 5 = 1$　　　　　$TF_6 = LS_6 - ES_6 = 11 - 11 = 0$

（6）工作自由时差的计算

按公式（3.40）和（3.41）计算图 3.40 所示网络图中各项工作的自由时差，其计算结果如下：

$FF_1 = \min \{LAG_{1,2}, LAG_{1,3}\} = \min \{0, 0\} = 0$

$FF_2 = \min \{LAG_{2,4}, LAG_{2,5}\} = \min \{0, 0\} = 0$

$FF_3 = LAG_{3,5} = 0$

$FF_4 = LAG_{4,6} = 0$

$FF_5 = LAG_{5,6} = 1$

$FF_6 = T_p - EF_6 = 18 - 18 = 0$

3. 单代号网络计划关键工作和关键线路的确定

同双代号网络图一样，在单代号网络图中，当计划工期等于计算工期时，总时差为 0 的工作则是关键工作。关键线路在网络图上应用粗线、双线或彩色线标注。在图3.41所示的单代号网络图中，关键工作为A、B、D、F，关键线路为A→B→D→F，也可用节点编号1→2→4→6表示。

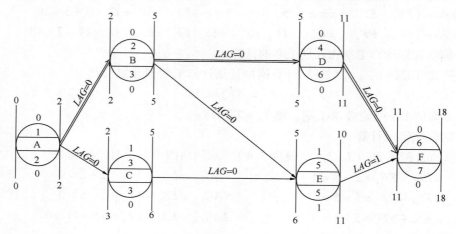

图3.41　单代号网络图的时间参数计算

任务4　双代号时标网络计划

4.1　时标网络计划的绘制方法

双代号时标网络计划是综合应用横道图的时间坐标和网络计划的原理，是在横道图基础上引入网络计划中各工作之间逻辑关系的表达方法。采用时标网络计划，既解决了横道计划中各项工作不明确，时间指标无法计算的缺点，又解决了双代号网络计划时间不直观，不能明确看出各工作开始和完成的时间等问题。它的特点是：

① 时标网络计划中，箭线的长短与时间有关。

② 可直接显示各工作的时间参数和关键线路，不必计算。

③ 由于受到时间坐标的限制，所以时标网络计划不会产生闭合回路。

④ 可以直接在时标网络图的下方绘出资源动态曲线，便于分析，平衡调度。

⑤ 由于箭线的长度和位置受时间坐标的限制，因而调整和修改不太方便。

1. 时标网络计划的一般规定

① 双代号时标网络计划必须以水平时间坐标为尺度表示工作时间。时标的时间单位应根据需要在编制网络计划之前确定，可为时、天、周、月或季。

② 时标网络计划应以实箭线表示工作，以虚箭线表示虚工作，以波形线表示工作的自由时差。

③ 时标网络计划中所有符号在时间坐标上的水平投影位置，都必须与其时间参数相对应。节点中心必须对准相应的时标位置。虚工作必须以垂直方向的虚箭线表示，有自由时差加波形线表示。

2. 时标网络计划的绘制方法

时标网络计划一般按工作的最早开始时间绘制。其绘制方法有间接绘制法和直接绘制法。

（1）间接绘制法

间接绘制法是先计算网络计划的时间参数，再根据时间参数在时间坐标上进行绘制的方法。其绘制步骤和方法如下：

① 先绘制双代号网络图，计算时间参数，确定关键工作及关键线路。

② 根据需要确定时间单位并绘制时标横轴。

③ 根据工作最早开始时间或节点的最早时间确定各节点的位置。

④ 依次在各节点间绘出箭线及时差。绘制时宜先画关键工作、关键线路，再画非关键工作。如箭线长度不足以达到工作的完成节点时，用波形线补足，箭头画在波形线与节点连接处。

⑤ 用虚箭线连接各有关节点，将有关的工作连接起来。

（2）直接绘制法

直接绘制法是不计算网络计划时间参数，直接在时间坐标上进行绘制的方法。其绘制步骤和方法可归纳为如下绘图口诀："时间长短坐标限，曲直斜平利相连；箭线到齐画节点，画完节点补波线；零线尽量拉垂直，否则安排有缺陷。"

① 时间长短坐标限：箭线的长度代表着工作的持续时间，受到时间坐标的制约。

② 曲直斜平利相连：箭线的表达方式可以是直线、折线、斜线等，但布图应合理，直观清晰。

③ 箭线到齐画节点：工作的开始节点必须在该工作的全部紧前工作都画出后，定位在这些紧前工作最晚完成的时间刻度上。

④ 画完节点补波线：某些工作的箭线长度不足以达到其完成节点时，用波形线补足。

⑤ 零线尽量拉垂直：虚工作持续时间为零，应尽可能让其为垂直线。

⑥ 否则安排有缺陷：若出现虚工作占据时间的情况，其原因是工作面停歇或施工作业队组工作不连续。

4.2　关键线路的确定和时间参数的判读

1. 关键线路的确定

自终点节点逆箭线方向朝起点节点观察，自始至终不出现波形线的线路为关键线路。

2. 工期的确定

时标网络计划的计算工期，应是其终点节点与起点节点所在位置的时标值之差。

3. 时间参数的判读

① 最早时间参数：按最早时间绘制的时标网络计划，每条箭线的箭尾和箭头所对应的时标值应为该工作的最早开始时间和最早完成时间。

② 自由时差：波形线的水平投影长度即为该工作的自由时差。

③ 总时差：自右向左进行，其值等于诸紧后工作的总时差的最小值与本工作的自由时差之和。即

$$TF_{i-n} = T_p - EF_{i-n} \tag{3.42}$$

$$TF_{i-j} = \min\{TF_{j-k}\} + FF_{i-j} \tag{3.43}$$

④ 最迟时间参数：最迟开始时间和最迟完成时间应按下式计算：

$$LS_{i-j} = ES_{i-j} + TF_{i-j} \tag{3.44}$$

$$LF_{i-j} = EF_{i-j} + TF_{i-j} \tag{3.45}$$

【案例3.11】

背景：

某工程有表3.8所示的网络计划资料。

问题：

1. 试采用直接法绘制双代号时标网络计划；

2. 计算各工作的时间参数。

表3.8　某工程的网络计划资料表

工作名称	A	B	C	D	E	F	G	H	I
紧前工作	—	—	—	A	A、B	D	C、E	C	D、G
持续时间（d）	3	4	7	5	2	5	3	5	4

解：

1. 绘图

（1）将网络计划的起始节点定位在时标表的起始刻度线位置上，如图3.42所示，起始节点的编号为1。

（2）画节点①的外向箭线，即按各工作的持续时间，画出无紧前工作的A、B、C工作，并确定节点②、③、④的位置。

（3）依次画出节点②、③、④的外向箭线工作D、E、H，并确定节点⑤、⑥的位置。节点⑥的位置定位在其两条内向箭线的最早完成时间的最大值处，即定位在时标值7的位置，工作E的箭线长度达不到⑥节点，则用波形线补足。

（4）按上述步骤，直到画出全部工作，确定出终点节点⑧的位置，时标网络计划绘制完毕，如图3.42所示。

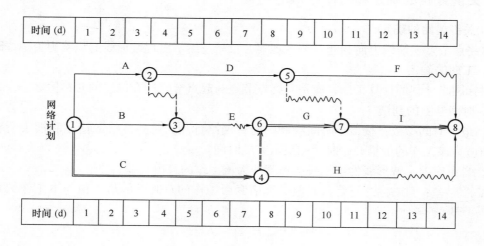

图3.42　双代号时标网络计划绘制示例

2. 各工作的六个时间参数的确定

（1）最早开始时间 ES_{i-j} 和最早完成时间 EF_{i-j} 的确定。

$$ES_{1-2} = 0, \quad EF_{1-2} = 3; \quad ES_{1-3} = 0, \quad EF_{1-3} = 4; \quad ES_{1-4} = 0, \quad EF_{1-4} = 7$$
$$ES_{2-5} = 3, \quad EF_{2-5} = 8; \quad ES_{3-6} = 4, \quad EF_{3-6} = 6; \quad ES_{5-8} = 8, \quad EF_{5-8} = 13$$
$$ES_{6-7} = 7, \quad EF_{6-7} = 10; \quad ES_{7-8} = 10, \quad EF_{7-8} = 14; \quad ES_{4-8} = 7, \quad EF_{4-8} = 12$$

（2）自由时差的确定。

$$FF_{1-2} = FF_{1-3} = FF_{1-4} = FF_{2-5} = FF_{6-7} = FF_{7-8} = FF_{4-6} = 0$$
$$FF_{3-6} = 1; FF_{4-8} = 2; FF_{5-8} = 1; FF_{2-3} = 1; FF_{5-7} = 2$$

（3）总时差的确定。

① 以终点节点（$j = n$）为箭头节点的工作的总时差 TF_{i-n}，如图可知，工作 F、J、H 工作的总时差分别为

$$TF_{5-8} = T_p - EF_{5-8} = 14 - 13 = 1$$
$$TF_{7-8} = T_p - EF_{7-8} = 14 - 14 = 0$$
$$TF_{4-8} = T_p - EF_{4-8} = 14 - 12 = 2$$

② 其他工作的总时差 TF_{i-j} 计算如下：

$$TF_{6-7} = TF_{7-8} + FF_{6-7} = 0 + 0 = 0 \qquad TF_{5-7} = TF_{7-8} + FF_{5-7} = 0 + 2 = 2$$
$$TF_{3-6} = TF_{6-7} + FF_{3-6} = 0 + 1 = 1 \qquad TF_{4-6} = TF_{6-7} + FF_{4-6} = 0 + 0 = 0$$
$$TF_{2-5} = \min\{TF_{5-7}, TF_{5-8}\} + FF_{2-5} = \min\{2,1\} + 0 = 1 + 0 = 1$$
$$TF_{1-4} = \min\{TF_{4-6}, TF_{4-8}\} + FF_{1-4} = \min\{0,2\} + 0 = 0 + 0 = 0$$
$$TF_{1-3} = TF_{3-6} + FF_{1-3} = 1 + 0 = 1$$
$$TF_{2-3} = TF_{3-6} + FF_{2-3} = 1 + 1 = 2$$
$$TF_{1-2} = \min\{TF_{2-3}, TF_{2-5}\} + FF_{1-2} = \min\{2,1\} + 0 = 1 + 0 = 1$$

（4）最迟时间参数的确定。

$$LS_{1-2} = ES_{1-2} + TF_{1-2} = 0 + 1 = 1$$
$$LF_{1-2} = EF_{1-2} + TF_{1-2} = 3 + 1 = 4$$
$$LS_{1-3} = ES_{1-3} + TF_{1-3} = 0 + 1 = 1$$
$$LF_{1-3} = EF_{1-3} + TF_{1-3} = 4 + 1 = 5$$

由此类推，可计算出其余各项工作的最迟开始时间和最迟完成时间。

任务5　网络计划优化概述

网络计划的优化，就是在既定条件下，按照某一衡量指标（工期、资源、成本），利用时差调整来不断改善网络计划的最初方案，寻求最优方案的过程。根据衡量指标的不同，网络计划的优化可以分为工期优化、资源优化和费用优化等。

5.1　工期优化

工期优化又称时间优化，就是当初始网络计划的计算工期大于要求工期时，可以在不改变网络计划中各项工作之间的逻辑关系的前提下，通过压缩关键工作的持续时间，以满足工期要求的过程。

压缩关键工作持续时间的方法有"顺序法"、"加数平均法"、"选择法"等。"顺序法"是按关键工作开工时间来确定需压缩的工作，先做的先压缩；"加数平均法"是按关键工作

持续时间的百分比压缩。这两种方法虽然简单，但没有考虑压缩的关键工作所需的资源是否有保证及相应的费用增加幅度。"选择法"更接近实际需要，下面重点介绍。

1. 压缩关键工作时应考虑的因素

① 缩短持续时间对工程质量和安全施工影响不大的工作，当有较大影响时，应有充分的补救措施。

② 有充足备用资源的工作，且有足够的工作面来展开。

③ 缩短持续时间所需要增加的费用最少的工作。

将所有的工作按其是否满足上述三方面要求，确定优选系数，优选系数小的工作较适宜压缩。优先选择优选系数最小的关键工作作为压缩对象；若需同时压缩多个关键工作的持续时间，则它们的优选系数之和（组合优选系数）最小者应优先作为压缩对象。

2. 优化步骤

① 计算初始网络计划的计算工期，并找出关键线路及关键工作。

② 按要求工期计算应缩短的时间 ΔT。

$$\Delta T = T_c - T_r \tag{3.46}$$

③ 确定各关键工作能压缩的持续时间。

④ 按前述要求的因素选择关键工作，压缩其持续时间，并重新计算网络计划的计算工期。压缩时要注意，不能将关键工作压缩成非关键工作；当有多条关键线路时，必须将平行的各关键线路的持续时间压缩相同的数值；否则，不能有效地缩短工期。

⑤ 当计算工期仍超过要求工期时，则重复以上步骤，直到满足要求工期或工期不能再缩短为止。

⑥ 当所有关键工作的持续时间都已达到其能缩短的期限而工期仍不能满足要求工期时，应对计划的原技术方案、组织方案进行调整，或对要求工期重新审定。

【案例 3.12】

背景：

已知某工程双代号网络计划如图 3.43 所示，图中箭线上括号外为工作名称，括号内为优选系数；箭线下方括号外数据为工作正常持续时间，括号内数据为该工作最短持续时间，现假定要求工期为 30d。

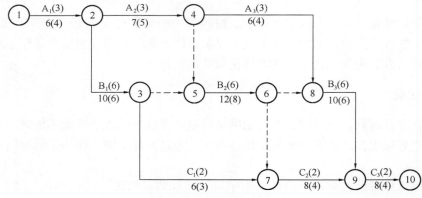

图 3.43　某工程双代号网络计划

问题：

试进行工期优化。

解：

（1）计算初始网络计划的计算工期，并找出关键线路及关键工作。

用节点法计算工作正常持续时间时网络计划的时间参数如图 3.44 所示，标注工期、关键线路，计算工期 $T_c = 46d$。

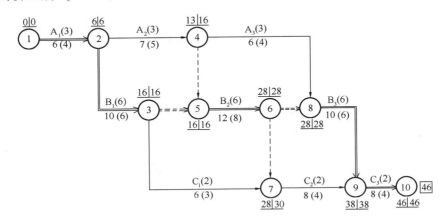

图 3.44 简捷方法确定初始网络计划时间参数

（2）按要求工期 $T_r = 30d$，计算应缩短的时间为 $\Delta T = 46 - 30 = 16d$。

（3）选择关键线路上优选系数较小的工作依次进行压缩，直到满足要求工期，每次压缩的网络计划如图 3.45 ~ 图 3.50 所示。

① 第一次压缩，选择图 3.44 中优选系数最小的⑨－⑩工作作为压缩对象，可压缩 4d，压缩后网络计划如图 3.45 所示。

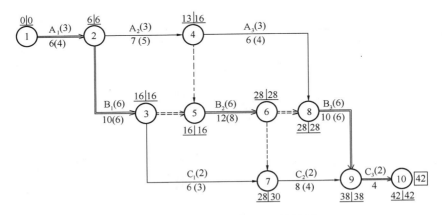

图 3.45 第一次压缩后的网络计划

② 第二次压缩，选择图 3.45 中优选系数最小的①－②工作作为压缩对象，可压缩 2d，压缩后网络计划如图 3.46 所示。

③ 第三次压缩，选择图 3.46 中优选系数最小的②－③工作作为压缩对象，可压缩 3d，压缩后网络计划如图 3.47 所示。

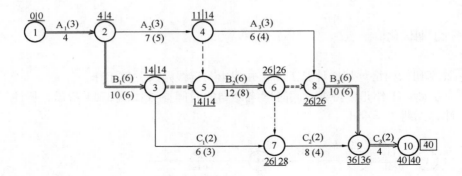

图 3.46　第二次压缩后的网络计划

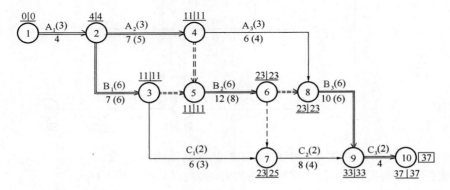

图 3.47　第三次压缩后的网络计划

④ 第四次压缩，选择图 3.47 中优选系数最小的⑤－⑥工作作为压缩对象，可压缩 4d，压缩后网络计划如图 3.48 所示。

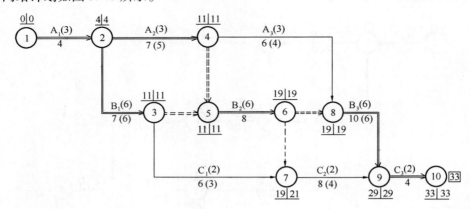

图 3.48　第四次压缩后的网络计划

⑤ 第五次压缩，选择图 3.48 中优选系数最小的⑧－⑨工作作为压缩对象，可压缩 2d，则⑦－⑨工作也成为关键工作，压缩后网络计划如图 3.49 所示。

⑥ 第六次压缩，选择图 3.49 中组合优选系数最小的⑧－⑨和⑦－⑨工作作为压缩对象，只需压缩 1d，共计压缩 16d，压缩后网络计划如图 3.50 所示。

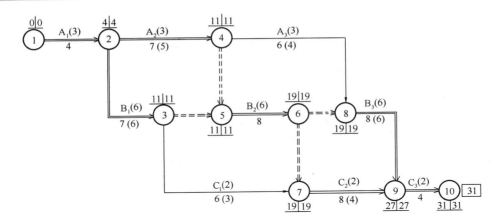

图 3.49 第五次压缩后的网络计划

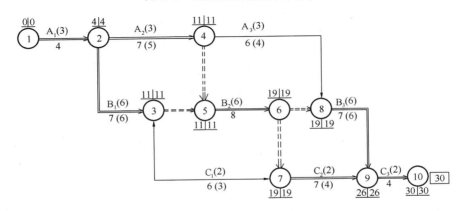

图 3.50 第六次压缩后的网络计划

通过六次压缩，工期达到 30d，满足要求的工期规定。其优化压缩过程如表 3.9 所示。

表 3.9 某工程网络计划工期优化压缩过程表

优化次数	压缩工序	组合优选系数	压缩天数（d）	工期（d）	关键工作
0				46	① → ② → ③ → ⑤ → ⑥ → ⑧ → ⑨ → ⑩
1	⑨ - ⑩	2	4	42	① → ② → ③ → ⑤ → ⑥ → ⑧ → ⑨ → ⑩
2	① - ②	3	2	40	① → ② → ③ → ⑤ → ⑥ → ⑧ → ⑨ → ⑩
3	② - ③	6	3	37	① → ② → ③ → ⑤ → ⑥ → ⑧ → ⑨ → ⑩、 ② → ④ → ⑤
4	⑤ - ⑥	6	4	33	① → ② → ③ → ⑤ → ⑥ → ⑧ → ⑨ → ⑩、 ② → ④ → ⑤
5	⑧ - ⑨	6	2	31	① → ② → ③ → ⑤ → ⑥ → ⑧ → ⑨ → ⑩、 ② → ④ → ⑤、⑥ → ⑦ → ⑨
6	⑧ - ⑨、⑦ - ⑨	8	各1	30	① → ② → ③ → ⑤ → ⑥ → ⑧ → ⑨ → ⑩、 ② → ④ → ⑤、⑥ → ⑦ → ⑨

5.2 费用优化

费用优化又称工期——成本优化，是寻求最低成本的工期安排，或按要求工期寻求最低成本的计划安排过程。要达到上述优化目标，就必须首先研究工期和费用的关系。

1. 工期和费用的关系

工程费用由直接费用和间接费用组成。直接费用是直接投入到工程中的成本，即在施工过程中耗费的人工费、材料费、机械设备费等构成工程实体的各项费用；间接费用是间接投入到工程中的成本，主要由管理费等组成。一般情况下，直接费用是随工期的缩短而增加的，间接费用是随工期的延长而增加的，如图 3.51 所示。这两种费用随工期的缩短而分别增加或缩短，则必然有一个总费用最少所对应的工期，也就是工期——成本优化所寻求的目标。

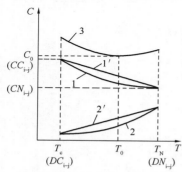

图 3.51　工期-费用曲线
1、1′—直接费用曲线、直线；2、2′—间接费曲线、直线；3—总费用曲线（T_c 为最短工期，T_N 为正常工期，T_0 为优化工期）

为简化计算，如图 3.51 所示，通常把直接费用曲线 1、间接费用曲线 2 表达为直接费用直线 1′、间接费用直线 2′。这样可以通过直线斜率表达直接或间接费用率，即直接或间接费用率在单位时间内的增加或减少值。如工作 i-j 的直接费用率 ΔC_{i-j} 为

$$\Delta C_{i-j} = \frac{CC_{i-j} - CN_{i-j}}{DN_{i-j} - DC_{i-j}} \qquad (3.47)$$

式中　CC_{i-j}——将工作持续时间缩短为最短持续时间后完成该工作所需的直接费用；

CN_{i-j}——正常条件下完成该工作所需的直接费用；

DN_{i-j}——工作正常持续时间；

DC_{i-j}——工作最短持续时间。

2. 费用优化的步骤

工期——成本优化的基本思路即从网络计划的各工作的持续时间和费用的关系中，依次找出既可缩短工期又使其直接费用增加最少的工作，不断缩短其持续时间，同时考虑间接费用叠加的因素，求出成本最低时对应的最佳工期和在工期确定而相应成本最低的目标值。

费用优化可按下述步骤进行：

① 计算各工作的直接费用率 ΔC_{i-j} 和间接费用率 $\Delta C'$。

② 按工作的正常持续时间确定工期并找出关键线路。

③ 当只有一条关键线路时，应找出直接费用率 ΔC_{i-j} 最小的一项关键工作，作为缩短持续时间的对象；当有多条关键线路时，应找出组合直接费用率 $\sum \Delta C_{i-j}$ 最小的一组关键工作，作为缩短持续时间的对象。

④ 对选定的压缩对象缩短其持续时间，缩短值 ΔT 必须符合两个原则：第一，不能将工作压缩成非关键工作；第二，缩短后的持续时间不小于最短持续时间。

⑤ 计算时间缩短后总费用的变化 C_i。

$$C_i = \sum \{ \Delta C_{i-j} \times \Delta T \} - \Delta C' \times \Delta T \qquad (3.48)$$

⑥ 当 $C_i \leq 0$，重复上述步骤(3)~(5)，一直计算到 $C_i > 0$，即总费用不能降低为止，费用优化完成。

【案例 3.13】

背景：

已知某工程双代号网络计划如图 3.52 所示，图中箭线上方为直接费用率；箭线下方括号外数据为工作正常持续时间，括号内数据为该工作最短持续时间。

问题：

现假定要求工期为 140d 时，试进行合理压缩，使费用增加最少。

解：

（1）用正常工作持续时间用标号法确定关键线路为①→③→④→⑥，如图 3.53 所示。

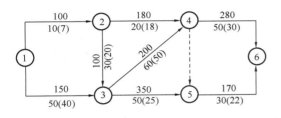

图 3.52　某工程双代号网络计划

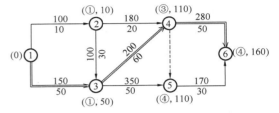

图 3.53　网络计划的关键线路

（2）比较关键工作①－③、③－④、④－⑥的直接费用率，工作①－③的直接费用率最低，故压缩工作①－③，$\Delta C_{i-j} = 150$，压缩时间 $\Delta T = 50 - 40 = 10d$，增加直接费用 $C_1 = 150 \times 10 = 1500$ 元。

（3）重新计算网络计划的时间参数，此时有两条关键线路：①→③→④→⑥ 和①→②→③→④→⑥，如图 3.54 所示。

（4）因工作用①－③已无可压缩时间，不能将工作①－②或②－③与其组合压缩，故在工作③－④和工作④－⑥中，选择直接费用率最低的工作③－④进行压缩，$\Delta C_{i-j} = 200$，压缩时间 $\Delta T = 60 - 50 = 10d$，增加直接费用 $C_2 = 200 \times 10 = 2000$ 元。

（5）此时，工期已压缩至 140d，且增加的费用最少，调整后的网络计划如图 3.55 所示。

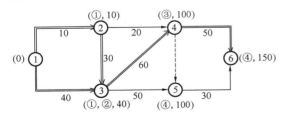

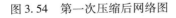

图 3.54　第一次压缩后网络图

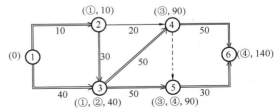

图 3.55　费用优化完成后的网络计划

5.3　资源优化

资源（人力、材料、机具设备、资金等）的优化，就是要解决网络计划实施中的资源供求矛盾或实现资源的均衡利用，以保证工程的顺利完成，并取得良好的技术经济效果。通常，资源优化有两种不同的目标：资源有限，工期最短；工期一定，实现资源的需求均衡。

"资源有限—工期最短"亦称"资源计划法"，其优化过程是调整计划安排，以满足资源限制条件，并使工期拖延最少的过程。

"工期固定—资源均衡"的优化过程是调整计划安排，在工期保持不变的条件下，使资源需用量尽可能均衡的过程。即在资源需用量的动态曲线上，尽量不出现短时期的高峰与低谷，应力争每天的资源需用量接近于平均值。

资源均衡可很大程度上减少施工现场的各种临时设施的规模，从而节约施工费用。

习题与实训

一、习题

1. 名词解释

（1）线路；（2）节点；（3）虚工作；（4）总时差；（5）自由时差；（6）关键线路；（7）计算工期；（8）计划工期

2. 选择题

（1）在网络计划中，若某工作的（　　）最小，则该工作为关键工作。

A. 自由时差　　　　B. 总时差　　　　C. 技术间歇时间　　　　D. 工作持续时间

（2）双代号网络图中虚工作（　　）。

A. 只消耗时间，不消耗资源　　　　B. 只消耗资源，不消耗时间

C. 既不消耗时间，也不消耗资源　　　　D. 既消耗时间，又消耗资源

（3）在网络计划中，开始或完成工作（　　）。

A. 均为关键工作　　　　B. 均为非关键工作

C. 至少有一项为关键工作或非关键工作　　D. 有可能为关键工作

（4）在双代号时标网络图中，A 工作只有一项紧后工作 B，已知 A 工作的自由时差为 3d，B 工作的总时差为 2d，则 A 工作的总时差为（　　）。

A. 1d　　　　B. 2d　　　　C. 3d　　　　D. 5d

（5）双代号时标网络计划中，关键线路（　　）。

A. 出现波形线　　　　B. 不出现波形线

C. 不出现虚箭线　　　　D. 既不出现虚箭线，又不出现波形线

（6）双代号网络计划中，关键线路（　　）。

A. 只有一条　　　　B. 总有多条

C. 至少存在一条　　　　D. 都不对

（7）在网络图中对编号的描述错误的是（　　）。

A. 箭头编号大于箭尾编号　　　　B. 应从小到大，从左往右编号

C. 可以间隔编号　　　　D. 必要时可以编号重复

（8）双代号网络图的组成中不包括（　　）。

A. 工作之间的时间间隔　　　　B. 线路与关键线路

C. 实箭线表现的工作　　　　D. 圆圈表示的节点

（9）在网络图中，称为关键线路的充分条件是（　　）。

A. 总时差为 0，自由时差不为 0　　　　B. 总时差不为 0，自由时差为 0

C. 总时差及自由时差均为 0　　　　D. 总时差不小于自由时差

（10）网络图中的起点节点的特点有（　　　）。

A. 编号最大　　　　　B. 无外向箭线　　　　C. 无内向箭线　　　　D. 可以有多个同时存在

（11）不属于表示网络计划工期的是（　　　）。

A. T_p　　　　　　　B. T_r　　　　　　　C. T_0　　　　　　　D. T_c

（12）在网络计划时间参数的计算中，关于时差的正确描述是（　　　）。

A. 一项工作的总时差不小于自由时差

B. 一项工作的自由时差为 0，其总时差必为 0

C. 总时差是不影响紧后工作最早开始时间的时差

D. 自由时差是可以为一条线路上其他工作所共用的机动时间

3. 判断题

（1）一个网络图中可以有许多关键线路。　　　　　　　　　　　　　　　　　　（　　　）

（2）一个网络图中只有一条关键线路。　　　　　　　　　　　　　　　　　　（　　　）

（3）一个网络图中至少有一条关键线路。　　　　　　　　　　　　　　　　　　（　　　）

（4）关键线路是不可以改变的。　　　　　　　　　　　　　　　　　　　　　（　　　）

（5）自由时差为零的工作一般为关键工作。　　　　　　　　　　　　　　　　（　　　）

（6）总时差为零的工作肯定是关键工作。　　　　　　　　　　　　　　　　　（　　　）

（7）若某项工作 $FF_{i-j}=0$，则必有 $TF_{i-j}=0$。　　　　　　　　　　　（　　　）

（8）若某项工作 $TF_{i-j}=0$，则必有 $FF_{i-j}=0$　　　　　　　　　　　（　　　）

（9）最优工期也就是最短工期。　　　　　　　　　　　　　　　　　　　　　（　　　）

（10）当网络计划的开始节点有多条外向箭线时，可采用开始母线法绘制。　　（　　　）

4. 简答题

（1）什么是双代号的表示方式？什么是单代号的表示方式？

（2）什么是双代号网络图和单代号网络图？

（3）什么是逻辑关系？网络计划中有哪几种逻辑关系？有何区别？试举例说明。

（4）组成双代号网络图的三要素是什么？试简述各个要素的含义和特征。

（5）双代号网络图中，实箭线和虚箭线有什么不同？虚箭线在网络计划中起什么样的作用？

（6）线路的分类有哪些？什么是关键线路和关键工作？

（7）正确绘制双代号网络图必须遵守哪些绘图规则？

（8）说明工作总时差和自由时差的区别与联系。

（9）网络计划哪几种排列方式？

（10）什么是网络计划优化？网络计划优化有哪几种？

（11）工期优化的基本思路什么？

（12）工程费用与工期有什么关系？

（13）资源优化有哪两类问题？各自的意义是什么？

5. 根据表 3.10 ～ 表 3.13 的逻辑关系，试绘制双代号网络图。

表 3.10

工作名称	A	B	C	D	E	F	G
紧前工作	—	A	B	A	B、D	C、E	F

表 3.11

工作名称	A	B	C	D	E	F	G	H	I	J	K
紧前工作	—	A	A	B	B	E	A	C、D	E	F、D、G	I、J

表 3.12

工作名称	A	B	C	D	E	G	H
紧前工作	D、C	E、H	—	—	—	H、D	—

表 3.13

工作名称	A	B	C	D	E	G	H	I	J
紧前工作	E	A、H	J、G	H、I、A	—	H、A	—	—	E

6. 试指出图 3.56 和图 3.57 所示网络图的错误。

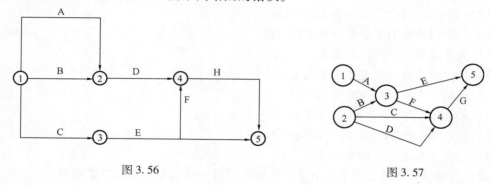

图 3.56   图 3.57

7. 已知网络计划资料如表 3.14 所示，绘制双代号网络图，并计算工作的时间参数，并标出关键线路。

表 3.14

工作	A	B	C	D	E	G
紧前工作	—	—	—	B	B	C、D
持续时间	12	10	5	7	6	4

8. 将第 7 题的双代号网络图改为单代号网络图，并计算其时间参数并标出关键线路。

9. 某网络计划如图 3.58 所示，假定要求工期为 100d，根据实际情况考虑选择应缩短持续时间的关键工作的顺序为 B、C、D、E、G、H、I、A。要求对该网络计划进行优化（图中箭线上面括号外数字为工作正常持续时间，括号内数字为工作最短持续时间）。

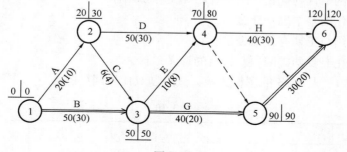

图 3.58

10. 某工程网络计划如图 3.59 所示，图中箭线上方为括号外数据为工作正常时间直接费用，括号内数据为工作最短时间的直接费用（单位：万元）；箭线下方括号外数据为工作正常持续时间，括号内数据为工作最短持续时间（单位：d）。整个工程计划的间接费率为 0.35 万元/d。试对此计划进行费用优化，求出费用最少的相应工期。

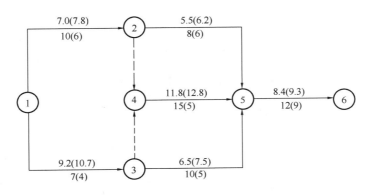

图 3.59 某工程网络计划

二、实训

【案例 3.1】

背景：

某工程网络图的资料如表 3.15 所示。

表 3.15

工作代号	A	B	C	D	E	F	G
紧后工作	B	E、F	D	F	G	G	—
工作持续时间	3	2	3	4	5	9	3

问题：

（1）绘出该工程的双代号网络计划图。

（2）指出该工程网络计划的线路、关键线路、关键工作和计划工期。

答案：

（1）本案例的网络计划如图 3.60 所示。

（2）本工程网络计划线路有：

①→②→④→⑥→⑦（13d）；

①→②→④→⑤→⑥→⑦（17d）；

①→③→⑤→⑥→⑦（19d）；

其中最长的线路为关键线路，即①→③→⑤→⑥→⑦，如图中粗实线所示；关键工作为 C、D、F、G 工作。工期为 19d。

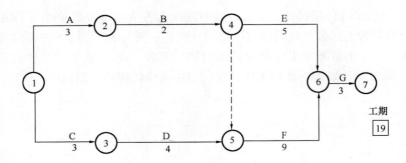

图 3.60　某工程双代号网络计划图

【案例 3.2】

背景：

某工程各工作的逻辑关系及工作持续时间如表 3.16 所示。

表 3.16

工作代号	紧前工作	紧后工作	持续时间（d）
A	—	B、C	2
B	A	D、F	3
C	A	E、F	2
D	B	G	2
E	B、C	G、H	3
F	C	H	1
G	D、E	I	2
H	E、F	I	1
I	G、H	—	1

问题：

（1）简述双代号网络计划时间参数的种类。

（2）什么是工作持续时间？工作持续时间的计算方法有哪几种？

（3）依据上表绘制双代号网络图，计算时间参数。

（4）双代号网络计划关键线路应如何判断？确定该网络计划的关键线路并在图上用双线标出。

答案：

（1）双代号网络计划时间参数有：

工作持续时间、工作最早开始时间、工作最早完成时间、计算工期、计划工期、工作最迟完成时间、工作最迟开始时间、工作总时差、工作自由时差。

（2）工作持续时间：一项工作从开始到完成的时间。

工作持续时间的计算方法：参照以往的实际经验估算、经过经验推算、按计划定额（或效率）计算、三时估算法。

（3）双代号网络图及时间参数如图 3.61 所示。

（4）双代号网络关键线路的判断：

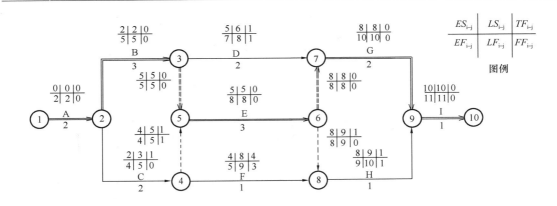

图 3.61

先判别关键工作。关键工作是总时差最小的工作。其次，将关键工作相连所形成的通路就是关键线路。

该网络计划的关键线路：① → ② → ③ → ⑤ → ⑥ → ⑦ → ⑨ → ⑩。

【案例 3.3】

背景：

某工程网络图如图 3.62 所示。图中箭线上方为括号外数据为工作正常时间直接费用，括号内数据为工作最短时间的直接费用（单位：万元）；箭线下方括号外数据为工作正常持续时间，括号内数据为工作最短持续时间（单位：d）。整个工程计划的间接费率为 1.05 万元/d。试对此计划进行费用优化，求出费用最少的相应工期。

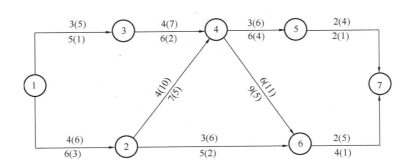

图 3.62　初始网络图

答案：

（1）按各工作的正常持续时间确定计算键线路、总费用，如图 3.63 所示。计算工期为 26d，关键线路为 ① → ② → ④ → ⑥ → ⑦ 。

（2）计算各项工作的直接费率如图 3.64 所示。

（3）压缩关键线路上有可能压缩且费用最少的工作，进行费用优化，压缩过程如图 3.65 和图 3.66 所示。

第一次压缩：由于关键工作中① — ② 工作直接费率最小，因此压缩① — ② 工作 2d，总费用变化 = （0.667 - 1.05）× 2 = - 0.766 万元。压缩后网络图如图 3.65 所示，① — ③、③ — ④ 工作由非关键工作转为关键工作。计算工期为 24d。

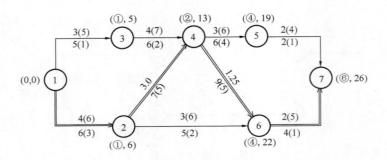

图 3.63　初始网络图中的关键线路

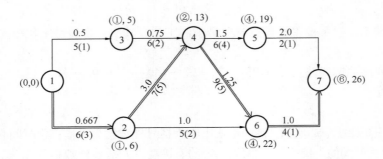

图 3.64

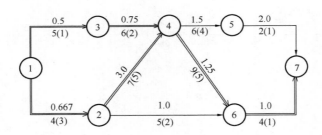

图 3.65　第一次压缩后网络图

第二次压缩：可压缩关键工作④ - ⑥ 、⑥ - ⑦ 及① - ② 和① - ③ 组合，其中工作⑥ - ⑦ 直接费率最小，因此压缩⑥ - ⑦ 工作 3d，总费用变化 = 3 × （1.0 - 1.05） = -0.15万元。压缩后网络图如图 3.66 所示。计算工期为 21d。

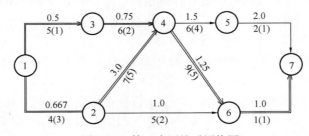

图 3.66　第二次压缩后网络图

第三次压缩：由于关键工作中除④ -⑥ 工作可单独压缩外，其余均为组合压缩（同时压缩① -② 和③ -④ 或① -② 和① -③ 工作或① -③ 和② -④ 工作或② -④ 和③ -④ 工作），由于① -② 和① -③ 工作的组合直接费率最小，因此同时压缩① -② 和① -③ 工作各 1d，总费用变化 = 1 × （0.667 + 0.5 - 1.05）= 0.117 万元。压缩后费用不仅不减少反而增加，因此压缩结束。

因此，费用最少的相应工期为 21d。

项目4 装饰工程施工组织设计

项目描述

装饰工程施工组织设计由装饰施工单位编制，用以规划和指导拟建工程从施工准备到竣工全过程施工活动的技术经济文件，是开工的基本条件之一，必须在工程开工前完成，并应经总监理工程师批准后方可实施。

知识目标

熟悉单位工程施工组织设计的内容和编制方法。

能力目标

能够编写一般装饰工程的施工组织设计。

内容要点

① 施工组织设计编制依据、程序和内容；

② 工程概况；

③ 施工方案的选择；

④ 施工进度计划的编制；

⑤ 施工准备工作计划；

⑥ 资源需用量计划；

⑦ 施工平面布置图设计；

⑧ 主要施工技术组织措施；

⑨ 施工组织设计实例。

任务1 概 述

装饰工程施工组织设计的任务，是根据工程特点和施工条件，选择合理的施工方案，以最少的资源消耗，在规定的施工期限内，全面完成工程的施工任务。它是以装饰工程作为施工组织对象而编制的，是指导装饰工程从施工准备到竣工验收全过程施工活动的技术经济文件。它既要体现装饰设计与使用要求，又要符合装饰施工的客观规律，是做好施工准备工作的主要依据。

在建筑工程招投标工作中，投标单位需按招标文件的要求编制施工组织设计，成为投标文件的重要组成部分，这个阶段的施工组织设计称为标前设计，标前设计编制的质量直接关系到投标单位能否中标。工程招投标结束后，中标单位需要根据工程的实际情况编制能指导施工的施工组织设计，称为标后设计，标后设计更为具体和详细。因此，装饰工程施工组织设计，不仅是指导工程施工全过程的技术文件，也是投标书的技术经济文件，这个文件质量的高低，既反映施工组织与管理水平，也直接影响工程任务的承包。

1.1　施工组织设计的编制依据

① 与工程建设有关的法律、法规和文件。
② 招投标文件、装饰施工合同。
③ 经过会审的施工图纸。
④ 施工现场条件；
⑤ 有关的参考资料和装饰企业对类似工程的施工经验资料。
⑥ 施工企业的生产能力、机具设备状况、技术水平等。

1.2　施工组织设计的编制程序

① 熟悉、审查图纸，进行调查研究。
② 计算工程量。
③ 确定施工方案和施工方法，进行技术经济比较。
④ 编制施工进度计划。
⑤ 编制施工机具、材料、半成品以及劳动力需用量计划。
⑥ 布置施工平面图，包括临时生产、生活设施，供水、供电、供热管线。
⑦ 制定各项保证质量、安全、文明施工技术措施。

1.3　施工组织设计的编制内容

装饰工程施工组织设计的编制内容的深度和广度，应视工程规模大小、技术复杂程度和现场施工条件而定。

装饰工程施工组织设计内容包括：工程概况、施工方案、施工准备工作计划、施工进度计划、资源需用量计划（装饰技工、普工需用量计划、施工机具计划、主要材料计划）、施工平面布置图、主要技术组织措施（包括技术措施、质量措施、安全文明施工措施、成品保护措施）等。

任务 2　工程概况

装饰工程施工组织设计中的工程概况，是对拟装饰工程的装饰特点、地点特征和施工条件等所作的一个简明扼要、突出重点的文字介绍，有时为了弥补文字介绍的不足，还可以附图或用辅助表格加以说明。在装饰施工组织设计中，应重点介绍本工程的装饰特点以及与项目总体工程的联系。

2.1　工程装饰概况及特点

针对工程的装饰特点，结合现场的具体条件，找出关键性的问题加以说明，对新材料、新技术、新工艺的施工难点应重点进行分析研究。

1. 工程装饰概况

主要说明拟装饰工程的工程名称、性质、用途、工程投资额；建设单位、设计单位、施工单位；工程承包范围；质量要求；开、竣工日期等。

2. 工程装饰设计特点

主要说明拟装饰工程的建筑面积、高度、施工范围，装饰标准，主要房间的装饰材料，装饰设计风格，与之配套的水、电、暖、风主要项目等。

3. 工程装饰施工特点

主要说明装饰施工的重点所在，以使重点突出，抓住关键，使装饰施工能顺利进行。

2.2 建筑地点特征

应介绍拟装饰工程所在的位置、地形、地势、环境、气温、冬雨期施工时间，主导风向、风力大小等。若本项目只是承接了该建筑的部分装饰，则应注明拟装饰工程所在的楼层或施工段。

2.3 施工条件

主要说明装饰施工现场及周围环境条件，装饰材料、成品、半成品、运输车辆、劳动力、技工配备和企业管理水平，以及现场供水、供电问题等。

任务3 施工方案的选择

施工方案是单位装饰工程施工组织设计的核心内容，施工方案合理与否将直接影响装饰工程施工效率、质量、工期和技术经济效果，因此必须引起足够的重视。

对装饰工程施工方案和施工方法的拟定，在考虑施工工期、各项资源供应情况的同时，还要根据装饰工程的施工对象综合考虑。

3.1 装饰工程的施工对象

装饰工程的施工对象有以下两种：

1. 新建工程的建筑装饰施工

新建工程的建筑装饰施工有两种施工方式：

① 是在主体结构完成之后进行装饰施工，它可以避免装饰施工与结构施工之间的相互干扰。主体结构施工中垂直运输设备、脚手架等设施，临时供电、供水、供暖管道可以被装饰施工利用，有利于保证装饰工程质量，但装饰施工交付使用时间会被延长。

② 是在主体结构施工阶段就插入装饰施工，这种施工方式多出现在高层建筑中，一般建筑装饰施工与结构施工相差三个楼层以上。建筑装饰施工可以自第二层开始逐层向上进行或自上往下逐层进行。这种施工安排与结构施工主体交叉、平行流水，可加快施工进度。但结构与装饰施工易造成相互干扰，管理较困难，而且必须采取可靠的安全措施及防水、防污染措施才能进行装饰施工。水、电、暖、卫干管也必须与结构施工紧密配合。

2. 旧有建筑进行装饰改造

旧有建筑进行装饰改造一般有三种情况：

① 不改动原有建筑的结构，只改变原来的建筑装饰，但原有的水、电、暖、卫设备管线可能要变动。

② 为了满足新的使用功能要求，不仅改变原有建筑外貌，而且还要对原有建筑的结构

进行局部改动。

　　③ 完全改变原有建筑的功能用途，如办公楼或宿舍楼改为饭店、酒店、娱乐中心、商店等。

3.2　施工方案的基本内容

　　施工方案的基本内容包括：建筑物基体表面的处理；确定施工程序、施工流向；主要施工方法、施工机具的选择等。

1. 建筑物基体表面的处理

　　在建筑装饰施工之前，对新建工程需要对基层加以处理，使其表面粗糙，增强装饰面层与基层之间的粘结力。处理方法是：清除基层表面的灰尘、污垢；将墙面浇水湿润，必要时刷素水泥浆或界面剂；光滑的混凝土面表面应凿毛或拉毛；砖墙基层表面清理灰缝。对于改造工程或旧建筑物上进行二次装饰，必须对基体或基层进行检验，从而确定是否对原有基层或基面和紧固连接件的铲除或拆除，修补或进行其他处理方法。若有拆除项目，应对拆除的部位、数量、拆除物的处理办法做出明确规定，以确保装饰施工质量。

2. 确定总的施工程序

　　施工程序是指单位装饰工程中各分部工程或施工阶段的先后顺序及其制约关系。不同施工阶段的不同工作内容按其固有的、不可违背的先后顺序向前发展，其间有着不可分割的联系。既不能相互代替，也不能随意跨越与颠倒。

　　建筑装饰工程的施工程序一般有先室外后室内、先室内后室外或室内室外同时进行三种情况。施工时应根据装饰工期、劳动力配备、气候条件、脚手架类型等因素综合考虑。

　　室内装饰的工序较多，一般先施工墙面及顶面，后施工地面、踢脚。室内外的墙面抹灰应在管线预埋后进行；吊顶工程应在设备安装完成后进行，卫生间装饰应在施工完防水层、便器及浴盆后进行；首层地面一般放在最后施工。

3. 确定施工流向

　　施工流向是指单位装饰工程在平面或空间上施工的开始部位及流动方向。对单层建筑只需定出分段施工在平面上的施工流向，多层及高层建筑除了确定每层平面上的施工流向外，还要确定其层间或单元空间上的流向。确定施工流向应考虑以下几个因素：

　　① 施工工艺过程是确定施工流向的关键因素。建筑装饰工程施工工艺的一般规律是先预埋、后封闭、再装饰；预埋阶段先通风、后水暖管道、再电气线路；封闭阶段先墙面、后顶面、再地面；调试阶段先电气、后水暖、再空调；装饰阶段先涂饰、后裱糊、再地板。建筑装饰工程的施工流向必须按各工种之间的先后顺序组织平行流水，颠倒或跨越工序就会影响工程质量，甚至造成返工、污染而延误工期。

　　② 对装饰技术复杂、工期较长的部位应先施工；含水暖、电、卫工程的建筑装饰工程，必须先进行设备、管线安装，再进行装饰施工。

　　③ 建筑装饰工程必须要满足建设单位对生产和使用的要求。对急需使用的应先施工。对高级宾馆、饭店的建筑装饰改造，往往采取施工一层（一段），交付一层（一段）的做法，使之满足用户的营运要求，早日取得经济效益。

　　④ 分部工程或施工阶段的特点。对于外墙装饰可以采用自上而下的流向；对于内墙装

饰，则可采用自上而下、自下而上及自中而下再自上而中三种流向。

a. 自上而下的施工流向通常是指主体结构封顶，屋面防水层完成后，装修由顶层开始逐层向下进行。一般有水平向下和垂直向下两种形式，如图4.1所示。这种流向的优点是，主体结构完成后，有一定的沉降时间，沉降变化趋向稳定，这样可以保证室内装饰质量；屋面防水层做好后，可防止因雨水渗漏而影响装饰效果，同时各工序之间交叉少，便于组织施工，从上而下清理垃圾也方便。

对于多高层改造工程，采用自上而下进行施工，也比较有利，如在屋顶施工，仅下一层作为间隔层，停止面小，不影响其他层的营业。

b. 自下而上的施工流向，是指当主体结构施工到一定楼层后，装饰工程从最下一层开始，逐层向上的施工流向。一般与主体结构平行搭接施工，同样也有水平向上和垂直向上两种形式，如图4.2所示。这种流向的优点是工期短，特别是高层与超高层建筑工程更为明显。其缺点是工序交叉多，需采取可靠的安全措施和成品保护措施。

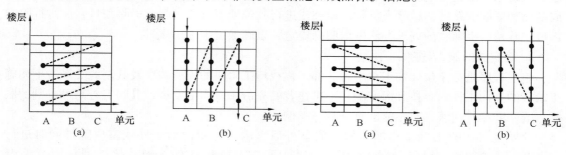

图4.1　自上而下的流水顺序
（a）水平向下；（b）垂直向下

图4.2　自下而上的流水顺序
（a）水平向上；（b）垂直向上

c. 自中而下再自上而中的施工流向，综合了上述两种流向的优缺点，适用于新建的高层建筑装饰工程施工。

室外装饰工程一般常采用自上而下的施工流向，但对于湿作业，如石材外饰面施工以及干挂石材饰面施工均采取自下而上的施工流向。

4. 确定施工顺序

施工顺序是指分部分项工程施工的先后次序。合理地确定施工顺序是为了按照客观规律组织施工，解决各工种之间搭接，以减少工种之间交叉破坏，在保证质量与安全施工的前提下，充分利用工作面，实现缩短工期的目的，同时也是编制施工进度计划的需要。

（1）室内、室外装饰施工的先后顺序

装饰工程分为室外装饰和室内装饰工程。要安排好立体交叉平行搭接的施工，确定合理的施工顺序。装饰工程施工顺序通常有先室内后室外、先室外后室内和室内外同时进行三种。一般情况下，采取先室外后室内的施工顺序可加快脚手架周转和便于组织施工。

（2）室内装饰施工顺序

室内装饰施工顺序多、劳动量大、工期相应较长，施工顺序应根据具体条件来确定，基本原则为"先湿作业、后干作业"，"先墙顶、后地面"，"先管线、后饰面"。室内装饰工程施工顺序如图4.3所示。

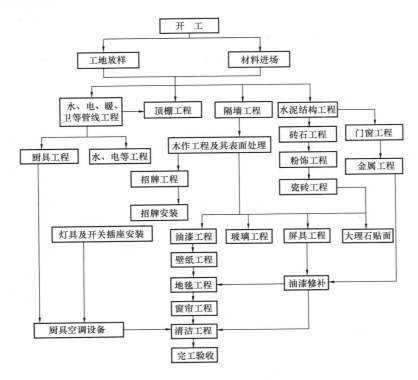

图4.3 室内装饰工程的一般施工顺序

① 室内顶棚、墙面及地面。室内同一房间装饰施工顺序一般有两种：一是顶棚→墙面→地面，这种施工顺序可以保证连续施工，但在做地面前必须将顶棚和墙面上的落地灰和渣滓处理干净，否则影响地面面层和基层之间的粘结，造成地面起壳现象，且做地面易污染已施工完的墙面；二是地面→墙面→顶棚，这种施工顺序对已完工的地面要采取保护措施，便于清理工作，质量易于保证。

② 抹灰、饰面、吊顶和隔断工程，应待隔墙、门窗框、暗装的管道、电线管和电器预埋件等完工后进行。

③ 门窗可在抹灰前进行。铝合金、涂色镀锌钢板、塑料门窗、玻璃工程应在抹灰等湿作业完工后进行。

④ 有抹灰基层的饰面工程、吊顶及轻型花饰工程，应在抹灰工程完工后进行。

⑤ 涂饰工程，应在地板、地毯和硬质纤维板等楼（地面）的面层和明装电线施工前，管道设备工程试压后进行。木楼（地）板面层的最后一遍油漆，应待裱糊工程完工后进行。

⑥ 裱糊工程，应待顶棚、墙面、门窗及建筑设备的涂饰工程完工后进行。

5. 合理选择施工方法和施工机具

施工方法和施工机具的选择是施工方案中的关键问题，它直接影响装饰施工质量、进度、安全及成本，因此必须加以重视。

（1）施工方法的选择

建筑装饰工程施工方法的选择要综合考虑多种因素，经过认真分析，选定最优方案，以达到提高装饰质量，加快施工进度，节约材料的目的。

在选择施工方法时，要重点解决影响整个装饰工程的主要分部（分项）工程的施工方法，如对于工程量大，且在单位工程中占重要地位的分部（分项）工程以及施工技术复杂或采用新技术，新工艺和对工程质量起关键作用的部分，需要重点分析确定。对于按照常规做法和工人熟悉的分项工程，只需提出应注意的特殊问题即可。建筑装饰工程施工方法选择的内容主要包括：

① 室内外垂直及水平运输。

装饰工程的垂直运输应根据现场的实际情况来确定。新建工程可利用主体结构所设置的室内外电梯或井架来解决垂直运输问题，改造工程可利用原有电梯或搭设井字架，或利用楼梯人工搬运。

室外水平运输对于新建工程一般不存在问题，但对大中城市的装饰改造工程，尤其是处于繁华市区位置的水平运输，受交通、环卫方面的限制，应考虑运输时间及运输方式。室内水平运输在装饰改造项目和新建项目装饰施工中一般采用人工运输。

② 脚手架的选择。

建筑装饰工程中所使用的脚手架，必须满足装饰施工及安全技术的要求，要有足够的面积满足材料堆放、人员操作及运输的需要。要求架子坚固、稳定、不变形、搭拆简单和移动方便。

用于建筑装饰工程的脚手架类型分室外和室内两种。室外多采用桥式、多立杆式钢管双排脚手架、吊篮等。室内多采用移动式、满堂钢管脚手架等。脚手架选择时应注意安全、经济和适用。

③ 特殊项目施工及技术设施。

建筑装饰要求外观给人一种整洁美观、富于艺术性的感受。因此，在施工工艺操作上必须细致精湛，强调每个工种、每道工序的交接工作，只有做好了上道工序，才能保证下道工序的质量。随着建筑装饰标准的不断提高，建筑装饰新材料、新机具的迅速发展，要求装饰施工单位不断更新原施工工艺，对特殊项目、特殊材料，要根据材料特性、装饰标准制定新的施工工艺。

④ 主要装饰项目的操作方法及质量要求。

主要装饰项目的操作方法及质量要求编写时应进行分析，哪些是主要项目，主要项目中哪些是比较熟悉的，熟悉的可简写，不熟悉的应作为重点来写，质量要求常见的可不写或简写。对新材料、新工艺、新技术则应详细地编写，有利于指导装饰施工顺利实施。

⑤ 临时设施、供水供电。

装饰工程的临时设施。临时设施应视工程的具体情况而定，尽量采用活动装拆或就地取材。临时设施的面积应满足管理人员办公，机具、材料存放，工人生活等要求。

装饰工程临时供水。装饰工程施工用水量不大，新建工程可利用主体结构施工临时供水系统，改建工程可利用原有水源。

消防用水，新建工程主体结构施工时已布设，装饰阶段可继续利用，改建工程可使用原建筑已布设的消防用水系统，考虑到装饰阶段的安全隐患多于主体阶段，现场施工及消防用水量水压，必须经过计算，以满足要求。

现场用水量计算包括：工程用水、施工机械用水、现场生活用水及消防用水，对一般中小型装饰工程，在施工组织设计中不需进行水量计算。

装饰工程临时供电。新建工程装饰施工可利用主体结构工程设置的临时配电，改造工程可从原配电系统中单独接线或利用已有楼层电源。对中小型装饰工程一般不需进行用电量的计算。

（2）施工机具的选择

施工机具是装饰工程施工中质量和工效的基本保证。装饰工程施工所用的机具，除垂直运输和设备安装外，主要有小型电动工具，如电锤、冲击电钻、电动曲线锯、型材切割机、电刨、云石机、射钉枪、电动角向磨光机等。在选择施工机具时，从以下几个方面进行考虑：

① 选择适宜的施工机具以及机具型号。如对瓷砖、地砖、面砖等装饰材料表面需要加工成直线或弧线，选择手动切割机。

② 在同一施工现场，力求装饰施工机具的种类和型号尽可能少一些，以便于管理。

③ 施工机具选择应尽可能发挥现有机具的能力。当现有机具不能满足施工需要时，应购置或租赁机具。

任务 4　施工进度计划的编制

施工进度计划是建筑装饰工程施工组织设计的重要组成部分，它是按照组织施工的基本原则，在已选定的装饰施工方案和施工方法的基础上，根据规定的工期和各种资源供应条件，遵循各施工过程合理的工艺顺序和统筹安排各项施工活动的原则，在时间和空间上做出安排，以达到用最少的人力、材料、资金的消耗取得最大的经济效益。施工进度计划通常用横道图或网络图来表示。

4.1　施工进度计划的作用

装饰工程施工进度计划是施工组织设计的主要内容，是控制各分部分项工程施工进度的主要依据，也是编制月、季施工计划及各项资源需用量计划的依据。它的主要作用有：

① 安排装饰工程的施工进度，保证在规定工期内完成符合质量要求的装饰任务。

② 确定每个分部分项工程的施工顺序持续时间及其相互衔接与合理配合关系。

③ 确定所需的劳动力、材料、机械设备等资源数量。

4.2　施工进度计划的编制依据

装饰工程施工进度计划的编制依据主要包括：

① 经过审核的装饰施工图纸、标准图集及其他技术资料。

② 施工工期要求及开竣工日期。

③ 相应装饰施工组织设计中的施工方案与施工方法。

④ 劳动定额、机械台班定额及劳动力、材料、成品、半成品机械设备的供应条件等。

4.3　施工进度计划的表达形式

施工进度计划一般采用横道图和网络图的表达形式，如图 4.4 和图 4.5 所示。

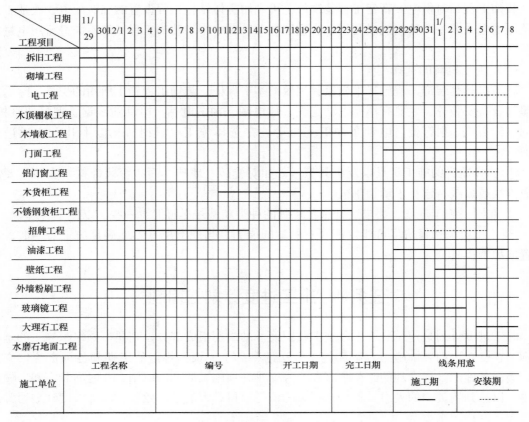

图 4.4　横道图进度计划

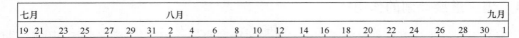

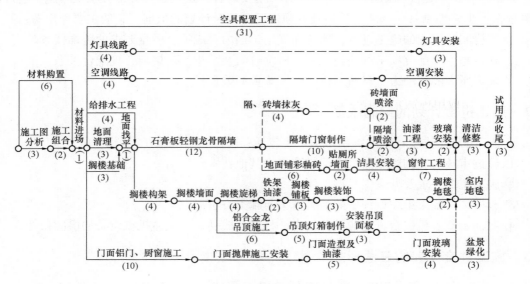

图 4.5　网络图进度计划

4.4　施工进度计划的编制步骤

1. 划分施工过程

编制装饰施工进度计划时，首先应根据施工图纸和施工顺序将拟建装饰工程的各个施工过程列出，并结合施工方法、施工条件、劳动组织等因素，加以调整后，列入装饰施工进度计划图中。装饰工程施工过程确定的方法如下：

（1）明确施工过程划分的内容

根据装饰施工图纸、施工方案和施工方法，确定拟建装饰工程可划分成哪些施工过程，明确其划分的范围和内容，应将一个比较完整的工艺过程划分为一个施工过程，如铝合金门窗工程、吊顶工程、乳胶漆墙面工程等。

（2）施工过程划分粗细适宜

装饰施工过程划分的粗细程度主要取决于装饰工程量大小、复杂程度。对于一般控制性施工进度计划，施工过程可划粗一些；对于指导性施工进度，施工过程可划细一些。

（3）将施工过程适当合并

为使施工进度计划简单清晰，重点突出，对于次要的施工过程应合并到主要施工过程中去，如油漆工程，可包括门窗、栏杆、扶手的油漆。

（4）施工过程确定应考虑施工方法

铝合金门窗工程如果在加工厂加工，可只划分为铝合金门窗安装一个施工过程；如果在现场加工，则可划分为铝合金门窗加工和安装两个施工过程。

2. 计算工程量

工程量是编制施工进度计划的基础数据，应根据施工图纸、有关计算规则及相应的施工方法进行。在编制施工进度计划时已有预算文件，当采用的定额和施工过程的划分与施工进度计划一致时，可直接利用预算文件中的工程量，而不必再重复计算。计算工程量应注意以下几个问题：

① 各分部分项工程的工程量计量单位应与现行定额中规定一致，以便计算劳动量、材料需用量可直接套用定额，不再进行换算。

② 工程量计算应结合所选定的施工方法和安全技术要求，使计算的工程量与工程实际相符合。

③ 结合施工组织要求，分区、分段、分层计算工程量，以便组织流水作业。

④ 正确取用预算文件中的工程量，如已编制预算文件，施工进度计划中工程量，可根据施工过程包括的内容从预算工程量的相应项目抄出并汇总。当进度计划中的施工过程与预算项目不同或有出入（当计量单位、计算规则、采用定额不同等）时，则应根据施工实际情况加以修改、调整或重新计算。

3. 确定劳动量和机械台班数量

根据各分部分项工程的工程量、施工方法和定额标准，并结合施工企业的实际情况，计算各分部分分项工程所需的劳动量和机械台班数量，一般可按下式计算：

$$P_i = Q_i/S_i（工日、台班）$$
$$P_i = Q_iH_i（工日、台班） \tag{4.1}$$

式中　P_i——第 i 部分分项工程所需要的劳动量或机械台班数量；

Q_i——第 i 分部分项工程的工程量；

S_i——第 i 分部分项工程采用的人工产量定额或机械台班产量定额；

H_i——第 i 分部分项工程采用的时间定额。

套用定额时，常会遇到定额中所列项目内容，与编制施工进度计划所列项目内容不一致的情况，具体处理方法如下：

① 可将定额做适当扩大，使其适应施工进度计划的编制要求。例如将同一性质不同类型的项目合并，根据不同类型的项目产量定额和工程量计算其扩大后的平均产量定额或平均时间定额。

② 某些新技术、新材料、新工艺或特殊施工方法的施工过程，在定额中尚未编入，此时可参考类似项目的定额、经验资料确定。

4. 计算各施工过程的持续时间

① 各分部分项工程施工持续时间计算公式如下：

$$t_i = P_i / R_i N_i \qquad (4.2)$$

式中 t_i——完成第 i 施工过程的持续时间（d）；

P_i——第 i 施工过程所需劳动量或机械台班数量；

R_i——每班在第 i 施工过程中的劳动人数或机械台数；

N_i——第 i 施工过程中每天工作班数。

② 根据工期安排进度时，应先确定各施工过程的施工时间，其次确定相应的劳动量和机械台班量，每个工作班所需的工人人数或机械台数，公式（4.2）变为下式：

$$R_i = P_i / t_i N_i \qquad (4.3)$$

由上式求得 R 值，若该数值超过了施工单位现有的人力、物力，除了组织外援外，应主动地从技术上和施工组织上采取措施，增加工作班数，尽可能地组织立体交叉平行流水作业等，需要指出的是装饰工程由于大量采用手用电动工具，实际工效比定额规定高得多，在编制施工进度计划时应考虑这一因素，以免造成窝工。

5. 施工进度计划的安排、调整、优化

编制装饰工程施工进度计划时，应首先确定主导施工过程的施工进度，使主导施工过程能尽可能连续施工，其余施工过程应予以配合，具体方法如下：

① 确定主要分部工程并组织流水施工。

② 按照工艺的合理性，使施工过程间尽量穿插、搭接，按流水施工要求或配合关系搭接起来，组成进度计划的初始方案。

③ 检查和调整施工进度计划的初始方案，绘制正式进度计划。

检查和调整的目的在于使初始方案满足规定的目标，确定理想的施工进度计划。其内容如下：检查各装饰施工过程的施工时间和施工顺序安排是否合理；安排的工期是否满足合同工期；在施工顺序安排合理的情况下，劳动力、材料、机械是否满足需要，是否有不均衡现象。

经过检查，对不符合要求的部分应进行调整和优化，达到要求后，编制正式的装饰施工进度计划。

任务5 施工准备工作计划

施工准备是完成装饰工程施工任务的重要环节，也是施工组织设计中一项重要任务。施工人员必须在开工前，根据装饰施工任务、施工进度和施工工期的要求做好各方面的准备工作。

施工准备工作计划包括：技术准备、现场准备、劳动组织及物资准备。

5.1　技术准备

1. 熟悉与会审图纸

建筑装饰施工图纸包括的专业类型比较多，不但有建筑装饰施工图，还有与之配套的结构、水、暖、电、通风、空调、消防、通讯、煤气、闭路电视等图纸。在熟悉施工图纸时，应注意以下问题：

① 各专业图纸间有无矛盾（包括平面尺寸、标高、材料、构造做法、要求标准等）。图纸中有无错漏、碰、缺等问题。

② 要了解建筑装饰与工程结构是否满足强度、刚度及稳定性要求，尤其是改造工程要注意结构的安全性。

③ 装饰施工图纸是否符合消防要求，采用的装饰材料是否是绿色产品，是否符合国家相关标准的有关规定。

④ 装饰设计是否符合当地施工条件与施工水平，如采用新技术、新材料、新工艺，施工单位有无困难等。

在熟悉图纸的基础上组织图纸会审，研究解决有关问题。将会审中共同确定的问题形成图纸会审纪要，由建设单位正式行文，三方共同会签并盖公章，作为指导施工和工程结算的依据。

2. 施工组织设计的编制和审定

装饰工程施工组织设计应结合企业的实际情况、单位现有技术、物资条件等由项目负责人主持编制，项目技术负责人负责编制，由施工单位技术负责人审批。重点、难点分部工程和专项工程施工方案应由施工单位技术部门组织专家评审，施工单位技术负责人批准。

3. 编制施工预算

建筑装饰工程施工中，项目分类细而多，每项工程都是由几个、几十个单个工作项目组成。工作项目名称所包含的内容也比较多，如卫生洁具，安装项目可分为安装浴缸，安装洗面器、大便器、五金配件等。项目名称所包含的内容不仅关系到材料、设备的数量，也关系到每个工种的用工量，在编制施工预算时，工程量必须精确，材料设备必须用统一的单位名称，以便套用定额。

建筑装饰工程施工预算还须结合施工方案、施工方法、场地环境、交通运输等具体情况，尤其是采用新材料、新工艺、新技术的项目，国家和地方定额中未列入进去，要依靠企业自身积累的经验制定参考定额。

4. 各种材料加工品、成品、半成品情况

各种材料加工品、成品、半成品的性能、规格、说明等，受国家控制供应的材料要提前申报。

5. 新技术、新工艺、新材料的试制实验

建筑装饰工程中，对新技术、新材料、新工艺要先进行培训学习，先试作样板，总结经验；有些建筑装饰材料还要通过试验来了解材料性能，以满足设计、施工和使用需要。

5.2 现场准备

施工现场准备包括定位放线，标高确定，障碍物拆除，场地清理，临时供水、供电、供热管线敷设及道路交通运输，生产、生活临时设施，水平、垂直运输设备的安装等。

5.3 劳动组织及物资准备

建立工地领导机构，组织精干的施工队伍，确立合理的劳动组织，进行岗前技术培训，并做好安全、防火、文明施工教育。

组织施工机具、材料、成品、半成品的进场和保管。

任务6 各项资源需用量计划

各项资源需用量计划包括材料、设备、施工机具及成品、半成品需用量计划及运输计划。

6.1 主要材料需用量计划

根据施工预算、材料消耗定额和施工进度计划编制主要材料需用量计划，它主要反映施工中各种主要材料的需用量，作为备料、供料和确定仓库堆放面积及运输量的依据。装饰工程所用的物资品种多，花色繁杂，编制时，应写清材料的名称、规格、数量及使用时间等要求。其表格形式如表4.1所示。

表4.1 主要材料需用量计划

序号	材料名称	规格	需用量		需用时间									备注
					×月			×月			×月			
			单位	数量	上旬	中旬	下旬	上旬	中旬	下旬	上旬	中旬	下旬	

6.2 装饰技工、普工需用量计划

装饰技工、普工需用量计划是根据施工预算、劳动定额和进度计划编制的。主要反映装饰施工所需各种技工、普工人数，它是控制劳动力平衡、调配和衡量劳动力耗用量指标的依据，其编制方法是将施工进度计划表内项目进度各施工过程每天（或旬、月）所需人数，按项目汇总而得。其表格形式如表4.2所示。

表4.2 装饰技工、普工需用量计划

序号	项目名称	工种名称	需用量		需 要 时 间												备注
					月 份												
			单位	数量	1	2	3	4	5	6	7	8	9	10	11	12	

6.3　主要施工机具需用量计划

根据施工方案、施工方法及施工进度计划编制施工机具需用量计划，它主要反映施工所需的各种机具的名称、规格、型号、数量及使用时间，可作为组织机具进场的依据，其表格形式如表4.3所示。

表 4.3　主要施工机具需用量计划

序号	机具名称	机具型号	需用量		供应来源	使用起止时间	备注
			单位	数量			

6.4　构件和半成品需用量计划

根据施工图纸、施工方案、施工方法及施工进度计划的要求编制。装饰结构构件、配件和其他加工半成品需用量计划，主要反映施工中各种装饰构件的需用量及供应日期，作为落实加工单位、按所需规格数量和使用时间组织构件加工和进场的依据。其表格形式如表4.4所示。

表 4.4　构件和半成品需用量计划

序号	品种	规格	图号	需用量		使用部位	加工单位	拟进场时期	备注
				单位	数量				

任务7　施工平面布置图设计

装饰工程施工平面布置图是在拟装饰工程的建筑平面上（包括周围环境），布置为施工服务的各种临时建筑、临时设施以及材料、施工机械等在现场的布置图，施工平面图为装饰工程施工服务。

施工平面布置图是施工组织设计的重要组成部分，是施工方案在施工现场的空间体现。它布置的恰当与否，执行管理的好坏对施工现场组织正常生产，文明施工、工程成本、工程质量和安全以及合理利用场地都将产生直接影响。因此，需要对施工现场布置进行仔细地研究和周密地规划。

建筑装饰工程施工平面布置图，可根据现场施工的具体情况灵活掌握，比较复杂且工程量比较大、工期长的装饰工程及采用新材料、新工艺、新技术或改造工程要单独绘制，对一般比较小型的装饰工程可与主体结构施工平面图结合在一起，利用结构施工阶段的已有设施，为装饰施工所利用。

施工平面布置图的绘制比例一般采用1:200～1:500。

7.1　装饰工程施工平面图设计的内容

建筑装饰施工属于工程施工的最后阶段，对于结构阶段需要考虑的内容已在主体结构阶段予以考虑。因此，建筑装饰施工平面布置图中所规定的内容要结合装饰工程的实际情况来决定。其内容主要包括以下几方面：

① 拟装饰工程在建筑总平面图上的位置、尺寸及其与相邻建筑物或构筑物的关系。

② 垂直运输设备的平面位置，脚手架的位置。

③ 测量放线定位桩、杂物、建筑垃圾堆放场地。

④ 场地内运输道路布置。

⑤ 材料、成品、半成品、构件加工、施工机具设备堆放场地。

⑥ 生产、生活临时设施（包括搅拌机，工棚，仓库，办公室，临时供水，供电线路等）的位置。

⑦ 安全防火及消防设施。

以上内容可以根据建筑总平面图，现场地形地貌、现有水源、电源、热源、道路及四周可以利用的房屋和空地、施工组织总设计的计算资料来布置。

7.2 装饰工程施工平面布置图的设计原则

① 在满足施工的条件下，平面布置力求紧凑。

② 最大限度缩短工地内部运距，尽量减少场内二次搬运。

③ 在保证施工顺利进行的条件下，使临时设施工程量最小。

④ 符合劳动保护、技术安全、防火要求。

7.3 装饰工程施工平面布置图的设计步骤

1. 确定起重机械位置

结合建筑物的平面形状、高度和材料、设备重量、尺寸大小以及机械的负荷能力和服务范围，来确定运输设备的位置，高度，做到便于运输，便于组织分层分段流水施工。

2. 布置搅拌机、仓库、堆放场及加工棚

① 混凝土、砂浆搅拌机应布置在起重机械的回转半径内，附近要有相应的砂石堆放场和水泥库。

② 仓库、材料和构件堆放场的布置，要考虑材料、设备使用的先后，能满足供应多种材料堆放的要求。易燃易爆物品及怕潮、怕冻物品的仓库须遵守防火、防爆安全距离及防潮、防冻的要求。

③ 材料加工棚宜布置在建筑物周围较远处，并考虑材料堆放场地。

④ 石材堆场应考虑室外运输。木制品堆场应防止雨淋、受潮与防火要求等。

3. 布置运输道路

现场主要道路应尽可能利用原有道路，道路要保证车辆行驶通畅，最好能环绕建筑物布置成环形，路宽不小于 3.5m。

4. 布置办公和生活临时设施

办公和生活临时设施可以尽量利用主体结构施工已有的设施，它们的位置应以使用方便，不妨碍施工，符合防火安保为原则。

5. 布置水电管网

① 在布置施工供水管网时应力求供水管网总长最短。消防用水一般利用城市或建设单

位设置的永久性消防设施。如果水压不够，可设置加压泵，高水位箱或蓄水池（尤其是高层建筑）；建筑装饰材料中易燃品较多，除按规定设置消防栓外，还应根据防火需要在室内设置灭火器。

② 施工用电设计应包括用电量计算、电源选择、电力系统选择和配置。建筑装饰用电量主要包括：垂直运输用电量、电焊机、切割机及照明用电等。总用电量与主体结构工程相比相应小得多。通常对在建工程，可利用主体结构工程的配电系统；对改建工程可使用原有的电源线路，若满足不了施工需要可重新架设。

任务 8　主要技术组织措施

技术组织措施主要是指在技术和组织方面对保证装饰质量、安全和文明施工所采用的方法。主要包括：质量保证措施，进度保证措施，安全施工保证措施，降低成本措施，成品保护措施，冬雨季施工技术措施，消防措施，环境保护措施等。

8.1　质量保证措施

装饰工程质量保证措施必须以国家现行的施工及验收规范为准则，针对装饰工程的特点来编制。在审查施工图和编制施工方案时就应提出装饰质量保证的措施，尤其是对采用新材料、新工艺、新技术的装饰工程，更应重视。一般来说，装饰质量保证措施主要包括以下几项：

① 组织相关人员认真学习、贯彻现行装饰规范、标准、操作规程和各项质量管理制度，明确岗位职责，熟悉图纸，做好图纸会审记录；做好技术交底，确保装饰工程的定位、标高，轴线准确无误。

② 确保关键部位施工质量的技术措施，如选择精干的施工队伍，合理安排工序搭接。新材料、新工艺、新技术应先行试验并提出质量措施，明确质量标准后再大面积施工。

③ 确保装饰材料、成品、半成品质量检验及使用要求。

④ 保证质量的组织措施，建立质量保证体系，明确责任分工，人员培训、样板引路等。执行装饰质量的各级检查、验收制度。

⑤ 制定保证质量的经济措施。建立奖罚制度，奖优罚劣，确保装饰工程的质量。

8.2　进度保证措施

保证施工进度关键在于组织措施得力（在项目班子中设置施工进度控制专职人员，负责调度，控制施工），技术措施可行（利用先进施工工艺，施工技术以加快施工进度），合同措施限定（保证合同期与计划协调一致），经济措施落实（对参与施工的各协作单位，提出进度要求，确定奖惩制度）等四个方面。

8.3　安全保证措施

保证安全施工的关键是贯彻安全操作规程，对施工中可能发生的安全问题提出预防措施并加以落实。建筑装饰工程施工安全的重点是防火、安全用电及高空作业等。在编制安全措施时要具有针对性，要根据不同的装饰施工现场和不同的施工方法，从防护上、技术上和管理上提出相应的安全措施。

装饰工程安全措施主要有以下几项内容：

① 脚手架，吊篮，吊架，桥架的强度设计及上下通路的防护安全措施。

② 安全平网、立网、封闭网的架设要求。

③ 外用电梯的设置及井架、龙门架等垂直运输设备拉结要求及防护措施。

④ "四口"、"五临边"的防护和主体交叉施工作业，高空作业的隔离防护措施。

⑤ 凡高于周围避雷设施的施工工程、暂设工程、井架、龙门架等金属构筑物所采取的防雷措施。

⑥ "易燃易爆有毒"作业场地所采取的防火、防爆、防毒措施。

⑦ 采用新材料、新工艺、新技术的装饰工程，要编制详细安全施工措施。

⑧ 安全使用电器设备及装饰机具，机械安全操作等措施。

⑨ 施工人员在施工过程中的个人安全防护措施。

8.4 降低成本措施

降低成本措施是在保证装饰施工质量及安全的基础上，以施工预算合同及技术组织措施为依据而编制的，主要应考虑以下几方面：

① 组织强有力的项目团队，合理选调精干的装饰队伍进行装饰施工，保证劳动生产率的提高，减少总的用工数。

② 采用新技术、新工艺，提高功效，降低材料耗用量，节约施工总费用等。

③ 保证装饰质量，减少返工损失。

④ 保证安全生产，减少事故频率，避免意外事故带来的损失。

⑤ 提高机械利用率，减少机械费用的开支。

8.5 成品保护措施

装饰工程要求外表洁净、美观，面对施工期长、工序多、工种复杂的情况，做好成品保护工作十分重要。建筑装饰工程对成品保护一般采取"防护、包裹、覆盖、封闭"四种措施。同时合理安排施工顺序以达到保护成品的目的。

（1）防护

针对被防护的部位的特点，采取各种防护措施。如楼梯间踏步在未交付使用前用锯末袋或用木板以保护踏步棱角；对出入口台阶可搭设脚手板通行来防护；对已装饰好的木门口等易踢部位可钉防护板或用其他材料进行防护。

（2）包裹

将被保护的部位用洁净材料包裹起来以防损伤或污染。如不锈钢柱、墙、金属饰面在未交付使用前，外侧防护薄膜不得撕开并有防碰撞防护措施；铝合金门窗可用塑料布包扎保护；对镶花岗石柱、墙可用胶合板或其他材料包裹捆扎防护等。

（3）覆盖

对有卫生器具的房间，在进行其他工序施工时，应对下水口、地漏、浴盆等部位加以覆盖，以防异物落入而被堵塞；石材地面铺设达到强度后可用锯末、布等进行覆盖，以防污染或损伤。

（4）封闭

采取局部封闭的办法进行保护。如房间或走廊的石材或水磨石地面铺设完成后，可将该房间或与楼层口处将该房间或该层楼面临时封闭，防止闲杂人员随意进入而损坏；对宾馆饭店客房、卫生间的五金、配件、洁具安装完毕应加锁封闭，以防损坏或丢失。

8.6 消防保证措施

建筑装饰施工过程中涉及的消防内容比较多，范围比较广，施工单位必须高度重视，制定相应的消防措施。施工现场实行逐级防火责任制，并指定专人全面负责现场的消防管理。具体措施如下：

① 现场施工及一切临建设施应符合防火要求，不得使用易燃材料。

② 装饰工程易燃材料较多，现场从事电焊、气割的人员要持操作合格证上岗，作业前要办理用火手续，且设专人看守。

③ 装饰材料的存放、保管应符合防火安全要求，油漆、稀料等易燃品必须专库储放，尽可能随用随进，专人保管、发放。

④ 各类电气设备、线路不准超负荷使用，线路接头要牢固，防止设备线路过热或打火短路，发现问题及时处理。

⑤ 施工现场按消防要求配备足够消防器材，使其布局合理，并应经常检查、维护、保养，确保消防器材的安全使用。

⑥ 现场应设专用消防用水管网，较大工程要分区设消防竖管，随施工进度接高，保证水枪射程。

⑦ 室外消火栓、水源地点应设置明显标志，并且要保证道路畅通，使用消防车顺利通过。

⑧ 施工现场应设专有吸烟室，场内严禁吸烟。

8.7 环境保护措施

为了保护和改善生活环境及生态环境，防止由于装饰材料选用不当和施工不妥造成的环境污染，保障用户与工地附近居民及施工人员的身心健康，促进社会的文明发展，必须做好装饰用材及施工现场的环境保护工作。其主要措施如下：

① 严格遵守《中华人民共和国环境保护法》及其他有关规定，建立健全环境保护责任制度。

② 装饰用材应首先选择有益人体健康的绿色环保建材或低污染无毒建材。严禁使用苯、酚、醛、氡超标的有机建材和铅、镉、铬及其化合物制成的颜料、添加剂和制品等，使达到健康建筑的标准。

③ 采取有效措施防治水泥、木屑、瓷砖切割对大气造成的粉尘污染。拆除旧有建筑装饰物时，应随时洒水，减少扬尘污染。

④ 及时清理现场施工垃圾，并注意不要随意高空抛洒。对易产生有毒有害的废弃物，要分类妥善处理，禁止在现场焚烧、熔融沥青、油毡、油漆等。

⑤ 对清洗涂料、油漆类的废水废液要经过分解消毒处理，不可直接排放。现制水磨石施工必须控制污水流向，并经沉淀后，排入市政污水管网。

⑥ 施工现场应按照《建筑施工场界环境噪声排放标准》（GB 12523—2011），制定降噪

制度和措施，以控制噪声传播，减轻噪声干扰。

⑦ 凡在居民稠密区或饭店、宾馆等场所进行强噪声作业时，应严格控制作业时间（一般不超过 15h/d），必须昼夜连续作业时，应尽量采取降噪措施，并报有关环保部门备案后方可施工。

任务 9　装饰工程施工组织设计实例

9.1　实例一　某干部培训中心宾馆装饰工程施工组织设计

一、工程概况及施工特点

1. 工程概述

本工程为某干部培训中心宾馆，位于某市郊区，距市中心 3.5km，南北两面临近城市主干道，交通比较便利。该工程集会议、办公、餐饮、娱乐、健身、客房于一体的综合性、多功能星级宾馆。装饰造价约 1200 万元，合同开工日期为 2002 年 6 月 25 日，竣工日期为 2002 年 11 月 25 日。该工程建筑面积 11600m²，其中主楼 8200m²，建筑平面呈 L 形，主楼七层，长 65m，宽 36 m，总高 25m，附楼为三层，由 A、B 区组成，主附楼间设变形缝一道。装饰工程项目详如表 4.5 所示。

表 4.5　某培训中心宾馆装饰项目分布表

区号	层次	功能用途
主楼	首层	大堂、走道、健身房、休息室、乒乓室、棋牌室、商场、商务中心、美容厅、音乐厅、舞厅、消防中心、营销部、总台办公室、行李房、电房、开水间、男女卫生间、货梯间、客梯间、金属转门
	二层	1～7 号会议室、阅览室、中厅过道、回马廊、男女卫生间
	三至七层	客房 66 套、电器房、储藏室、服务员休息室、开水间、公共卫生间、走道、总统套间二套
	其他	东西楼梯、采光天棚
附楼 A 区	首层	宴会厅、1#～5#包间、走道、前厅
	二层	大小会议室、服务间、走道、前厅
	三层	多功能歌舞厅、1#～4#包间、走道、前厅
	其他	楼梯间、公厕、小厕、杂用房
附楼 B 区	三层	客房 36 套
	二层	公共浴室

2. 主要材料

本工程装饰设计主要选用了以下主要材料：

① 西班牙米黄大理石（20mm 厚）用于大堂地面、挂落、柱帽、楼梯间等。

② 进口计算机切割地花，直径 6m，三拼色梅花图形花岗岩。

③ 印度红、大花绿、蒙古黑花岗石，用于镶边、线脚及柱脚，汉白玉大理石用于台板等。

④ 法国产红榉木，用于所有门窗、门套及门套线和包圆柱。

⑤ 法国产 DORMA、地弹簧、七字夹、门锁和闭门器，阿波罗双人冲浪浴缸。

⑥ 日本产 TOTO 面盆、坐便器。

⑦ 日本进口不锈钢骨架及钢板，用于采光天棚。

⑧ 进口中空夹胶玻璃，用于采光天棚。

⑨ 直径 2.4m 金属转门。

⑩ 飞利浦高效节能筒灯，用于会议室。

⑪ 美国进口立邦乳胶漆及全毛地毯。

⑫ 12mm 厚钢化玻璃，用于大堂隔断。

3. 主要工程量

① 轻钢龙骨石膏板吊顶 9617m^2；

② 墙面干挂花岗石、挂落及柱帽 1200m^2；

③ 花岗石、大理石地面及楼梯 2360m^2；

④ 橡木及水曲柳木地板 500m^2；

⑤ 地毯 4560m^2；

⑥ 地砖、防滑砖 2465m^2；

⑦ 石膏板、防火隔断 201m^2；

⑧ 软包木墙裙及木护墙 2680m^2；

⑨ 12mm 厚玻璃隔断 121m^2；

⑩ 榉木包直径 500mm、直径 800mm、直径 1000mm，圆柱 339m^2；

⑪ 木门及门套线脚 310 套；

⑫ 大花绿、蒙古黑、印度红镶边及线脚 1313m^2；

⑬ 木窗套、窗台板、窗帘盒 896m；

⑭ 直径 2.4m 金属转门 1 樘；

⑮ 镀膜中空夹胶玻璃采光天棚 311m^2；

⑯ 不锈钢栏杆 161m^2；

⑰ 卫生洁具、灯具、家具 85 套；

⑱ 卫生间地面 851 防水 2198m^2。

4. 施工特点

该工程以变形缝为界分为主楼、附楼，附楼由 A、B 区组成，施工内容多且复杂，施工特点主要有：

（1）施工工种多

该工程虽属民用建筑一般装饰，但尚有土建、给排水、暖通、强弱电、通信、消防、幕墙、铝合金等专业同时进场。在安排流水作业时，难度较大，尤其是大堂及回马廊是工种必经之路，各工种的放样、施工、检查、测试、整修将影响大理石的干挂和地面的铺设、保养。施工必须拿出切实可行的作业计划及成品保护措施。

（2）室内吊顶多

吊顶面积占总建筑面积的 77.4%，隐蔽工程验收工作量大，吊顶内水、电、消防、喷淋器材的整体测试和整体验收环节多，极大地影响装饰流水作业。

（3）大理石、花岗石工作量多

该工程地面、楼梯大理石、花岗石铺贴量达 2360m²，墙面干挂 1200m²，踢脚、镶边、弧形板 2000m²，而且品种也比较多，有大花绿、印度红、蒙古黑及西班牙进口的米黄超薄型板，需现场切割加工。

（4）采光天棚新工艺

该工程在大堂和回马廊屋顶采用进口镀膜中空夹胶玻璃架空在叠落式的不锈钢骨架上，其坡度、标高、间距的施工难度很高，尤其是玻璃密封、防水性能要求更严，氩弧焊的工作量也较大。在施工中要逐项检查、隐蔽验收和测量签证。施工中要保证施工质量，应聘请有经验的专业人员施工。

二、施工部署

本工程的总体部署是按照投标承诺、合同条款和工程特点等要素，在确保业主的开业时间和创省优质工程目标的前提下制定的。

1. 承包方式

该工程室内装饰设计与施工，均由某装饰公司独家承包，公司又进行内部招标、风险承包、择优选择项目经理，公司按《承包责任制》的规定对项目施工全过程实施全面监控，项目部与外包队伍均以合同等书面形式规范各自的行为，明确权利与义务，实行相互制约。

2. 指挥机构

因该工程装饰量大、范围广、时间紧，公司将其定为重点工程，首先成立工程领导小组，下设项目部，其中组长由公司总经理担任；副组长由公司副总经理担任；成员由总工程师室、工程处、技术处、质量安全处，劳资处等相关处厂负责人组成。

领导小组下设精干、高效的生产指挥系统（图4.6），明确质保体系和质检体系。

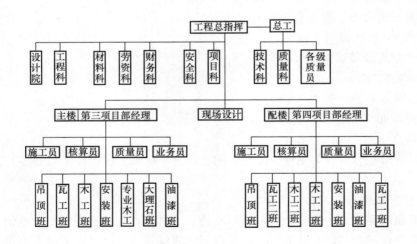

图 4.6 生产指挥系统

进入本部的管理人员、施工班组、应在全公司范围内选拔考核，由择优确定的项目经理牵头，组成强有力的装饰队伍，设立项目经理部，其中项目经理 1 人，主管工程师 1 人，电气工程师 1 人，专职质检员 1 人，材料员 1 人，综合工长 1 人，共 7 人。在公司领导下对装饰施工进行统筹安排，编制施工进度计划，对工人进行施工工艺交底，组织劳动力、机具、材料进场，协调各工种的密切配合。

3. 施工班次

本工程除采光天棚等高空作业外，其他工种均实行 12h 工作制的班次，以利交叉作业，分项完成后及时补休。

4. 施工顺序

本工程以变形缝为界分为主楼与附楼，从平面交通关系、工作面和实物工作量来看，可视为两个单位工程，由两个项目部承担，组织两个项目部进行平行搭接流水施工，既可以消除劳动力窝工，便于均衡生产，又可以避免作业面的闲置，以实现材料均衡消耗，减少运输压力。

在安排施工顺序时应遵循的原则：先湿作业，后装饰，先楼上后楼下，施工一层封闭一层，先远后近，先顶后墙、地，确保后道工序不致损伤前道工序。

5. 工艺流程

（1）轻钢龙骨纸面石膏板吊顶工艺流程

顶棚基底验收 → 弹顶棚标高水平线 → 划分龙骨分档线 → 安装主龙骨吊杆 → 安装主龙骨 → 安装次龙骨 → 整体校正 → 安装石膏板 → 板缝及周边缝处理 → 刷浆。

（2）地面花岗石（大理石）干铺法施工工艺流程

基层清扫 → 墙上弹标高线、垫层上弹边带线、中带线 → 试排试拼 → 铺厚 40mm 1:3 干拌水泥砂浆 → 铺大理石（花岗石）并检查其密实性 → 压实砂面上灌 1:10 白水泥浆 → 反复敲击拉线修整 → 1:10 纯水泥浆灌缝 → 养护 3d → 缝内补嵌同色水泥浆 → 清理养护 → 打蜡。

（3）内墙瓷砖粘贴工艺流程

基层处理 → 找规矩 → 基层抹灰 → 弹线 → 浸砖 → 粘贴 → 擦缝。

（4）内墙顶棚涂料的工艺流程

基层清理 → 填补缝隙和局部刮腻子 → 打磨平 → 第一遍刮腻子 → 打磨 → 第二遍刮腻子 → 打磨平 → 干性油打底（溶剂性薄涂料）→ 第一遍涂料 → 复补腻子 → 打磨平 → 第二遍涂料 → 磨光 → 第三编涂料（限于乳液型、溶剂型涂料高级涂刷用）磨光 → 第四遍涂料（溶剂型薄涂料，高级装饰要求）。

（5）细木饰品工艺流程

材料准备 → 基层处理 → 弹线 → 半成品加工（下料）→ 拼接组合 → 安装 → 整修刨光。

（6）金属饰品工艺流程

部件、配件检查 → 基层处理 → 弹线 → 安装固定 → 镶嵌密封板 → 整体刨光及表面处理。

（7）木料面清漆施工工艺

基层清扫去污 → 磨砂子 → 润粉 → 第一遍满刮腻子 → 打磨光 → 第二遍满刮腻子 → 打磨光 → 刷油色 → 第一遍清漆 → 拼色 → 复补腻子 → 打磨光 → 第二遍清漆 → 打磨光 → 第三遍清漆 → 打磨光 → 第四遍清漆 → 打磨光 → 第五遍清漆 → 磨退 → 打砂蜡 → 打油蜡 → 擦亮。

（8）墙面干挂花岗石（大理石）工艺流程

墙面基底验收 → 弹线放样 → 构架竖框、横框安装 → 板块安装 → 安装连接挂件 → 安装销钉 → 板块偏差调整 → 紧固连接挂件 → 打胶锚固 → 墙面清理。

6. 现场施工准备

（1）技术准备

① 组织各专业技术人员熟悉设计图纸，编写施工方案，做好技术交底。

② 组织技术、质检人员参加施工组织设计的编制与审定工作。

③ 由工程部组织预算人员编制施工预算。

④ 根据施工进度计划编制材料进场计划，提前做好成品、半成品加工订货工作。

⑤ 做好各类人员进场前教育和特殊工种人员上岗前培训和资格审查，尤其是采用新材料、新工艺，要先试验、后使用。

（2）现场准备

现场准备包括材料堆场和必要的暂设工程如办公、仓库、生活、卫生用水、用电等，如表4.6所示。

表 4.6 施工现场准备工作计划

序号	准备工作内容	要 求	完成起止期
1	大理石切割机棚	钢管扣件搭架防雨布屋面3.5m×5m二间（含照明）	2002.6.20—6.30
2	石板、毛料及成品堆场	200m² 场地平整夯实（含照明及排水沟）	2002.6.20—6.30
3	材料仓库（一期）	主楼、附楼各设3间（木板门）	2002.6.1—6.20
4	工具间、警卫间（一期）	主楼、附楼各设一间（木板门）	2002.6.1—6.20
5	现场设计室（一期）	主楼设一间（木板门、配空调）	2002.6.1—6.20
6	项目部办公室（一期）	主楼、附楼各设一间（木板门、配电话）	2002.6.1—6.20
7	施工用电	从主楼引至各层设接线盒	2002.6.10—6.20
8	施工用水	从附楼接至主楼	2002.6.10—6.20
9	水泥储存间	利用各底层楼梯间加防雨布	2002.6.10—6.20
10	食堂	租用场外附近用房	2002.6.10—6.20
11	灭火器、消防桶	主附楼隔层设置一台	2002.6.20—6.25
12	公共厕所	利用原有土建厕所进行整修	2002.6.10—6.20
13	主体验收	水平轴线垂直经纬四线测量	2002.6.15—6.25

7. 现场施工平面布置图

现场施工平面布置图，如图4.7所示。

三、施工计划

施工计划包括施工进度计划及各项资源需用量计划。

1. 施工进度计划

施工进度计划编制考虑两个项目部同时施工，按主楼、附楼以横道图的形式分开进行编制，如图4.8和图4.9所示。

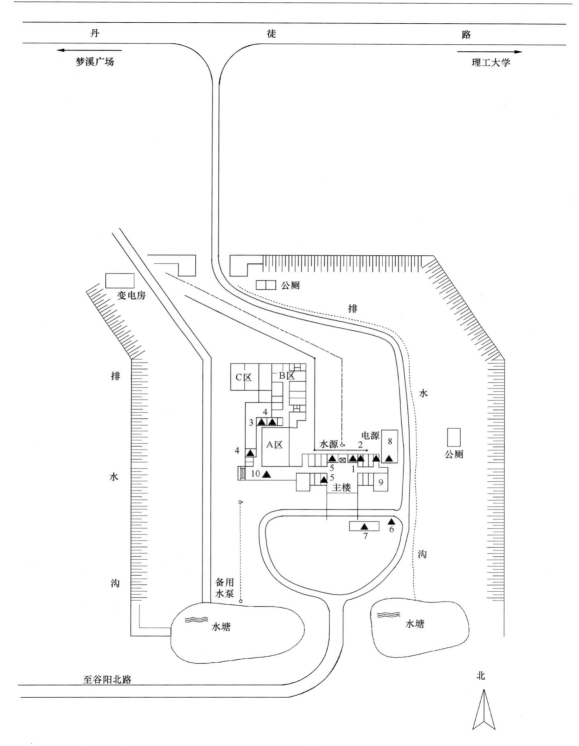

图 4.7 某培训中心宾馆施工平面图

1—工地办公室（主楼）；2—现场设计室；3—工地办公室（附楼）；4—仓库（附楼）；5—仓库（主楼）；

6—大理石材加工厂；7—板材和成材堆场；8—金属构件材料堆场；9—主楼水泥间；10—附楼水泥间

分部分项工程名称	单位	工程量数量	定额	工日数	1.5班人数	天数	工种
轻钢龙骨、石膏板、扣板吊顶	m²	5694	0.505	2876	45/30	64	吊工
二层墙面干挂大理石	m²	912	2000	1824	33/22	55	石工
大理石地面	m²	768	0.690	530	25/18	20	石工
大理石、印度红镶边线脚	m	385	0.200	77	6/4	13	石工
木门	樘	200	2.892	578	45/30	13	木工
木墙裙及护墙板板包	m²	976	0.800	781	45/30	17	木工
门窗套、窗帘盒	套	215	4.000	860	45/30	20	木工
橡木、水曲柳、木地板	m²	430	0.800	344	45/30	8	木工
细木制品、线条、窗帘盒	套	75	3.000	225	45/30	5	木工
楼梯栏杆、扶手、木镶带	m	195	1.200	234	45/30	5	木工
客房、过道及壁画制品	m²	1141		2000	45/30	45	木工
瓷砖墙面	m²	1141	0.588	671	18/12	37	瓦工
地砖851防水	m²	566	0.622	346	18/12	19	瓦工
榉木包圆柱，φ100/900/500	m	300	0.540	162	9/6	18	木工
不锈钢栏杆	m	148	0.730	108	9/6	12	木工
金属转门φ2400	樘	1	15.00	15	27/18	2	木工
12mm厚玻璃隔断吊顶及固定窗	m²	100	1.520	152	27/18	6	安装
镀膜中空夹玻璃采光天棚	m²	302	1.500	453	18	25	安装
卫生洁具及配套件	套	75		750	27/18	27	安装
车边镜及包边	m²	241	1.594	384	27/18	15	安装
水电、灯具、家具	佑	佑		2210	27/18	82	安装
顶棚墙面水泥漆、乳胶漆	m²	8061	0.050	403	22/15	18	漆工
壁纸	m²	2702	0.212	578	22/15	26	漆工
油漆	佑	佑		1500	45/30	34	漆工
地毯、窗帘	m²	4522	0.290	1311	45/30	29	漆工
零星未列项目				5000	33/22	155	多工

图4.8 主楼横道图

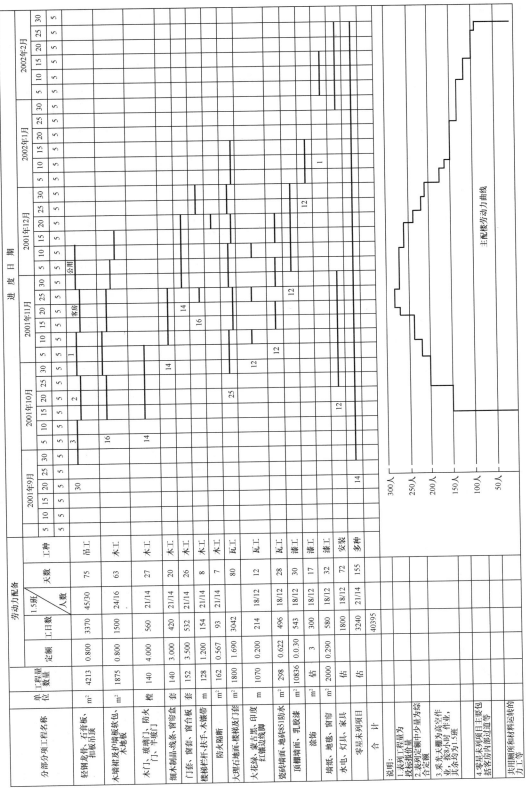

图 4.9 附楼横道图

119

2. 各项资源需用量计划

（1）主要材料需用量计划

主要材料需用量计划如表4.7所示。

表4.7 主要材料计划

序号	材料名称	单 位	数 量	进场时间/（年·月·日）
1	主次轻钢龙骨	m	92630	2002.6.25
2	纸面石膏板	m²	10056	2002.6.25
3	塑料扣板	m²	810	2002.6.25
4	钢骨架 ［10、∟50×5	t	18	2002.7.25
5	大理石板 20mm	m²	1018	2002.7.25
6	花岗岩石板 25mm	m²	2686	2002.7.25
7	不锈钢管	m	1226	2002.7.25
8	中空玻璃	m²	296	2002.8.5
9	12mm 玻璃	m²	126	2002.9.1
10	防火石膏板	m²	233	2002.9.15
11	切片夹板	m²	1236	2002.6.25
12	九夹板	m²	2531	2002.6.25
13	细木工板	m²	1510	2002.7.15
14	不锈钢镜面板	m²	106	2002.9.5
15	地 毯	m²	5487	2002.10.25
16	木材（成材）	m³	75	2002.6.25
17	毛 地 板	m²	530	2002.8.15
18	水曲柳、橡木地板	m²	532	2002.8.15

（2）装饰技工、普工需用量计划

装饰技工、普工需用量计划如表4.8所示。

表4.8 装饰技工、普工需用量计划表

区 号	工种名称	人数	进退场时间/（年.月.日）	区 号	工种名称	人数	进退场时间/（年.月.日）
主楼	吊顶工	30	2002.6.25—8.25	附楼	吊顶工	30	2002.6.25—9.10
	大理石工	22	2002.7.6—9.25		一班木工	16	2002.7.15—9.15
	木工	30	2002.6.30—10.25		二班木工	14	2002.7.15—9.30
	瓦工	12	2002.8.6—9.25		一班瓦工	25	2002.7.25—10.15
	专业木工	6	2002.7.25—8.25		二班瓦工	12	2002.8.6—9.20
	安装工	18	2002.6.25—11.20		油漆工	12	2002.9.1—11.15
	油漆工	30	2002.8.25—11.25		安装工	12	2002.7.20—8.30 2002.10.25—11.25
	杂工及其他工	30	2002.6.30—11.25		杂工及其他工	8	2002.6.30—11.25

（3）主要机具计划

主要机具需用量计划如表4.9所示。

表4.9 主要机具计划

名称	规格	数量	进退场时间/（年.月.日）
电锤	博士4DSC	16	2002.6.25—11.25
电焊机	BX6－160	9	2002.6.25—11.25
电圆锯	日立C－13	10	2002.6.25—10.25
空压机	意大利风力255	7	2002.6.25—10.25
钢材锯	国产400mm	6	2002.6.25—10.25
铝材切割机	牧田355	3	2002.6.25—10.25
云石机	良明110	5	2002.6.25—9.25
小型压刨	良明AP－10N	4	2002.6.25—10.25
修边机	牧田3703	7	2002.6.25—10.25
自攻枪	牧田6800BV	9	2002.6.25—10.25
曲线锯	牧田3400BV	4	2002.10.25—10.25
木工联合机床	齐全ML392	1	2002.6.25—8.25
台钻	QZ－16	1	2002.6.25—9.25
雕刻机	牧田3612BR	4	2002.10.25—9.25
木线成型铣床	MX4012	2	2002.10.25—9.25
氩弧焊机	NSA1－300	2	2002.6.25—8.30
石材切割机	（租用）	2	2002.6.25—10.15

四、主要项目施工方法

1. 总体安排

本工程的施工方法总的原则是先上后下，先湿后干，先顶后墙地。两个施工段（主、附楼以变形缝为界形成两个独立的施工段）在组织分项工程施工时，应抢吊顶、抓墙面，及时安排楼地面，限时完成楼梯间，穿插施工木制作。在主楼大堂回马廊施工的同时，客房应从七层向三层流水施工，一、二层会议室，也应同时组织交叉作业。其中大堂回马廊有金属转门、玻璃隔断、电梯间、服务台、采光天棚、圆柱、护栏、挂落等项目、几乎所有的专业工种都汇交于此，工作面十分紧张，相互干扰多，是生产指挥的重点。为此要求各工序都必须配足人力、物力，保时间、抢速度，进行主楼交叉作业。

为确保主楼地面的施工质量，在适当时候对东西楼梯间突击限时封闭施工。对附楼大厅的吊顶应从三层向二层、底层大厅流水施工，石材地面也应由三层向二层流水施工，各层的客房、包厢应与地面流水作业，楼梯的施工应先北后南交替封闭，确保正常交通。

为了加快施工进度，降低工程成本，本工程实行三统三分的管理方法。即材料、机具、劳动力由公司统一调度管理。物资保管、流水施工、奖罚分配由项目部自主经营。

2. 分项工程施工方法

本工程的装饰施工包括吊顶、墙面、地面、楼梯细木制品等三个分项，现分述如下：

（1）轻钢龙骨纸面石膏板吊顶施工

① 吊杆安装。根据图纸，先在墙上、柱上弹出顶棚标高水平墨线，在顶棚上画出吊顶布局，确定吊杆位置并与预埋吊杆焊接，若预埋吊杆位置不符或无预留吊筋时，采用M8膨胀螺栓在顶板上固定，吊杆为直径8mm钢筋加工，中距900mm。

② 主龙骨安装。根据吊顶设计标高安装主龙骨，基本定位后，调节吊挂，抄平下皮（注意起拱量），再根据板的规格确定次龙骨位置，次龙骨必须和主龙骨底面贴紧，调节紧固连接件，形成平整稳固的龙骨网架。

主龙骨为 UC38 系列轻钢龙骨，间距≤100mm，距墙 300mm，龙骨接头必须使用连接件，且接头相互错开 500mm 以上，吊挂件必须用螺栓拧紧，保证一定的起拱度，起拱高度一般不小于房间短跨的 1/200，待水平度调整好后，在逐个拧紧螺帽。

③ 次龙骨与横龙撑骨。次龙骨与横撑龙骨均采用 U50 系列，间距 400～600mm，次龙骨与主龙骨、横撑龙骨与次龙骨挂件必须卡牢，靠墙边的龙骨须考虑石膏线安装。

主次龙骨安装均需要考虑通风管线及灯具位置，当与其发生矛盾时，该部分龙骨应做加强处理，如图 4.10 和图 4.11 所示。

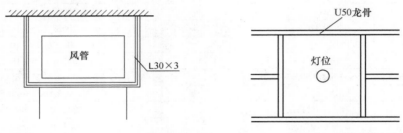

图 4.10　吊杆遇风管处理　　　　图 4.11　灯具遇龙骨处理

④ 石膏板安装。纸面石膏板安装时长边（包封边）应沿纵向次龙骨铺设，并用镀锌自攻螺钉固定，钉距≤15mm，距边不小于 15mm，钉头略深入板面 1mm 左右。注意不使纸面破损，钉眼用石膏腻子抹平。石膏板应在自由状态下固定，不得出现弯棱、凸鼓现象。固定板用的次龙骨间距不应大于 600mm。

⑤ 施工过程中注意各种工种之间配合。待顶棚内的风口、灯具、消防管线等施工完毕，并通过各种调试试验后方可安装面板。客房卫生间吊顶面板应采用防潮纸面石膏板。

（2）墙面干挂花岗石（大理石）施工

本工程在主楼的大堂、回马廊走道、楼梯间和挂落、柱帽等处均设计为干挂米黄薄壁大型石材板块。其施工顺序为：一楼大堂→一楼走道→二楼走道→东楼梯→西楼梯→回马廊柱挂落及柱帽。

① 因框架填充墙均为轻质砌块，故设计采用与墙体脱离的［10 金属构架作竖框，用 L50×5 角钢作横梁，间距为 1000mm×1500mm，连接件采用成品不锈钢挂件，用直径 4mm 不锈钢销插入板上下侧孔，用大力士石材胶锚固。

② 现场测量放线，正确固定金属构架位置，石材就位用活动马凳木脚手板。

③ 墙面采取自下而上、自阳角向阴角水平排列十字接缝的施工方法。第一层为准基板，校正后上部插入钢销并锚固板，下部用 C20 混凝土填满板下空隙。

④ 进口米黄毛板均为 20mm 厚，须在工地设两台切割机按放样尺寸进行精加工，安装前需作粘贴试验。

⑤ 挂落和柱帽的施工难度较大，弧形板厚度为 40mm，挂落下部有悬挑线脚均需加钢支点。

⑥ 阴角接角采用 1/4 弧，现场手工成形，二次精磨。

（3）裱糊工程施工

① 裱糊工程应待顶棚、墙面、门窗涂料和刷浆工程完工后进行。裱糊前，对基层的平整度、垂直度进行检查，对凸起、凹坑要进行铲除修补，然后满刮腻子，用砂纸磨平，要求大墙面及阴阳角方正、垂直，小圆角弧度大小一致。

② 根据阴角搭缝的里外关系，决定从哪一片墙开始，贴每一片墙的第一幅壁纸前，要先吊一条垂直线，弹出比纸宽 5mm 的垂线，作为找正依据。每片墙应先从较宽的一侧以整幅纸开始，不足一幅的要用在不明显部位或阴角处，接缝应搭接，阳角处不得有接缝且要包角压实。

③ 裱糊先从一侧由上而下，赶压用力要均匀，溢出纸边的胶要及时用干净毛巾擦净，表面不得由气泡、污斑等。

④ 几种不同壁纸的要求。对 PVC 壁纸裱糊前先用水湿润 3 ~ 5min，基层上涂刷一层胶黏剂，对顶棚，除基层涂刷胶黏剂外，纸壁背面也要涂刷胶黏剂。而复合壁纸则严禁浸水，需先在表面及壁纸背面刷一层胶黏剂，放置 10min 后，再裱糊。

⑤ 对需要重叠对花的各类壁纸，窗布应先对花裱糊，然后再用钢尺对齐，截下余边，标明必须"正倒"交替粘贴的壁布外，其他粘贴均按同一方向进行。墙面上遇有开关、插座盒时，应事先在其相应位置破纸作为标记。

（4）木护墙及软包木墙裙施工方法

① 护墙板安装时，应根据房间四角和上下龙骨先找平、找直，按面板大小由上到下做好木标筋，根据设计要求钉横竖龙骨，龙骨用膨胀螺栓与墙面固定，随即检查其表面平整与立面垂直，阴阳角用方尺套方。龙骨背面应涂刷防腐油。龙骨间距，竖向龙骨为 500mm，横向以不大于 400mm 为宜。

② 木龙骨上墙前，墙面基层涂刷防水涂料或满贴一层高聚物改性沥青卷材一道，龙骨表面刷一道防火剂。

③ 面层板为榉木三合板，基层板为普通五合板，上墙前背面均满刷乳胶，上墙的饰面三合板按每个房间，每个墙面仔细挑选，确保花色、纹理一致，板面纵向接头应设在窗口上部或窗台以下，钉面层自下而上进行，且宜竖向分格接缝，以防翘鼓，板顶应拉线找平、钉木压条。

④ 软包面料采用香港产建筑装修专用防火织物面料，吸声底料采用北京产阻燃泡沫塑料，基层木料为烘干的白松板材和五厚板，木料在安装前涂刷防火阻燃剂。

⑤ 由于软包墙面为软包部分与木装修墙面相间做法，所以施工时先作木装修墙面，留出软包部分，最后安装到木装修墙面的预留位置。软包部分工艺流程：

木屉制作 → 粘贴 20mm 厚阻燃泡沫塑料 → 粘 10mm 厚泡沫塑料 → 铺钉阻燃织物面层 → 安装软包屉。

木屉制作，龙骨料用烘干白松料，含水率不大于 12%。要求尺寸准确，表面平直光滑，棱角方正，线条顺直，不露钉帽，无刨槎、刨痕，木肋间距不大于 300mm，五厘板要粘贴牢固、平整。将截好的 20mm 厚阻燃泡沫塑料用乳胶贴于五厘板上，其上再铺粘一层 10mm 泡沫塑料，并冲刷干净。根据木屉尺寸，铺钉阻燃织物面层，截时要注意面料图案。铺设前，背面要喷水湿润，湿润程度视当时气温、面料材质而定。对有皱折的面料要提前熨平，注意温度不宜过高伤及面料。

将软包屜安装就位后，用压边木线固定牢固，待油漆工序完毕后，将薄塑料布用壁纸刀裁下，并清理干净。

（5）干铺地面花岗石（大理石）施工

① 当吊顶、墙面施工完成后即进行地面花岗石（大理石）的铺设。其施工顺序是：底层大堂→底层走道→二层走道→东楼梯间→西楼梯间。

② 花岗石（大理石）地面铺设前需对基底、板材进行检查、验收，要求基底表面平整，用 2m 靠尺检查，偏差不得大于 5mm，标高偏差不得大于 ±8mm，板材 $600 \times 600 \times 20$ 现场集中切割，并按标准验收质量，试拼后编号码放。

③ 按设计标高在墙面四周和柱脚处弹出面层标高线，按板材规格和柱边、门洞及镶边尺寸，由中心向两边弹出平面控制线。

④ 铺设前先将基层冲洗干净，刷素水泥一道，随刷随铺，其上铺 1:3 干拌水泥砂浆，厚 40mm。操作采用退步法，用木刮尺赶平，铁抹修整，砂面超高 8mm，预摆板材，并压实砂层，对准拉线，木锤敲击，使板底平整、板底密实，若局部不平可揭开修补，平实后揭开石材，砂面上灌 1:10 白水泥纯浆，直至砂面浆不外溢为度，四角均匀安放板块，用角尺、水平尺反复检查、修理、直至合格为止。

⑤ 板块铺完后，养护 3d 再嵌缝，用篷布覆盖一周，禁止上人，认真保养。

（6）楼梯工程施工

楼梯栏杆、扶手安装应在楼梯间墙面、踏步饰面和靠墙扶手铁件安装完毕，并经检验合格后进行。

① 金属楼梯栏杆、扶手安装应按设计要求，弹出栏杆间距位置。楼梯起步处与平台处两端栏杆应先安装，再拉通线，用同样方法安装其余立杆。要求立杆与踏步面预埋件焊接（或锚接）牢固。楼梯扶手采用焊接安装，扶手从起步弯头开始，后接直扶手，接口按要求角度套割正确，并挫平；安装时先将起点弯头与栏杆立杆点焊固定，检查无误后，方可施焊；弯头安装完将扶手两端与两端立杆点焊固定，同时将扶手的一端与弯头对接并点焊固定。然后拉通线将扶手与每根立杆作点焊固定，检查合格后，正式焊牢并抛光。

② 木扶手应按设计要求及现场实际情况就地放样制作并安装；扶手弯头应做整体弯头，扶手底开槽深度为 3～4mm，宽度同扁铁宽，扶手安装应由下而上进行，先按栏杆斜度配好起步弯头，再按扶手，接头处做暗榫或铁件锚固，并用胶粘接牢固，末端用扁铁与墙、柱连接。

（7）细木装修施工

细木装修包括内容比较广，如门框门扇、窗帘套、木门套、木踢脚线等，这里不做详述，仅对空腹花格隔断的施工方法做明确技术要求。

木制空腹式花格柜式隔断，可用半成品散料在现场按设计要求及实际情况，就地进行加工组合并安装，对复杂的有连续几何图形要求的隔断，必须做足尺样板进行加工，并进行拼装。其接头以拼接为主，接头割角，涂胶粘接，要求角度准确，接缝平整吻合，为确保整体刚度，隔断中配有一定数量的条板，贯穿与整片隔断全高与全长两端，与墙梁埋件或膨胀螺栓连接。

（8）电气安装工程

① 所有进场材料应有产品合格证，配电箱应为部定点厂产品，PVC 阻燃管应符合有关要求。

② 根据设计要求与施工规范，确定用电设备的位置及标高，管径应符合设计要求。连接及进箱盒暗装用套管连接，弯曲半径及弯扁度应符合规范要求。导线规格、根数应按设计要求施工，中间严禁有断头；穿线连接处用专用线帽或刷锡，穿线完毕，做绝缘遥测，符合规范后方可通电试运行。

③ 灯具的规格、型号、高度、位置应符合设计要求和施工规范，超过 3kg 的灯具必须预埋吊钩或螺栓，预埋件牢固可靠，低于 2.4m 以下灯具金属外壳部分应接地或接零保护。

④ 开关和插座的安装位置应符合规范规定，且开关应切断相线，同一场所的开关位置应一致；电话插座、组线箱应位置正确，安装牢固。配电箱的接地（接零）保护措施，必须符合施工规范要求。

五、各项技术保证和管理措施

1. 技术保证措施

① 严格按照 ISO9002 质量保证体系的要求，根据公司的质量计划书，工程以项目经理为保证第一人，主任工程师把关，工程师、设计师、技术员、各种工长亲临现场，责任分明，层层落实。

② 主任工程师根据施工技术方案、工艺标准、质量计划，明确质量管理重点和管理措施。分项工程施工前，认真进行技术交底，针对特殊的重要的工序，编制有针对性的技术交底单，尤其是在克服质量通病方面。对班组长和全体操作人员进行技术交底，技术交底一律以书面形式进行，主任工程师、操作人员签字齐全交至每个工人。

③ 工程技术资料归档。各类现场交底资料、操作记录、材料检验记录、质量检验记录等，都需要安排专职资料员管理，具体内容如下：

● 质量检验评定表、质量资料检查表。

● 图纸会审记录、工程变更通知单

● 隐蔽工程验收记录。

● 电气测试、卫生器具 24h 盛水实验记录。

● 焊接实验报告、焊条（剂）合格证。

● 原材料器具的质保书、合格证、复试报告等。

● 施工日记。

● 工程合同、分包合同、协议书。

● 工程开竣工报告、工程竣工验收证明；竣工图纸。

● 报价书、预算书。

2. 质量保证措施

① 建立健全质量保证体系，指定严格的奖惩措施，明确分项工程的控制重点。

② 实施"谁施工、谁负责"的原则，明确责任，质量监督员随时巡检、跟班作业，质量工程师全面控制协调，确保每个分项工程质量达到优良标准，实现创优工程的目标。

③ 严把进场材料检验关。对进场的材料、构配件质量，要核对进货与样品的真伪，并提供可信的有效的原始质保书，坚决做到不合格材料不得在工程上使用。

④ 样板引路。施工操作要优化工序，实行标准化操作，认真提高工序的操作水平，确保操作质量，每个分项工程或工种，大面积操作前，要做出示范样板，统一操作要求，对采用新材料、新工艺的应尤其重视。

⑤ 加强施工过程质量监控，严格执行"三检"（自检，互检，交互检），自检要填写自检表，并注明日期；隐蔽工程要由监理工程师、项目经理、质量员、班组长和相关专业人员到场验收，合格后方可进行下道工序施工。

⑥ 实行质量否决权。不合格分项必须进行返工，发现不合格分项工程转入下道工序，要追究班组长的责任。

⑦ 分部分项及检验批工程质量评定。分部分项及检验批工程全部过程完成后应根据质量验收评定标准，组织有关人员共同进行质量检验。

⑧ 做好成品保护。所有现场施工人员，要像重视工序操作一样重视成品的保护，项目经理要合理安排施工工序，减少工序交叉作业，下道工序的施工可能对上道工序的成品造成影响时，应征得工序施工员的同意，避免破坏和污染。

⑨ 制定创优奖励规定。对分项工程验收被评为"优良"的，按耗工嘉奖5%，工程被评为"市优"，对项目经理授予公司质量二等奖，获得"省优"工程的项目经理和质量科，授予公司质量一等奖。

3. 安全保证措施

① 成立安全生产领导小组，领导小组组长由项目经理担任，由责任心强的人员专职或兼职安全检查员。

② 做好各项安全交底，施工班组班前讲安全，安全员工地巡视查安全，项目经理下达生产任务的同时，布置安全工作，全面落实安全责任制。

③ 严格执行安全生产制度，工地显要位置要树立安全警示牌，施工人员班前禁止喝酒，各类脚手架搭设应经安全员检查验收合格后方准使用。

④ 所有机电设备必须有可靠安全接地措施，严禁带病运行，现场电工跟班作业，下班断电。

⑤ 施工现场严禁吸烟和运用明火，如有氧气焊需开设动火证，并专人看守。

⑥ 所有易燃易爆品应存放指定地点、周围设消防器材备用。主附楼设置灭火器、消防桶，并挂于梯间醒目处。

⑦ 消防水源应符合消防要求，并设明显标识（夜间红色指示灯）以备应急使用。

⑧ 特殊工种必须经过培训，并持上岗证。

⑨ 高空作业人员，不得向下抛掷工具、材料杂物，高空作业人员应系安全带。

⑩ 夜间设保卫人员值班，按时巡查。

4. 成品保护措施

① 提高成品保护意识，制定多工种交叉施工作业计划，既要保证施工进度，又要保证交叉施工不相互干扰，同时明确各工种对上道工序质量的保护责任及本道工序的防护，提高产品的责任心。

② 工程收尾阶段，应有专人分层、分片看管，严禁闲杂人员出入，以防产品损坏。

③ 不锈钢制品、铝合金制品易损部位，应用塑料薄膜包裹，严禁将门窗、扶手等作为脚手板支点使用，防止砸碰损坏和位移变形。

④ 油漆、涂料施工前，首先应清理好现场，防止灰尘飞扬影响油漆质量，每次油漆完后，应清理干净滴在地面上、窗台上、墙面上及五金配件上的油漆，防止交叉污染。

⑤ 施工中对地漏、出水口等部位应设临时堵口，禁止在已施工完面层的地面上调制油灰、油膏、油漆，防止地面污染受损。大堂地面、墙面均为浅色米黄，地面完成后应予以覆盖，防止色浆、油灰、油漆的污染，同时设置防护措施，防止磨、砸造成质量缺陷。

⑥ 卫生器具安装前，应检查其规格、型号、质量是否符合设计要求。安装过程中要松紧适宜，安装后要加以防护，防止后道工序砸损器具，防止浆液、油漆污染器具，杜绝下道工序在器具内清洗污物，调制油灰、油膏等现象。

5. 文明施工、环境保护措施

① 主附楼施工现场应做到构件、材料分类别堆放整齐，临时设施布设有序，杜绝车辆运输中的抛洒、漏滴、争创文明施工样板工地。

② 生产垃圾及废料，做到随落随清，污水要集中排至室外排水沟或沉淀池。

③ 为减少噪声，切割应集中加工，有条件时可放在有维护结构的房间内或在工厂尽量加工为成品。

④ 生活用垃圾设专用垃圾箱，专人清理运输。

⑤ 搞好职工的生活福利设施，如娱乐、游艺、卫生等。做好工地食堂的餐具消毒及环境清洁卫生等。

⑥ 对于建筑装饰材料的选用，要从维护用户健康利益出发，以选用绿色环保产品为准则，如工程中大量使用的油漆、涂料类，要注意选用无有机挥发物的水性涂料；黏剂采用无毒高效型的；对大理石、花岗石使用前，要测定其是否有放射性元素，以防污染环境，对人体造成无形伤害。

6. 冬雨期施工措施

（1）冬期施工措施

① 按合同开工期，本工程一部分工序要进入冬期施工，开工前应做好冬期施工的准备工作，建立冬施质量保证体系，经常收看当地或附近的天气预报，根据气温变化采取措施，保证冬施顺利进行。

② 根据施工工期及施工工序，尽量将湿作业往前赶。如楼地面的镶贴、外墙面装饰及内墙面的油漆等，以避开负温施工。

③ 对无法避开负温施工的分项工程，应采取保温措施，包括现场未有暖气供应，应将所有门窗洞用加厚透明塑料布封闭，缝隙堵严，所有门用双层棉门帘钉牢。电梯井、管道井采用加厚复合板涂以防火涂料钉严，不漏缝隙，步行楼梯口，棉布帘钉严保温。

④ 当气温低于 -5℃ 时，大堂施工应考虑室内用自控锅炉供暖。大堂中央安装 1 台，其他于每层电梯厅中央安装 2 台，干管走入棚内，支管从房间中心部位伸出，散热器安在房间中央，不影响作业面，拆装方便，每层自成体系，互不影响。

⑤ 对局部位置，可采取电暖器取暖，以增加热源。

（2）雨期施工措施

① 施工现场应考虑足够的防雨、防潮仓库，存放易受潮装饰材料，并配备抽湿设备和干燥吸湿材料。

② 当连续下雨，空气湿度较大时，在壁纸施工现场增加碘钨灯烘烤，并注意防火。

7. 新技术、新材料应用

① 本工程穿线套管全部采用 PVC 阻燃套管。

② 卫生器具全部采用节水型卫生器具，灯光采用节能型高效节能灯，走廊、梯间采用声控节能灯。

③ 卫生间、盥洗室采用合成高分子防水涂料或高聚物改性沥青 SBS 防水卷材。在门窗部位应用高性能的密封胶。

8. 与各方配合措施

（1）与甲方配合措施

① 本公司历来重视与甲方（业主）的关系，不论工程大小，工期长短，公司经理每月都亲临现场了解情况，亲自指挥。

② 项目部保持每天与甲方工作联系，每周交周施工情况表，每月交月施工情况汇总，由主任工程师专职负责，做到施工与使用密切配合。

③ 施工过程中对于甲方提出的各项要求，项目部以积极态度对待，并虚心听取意见和建议，做到让甲方百分之百满意。

（2）与监理配合措施

严格按照施工图纸和施工规范施工，尊重监理部门的一切管理，认真执行监理方所提出的标准要求，积极配合监理工程师的日常工作，确保工作质量优良。

9.2 实例二 某技术大楼装饰工程投标文件

一、编制说明

1. 编制依据

① 某技术大楼装饰装修工程招标文件及施工图纸。

② 国家有关规范和规程。

③ 本单位长期积累的施工经验。

④ 本单位的施工能力。

⑤ 本单位通过并执行的 ISO9002 质量体系文件。

⑥ 国家颁发的现行法律、法规以及工程质量、文明施工及安全生产的有关文件及规定。

2. 指导思想

（1）确保工期

该工程的工期为 120 日历天，我们将本着"重合同、守信誉"的准则确保在规定工期内按时完成施工任务。

（2）确保工程质量

该工程的质量目标为"省优"。我们将围绕该目标充分发挥我公司的技术装备优势，发扬我公司善创优质的优良传统确保该工程质量达到"省优"。

（3）大力推进技术革新

引进并应用新技术、新工艺、不断提高企业的技术水平，以提高经济效益和社会效益，这是我公司在新时期发展的战略手段。

（4）树立良好社会形象

做好安全生产、环境保护、文明施工，为我公司树立良好的社会形象。

二、施工部署

针对该工程成立项目经理部，实施项目法施工管理。本项目施工组织机构设置如图 4.12 所示。

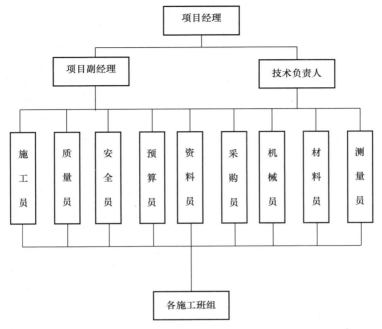

图 4.12 项目组织机构框图

1. 施工现场要求

① 工地办公室：利用现有建筑物设办公地点。

② 材料仓库：在施工现场预留材料堆放区，其面积不得少于 100m²，每个分项工程在材料堆放区自设仓库。

③ 生活设施：利用施工现场原有公共厕所等临时设施。

④ 临时用电：施工现场所用电线应为符合国标规范的铜芯电缆；应采用三相五线制，单相三线制，电源应从配电房送到工地配电箱。

⑤ 施工用水：由甲方提供水源，且水源必须满足施工及消防用水需要。

2. 施工准备工作

① 组织有关人员熟悉图纸，参加图纸会审。

② 组织有关人员对现场进行复核。

③ 编制分项工程作业指导书。

④ 深化施工组织设计。

⑤ 组织有关人员进行施工技术交底。

三、施工进度计划

1. 施工进度计划

为保证技术大楼装饰装修工程 120d 竣工，主要部分项目工程必须严格执行施工进度计划。具体如图 4.13 施工进度横道图所示。

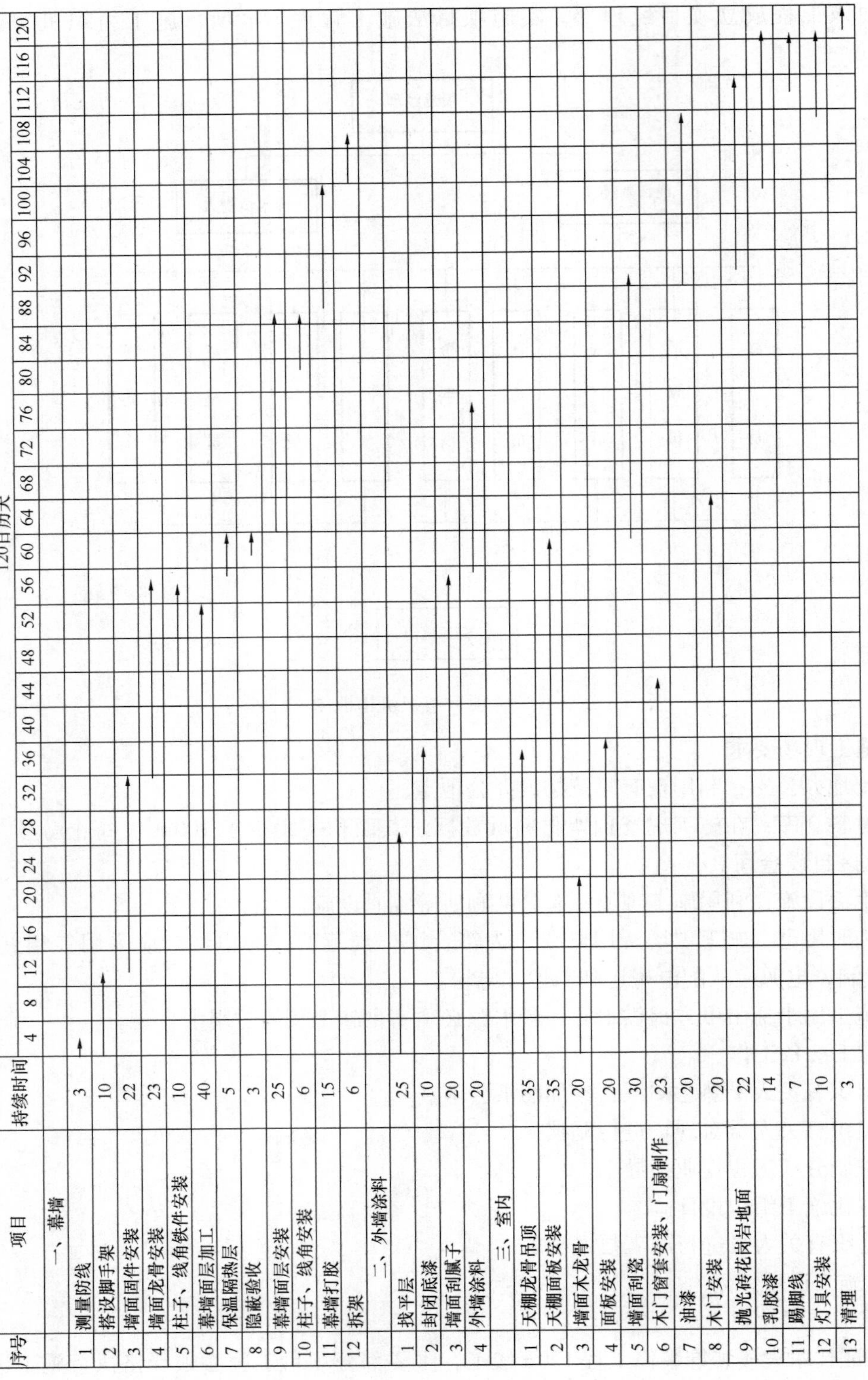

序号	项目	持续时间	4	8	12	16	20	24	28	32	36	40	44	48	52	56	60	64	68	72	76	80	84	88	92	96	100	104	108	112	116	120
	一、幕墙																																
1	测量防线	3																															
2	搭设脚手架	10																															
3	墙面固件安装	22																															
4	墙面龙骨安装	23																															
5	柱子、线角铁件安装	10																															
6	幕墙面层加工	40																															
7	保温隔热层	5																															
8	隐蔽验收	3																															
9	幕墙面层安装	25																															
10	柱子、线角安装	6																															
11	幕墙打胶	15																															
12	拆架	6																															
	二、外墙涂料																																
1	找平层	25																															
2	封闭底漆	10																															
3	墙面刮腻子	20																															
4	外墙涂料	20																															
	三、室内																																
1	天棚龙骨吊顶	35																															
2	天棚面板安装	35																															
3	墙面木龙骨	20																															
4	面板安装	20																															
5	墙面饰瓷	30																															
6	木门窗套安装、门扇制作	23																															
7	油漆	20																															
8	木门安装	20																															
9	抛光砖花岗岩地面	22																															
10	乳胶漆	14																															
11	踢脚线	7																															
12	灯具安装	10																															
13	清理	3																															

120日历天

图 4.13 施工进度横道图

2. 工期保证措施

（1）制订完善的施工进度计划

根据业主的使用要求及各工序施工周期，科学合理地组织设计，使各分部分项工程紧凑搭接，从而缩短工程的施工工期。

（2）严格执行施工进度计划

① 做好施工配合及前期施工准备工作，拟定施工准备计划，落实到人，保证后勤高质、高效。

② 每周制订周进度计划，每月制订工程月进度计划，并严格执行进度计划。施工中如有出入，马上找原因，采用施工进度计划与月、周计划相结合的各级网络计划进行调整，确保每道工序，每个分项工程都在计划工期之内。整个工程必须加强计划工期控制。

③ 建立每星期晚上至少召开 1 次例会制度。找出拖延进度计划的原因，并采取相应措施。

④ 实行合理的工期目标分段控制的奖罚制度。

（3）材料组织

① 严把材料质量关：在用料方面，不论是铝合金框架材料，钢材、玻璃、密封材料，门窗材料，选用时不能有一丝马虎。规范中规定应有出厂和合格证者，必须具备；应进行表面处理者，必须处理；应采用进口材料者不得以国内材料代替；须有保险年限质量保证书并必须出具证书。

② 按图纸要求及签证的材料样板，进行大批量的材料采购，所有的主要材料都必须是优等品，关键在进货过程中精挑细选，确保材料质量达到要求。

③ 从材料的选购、加工、包装、运输等层次，层层把好质量关，最后到工地经质检员和库管员验收入库。

④ 采购员应急工地之所急，以最快的速度采购工地急需的各种材料及半成品的加工件。

（4）交叉施工

项目经理部统一协调各分项工程，在互不影响的情况下进行交叉作业。

（5）劳动力配置及灵活安排

选择技术能力强，善打硬仗，并有施工经验的施工队伍组成作业层，承担本工程的施工任务。某些特殊原因造成工期延误时，项目经理部将集中优势兵力把损失的时间抢回来，对工作面较大的分项工程通过增加人手，全方位施工以赢得进度；对工作面较小而难度又大的分项工程，则选派技术最好的专业师傅精工细作，加班加点。

四、施工平面布置

具体详见施工平面布置图。此处略。

五、施工技术措施

（一）施工程序

合理安排施工程序，组织各工种搭接交叉作业，是保证施工进度计划落实的重要步骤，主要项目的施工程序如下：

1. 大厅施工顺序

搭架子 → 墙内管线 → 墙柱面 → 顶棚内管线 → 吊顶 → 线角安装 → 顶棚涂料 → 灯饰、风口 → 拆架子 → 地面石材施工（配合安玻璃门地弹簧）→ 安门扇 → 墙、柱面电气插座、开关安装 → 地面清理打蜡 → 交验。

2. 会议室施工顺序

电器管线及通风 → 窗帘盒安装 → 顶内管线 → 吊顶 → 安门套 → 墙、地面装饰 → 顶棚涂料 → 按踢脚板 → 墙面腻子 → 木面油漆 → 漆乳胶漆 → 电气面板 → 灯具安装 → 清理、修补 → 交验。

3. 卫生间施工顺序

拆除 → 放线 → 洗面台钢架制作 → 清理 → 闭水试验 → 保护层施工 → 弹线排砖选砖 → 贴砖 → 台面板制作 → 蹲位就位 → 顶内管线安装 → 吊顶龙骨 → 地面及挡水石铺贴 → 踢脚线制作 → 门扇安装 → 镜面安装 → 洗脸盆安装 → 擦缝 → 顶棚面板安装 → 灯具安装 → 清理。

（二）主要施工方法

1. 外墙涂料施工

① 墙体表面的灰尘、污垢、油渍等清除干净，并洒水湿润。

② 墙体表面刷 108 胶素水泥浆一遍，再用 1∶3 水泥砂浆打底并扫毛。

③ 水泥砂浆打底凝结后涂 6mm 厚 1∶2.5 水泥砂浆罩面，如有裂缝，孔洞等，应用水泥砂浆修补，表面不平处用水性腻子嵌平。

④ 罩面水泥砂浆的常温龄期超过 10d 以上，含水率小于 10% 时，刷涂料一道。

⑤ 底涂料干燥超过 2h 并彻底干后，用砂纸打光刷涂料二道。

⑥ 中涂层彻底干后再刷涂料面层二道。

⑦ 施工注意事项如下：

- 涂料施工前须充分搅匀，若黏度太高难以喷涂时，可加少量清水稀释，但加水量不得超过 5%。
- 大风或雨天均不得施工。
- 不论中涂层还是面涂层，均须等上一道干燥后再涂下一道。

2. 石材干挂施工

1）施工工艺流程

测量放线 → 校对施工图 → 埋板施工 → 钢框施工、调整 → 框架满焊 → 防腐处理 → 防雷处理 → 隐蔽验收 → 板材检验 → 板材安装 → 打胶 → 清洗 → 验收。

2）施工准备

① 石材的厚度一般为 25～30mm，石材的大小、规格、品种按设计图纸确定。M12×130 不锈钢膨胀螺栓及配套挂件（T、L 型）、C 级 M5×40 六角头螺栓（GB 5781 型）主龙骨［10 号槽钢，次龙骨 L50×5 角钢，角码 L80×50×5 角钢，均需做防锈处理（镀锌型材除外）。固定材料采用环氧树脂胶。密封材料采用泡沫条、密封胶。

② 机具及工具准备：电焊机、金属切割机、油压冲击钻、台钻、云石切割机、磨光机、台锯、#10 铁丝、棉线、橡皮锤、铁锤、活动扳手、水平尺、托线板、手推车、玻璃枪、线锤、墨斗、电焊锤、油漆桶、油漆刷、胶带纸。

③ 现场准备：已办理结构验收和隐蔽检查手续；表面平整度不大于 4mm；脚手架搭设符合要求。

3）操作工艺

（1）测量放线

① 弹好水平标高线及中线。

② 根据给定的基准线按设计要求进行分格，弹出竖横（主次）龙骨位置。

③ 依据每面墙的面积大小，凹凸情况，分别在墙的上、下两侧及中部设置测量控制点。

④ 用#10 铁丝拉挂水平、垂直控制线，并做好相邻墙面阴阳角方正控制。

⑤ 用线锤从上至下将石材墙面、柱面找出垂直，按图纸弹出石材外廓尺寸线，此线为第一层石材安装的基准线。

（2）石材试排、编号

① 石材进场后、应堆放于室内，下垫方木，核对数量、规格。

② 石材颜色不均匀时进行挑选，并预排版、配花、编号，以备正式安装时按号取用。

③ 石材颜色差异较大的需经质检员、设计单位、业主确认后也可以进行安装，但必须安装在不显眼位置。

（3）角码安装

① 根据已弹出的主龙骨位置线，画出角码位置并标注角码洞孔位置。

② 根据角码洞孔位置，用油压冲击钻钻洞（如有预埋件可将角码直接焊在预埋件上）。

③ 纵向可由下往上施工，也可以由上往下施工。

④ 横向可成排施工。

⑤ 用 M12×130 不锈钢膨胀螺钉套住用铁锤将不锈钢膨胀螺钉打入洞内，再用扳手拧紧。

⑥ 角码必须错开安装于主龙骨两侧。

⑦ 角码排距（纵向）不大于 2.6m，每根主龙骨上不小于四个角码，主龙骨上每排（横向）不少于两个。

（4）主龙骨安装

① 主龙骨用 [10 号槽钢，主龙骨间距不大于 600mm。

② 先将主龙骨点焊在角码上，但要确认牢固后，用托线板检查垂直，拉通线检查平整，校正后进行焊接，且焊接面边缘不小于 75mm（当预埋钢板倾斜时要补加垫板焊接）。

③ 所有主龙骨安装完后要进行检查，达到要求后再进行除渣，刷一遍银粉底漆，两遍环氧沥青面漆。

（5）次龙骨安装

① 次龙骨一般用 L50×5 角钢，其间距根据设计要求确定。

② 将墙面上次龙骨线引到主龙骨上。在安装次龙骨之前，根据施工图，定出不锈钢挂件连接位置，并用台钻钻洞，再将次龙骨点焊在主龙骨上，检查（按主龙骨检查的方法）校正后，进行焊接。

③ 所有次龙骨安装完后要进行检查，达到要求后再进行防锈处理（同主龙骨要求）。

（6）隐蔽验收

上述工序经自检、互检和专检工程质量合格后，及时办理隐蔽工程验收。

（7）安装挂件

在次龙骨上预先钻好的孔内插入 M5×40 螺栓，将挂件固定在次龙骨上。

（8）石材剔槽

① 按设计要求在石材上、下两端剔两个槽，当板宽大于 600mm 时需剔三个槽。

② 槽位应在距板端 1/4 宽处，槽宽 6mm，长 30～50mm，深 5mm，剔槽后应将石材背面槽壁用钢錾剔出槽位以便埋卧挂件。

（9）石材试装、调校

① 石材安装一般从下至上进行，根据石材水平缝的标高，按通线安装石材，按缝宽度根据设计要求。

② 将挂件的螺母完全拧紧，调整就位，检查平整度、垂直度、接缝宽度等。

（10）缝隙清理

石材安装完后，经"自检、互检、专检"检查合格后，再进行缝隙清理，主要清理缝隙间的残留杂物等。

（11）嵌缝打胶

① 泡沫条的嵌入深度不宜过深也不宜过浅，一般为打胶后的厚度的 1/2。

② 嵌完泡沫条后，再开始贴胶带纸，缝的宽窄必须一致。胶纸贴完后开始密封打胶。

③ 胶打完后，要用小圆棒（或胶瓶后座）将胶抹光，一般呈 U 形，随后将胶纸撕去，不要污染石材表面。

④ 等密封胶硬化后，可将石材表面上的胶铲去，灰尘擦干净。

4）质量标准

（1）检查数量

室外以 4m 左右高为一个检查层，每 20m 长抽查 1 处，每处 3 延长米，但不少于 3 处。

（2）保证项目

① 石材品种、规格、颜色、图案必须符合有关标准规定和设计要求。

② 石材安装必须牢固、无歪斜、缺楞掉角和裂缝、风化等缺陷。

（3）基本项目

① 表面应平整、洁净、色泽协调一致。

② 套割要吻合，边缘整齐，水平接缝平整。

③ 接缝平直、宽窄一致、填嵌密实，颜色一致。阴阳角处板的压向正确，非整板的使用部位适宜。

④ 滴水线顺直，流水坡向正确。

（4）允许偏差项目

① 立面垂直偏差（用 2m 托线板和塞尺检查）。光面、镜面：室外不超过 3mm；粗磨、麻面、条纹面：室外不超过 6mm。

② 表面平整偏差（用 2m 托线板和塞尺检查）。光面、镜面：不超过 1mm；粗磨、麻面、条纹面：不超过 3mm。

③ 阳角方正：用 200mm 角尺和塞尺检查，不超过 2mm。

④ 接缝平直：用鱼线（棉线）拉 5m 长检查，不超过 2mm。

⑤ 接缝高低：用角尺和塞尺检查，不超过 0.3mm。

⑥ 接缝宽度偏差：用角尺或钢尺检查，不超过 0.5mm。

⑦ 墙裙上口平直：用鱼线（棉线）拉 5m 长检查，不超过 2mm。

5）成品保护措施

① 石材柱面、门套等安装完后，应对所有面层的阳角及时用木板保护，同时要及时清擦残留物。

② 石材墙面安装完后应及时贴纸或贴塑料薄膜保护，必要时可搭设防护栏，并标明成品爱护字样，以保证墙面不被污染。

③ 石材安装完，拆脚手架后，若需增加其他装饰物等，严禁将人字梯直接靠在墙面上，应采用升降梯或其他可行工具。

④ 不得在已安装好的墙面处，进行电焊作业，必要时，应用较厚的胶合板或石棉布做好保护后，专人看管，方可施工，以确保石材表面无灼伤。

6）安全措施

① 搭设脚手架时，应严格按建设部制定的《建筑施工安全检查评分标准》的要求搭设。

② 手持机具在使用前应严格检查，必须有漏电保护装置。

③ 电焊机必须按"一机一闸"要求安装，并有可靠的接地装置和防水措施。

④ 施工人员进入现场应戴安全帽，高空作业应系安全带，并配备工具袋。

⑤ 交叉作业时，下方应有防护网或隔离层。

⑥ 上方施焊时，下方应用胶合板或石棉布接住焊渣，以免火花四测，防止火灾、石材烧伤，并配备适量的灭火器材。

⑦ 高空作业时，严禁扔抛工具或附件、严禁酒后操作、严禁在脚手架上打闹。

⑧ 石材、施工人员上、下时必须走人行通道（马道）。

⑨ 石材运输时，地面可用手推车装运，最多一次不超过 5 块，且下方必须垫硬持木方，以免损伤、磨光石材表面。

⑩ 在高空作业时，同一脚手板，作业人数不得超过 2 个。

⑪ 在高空作业时，脚手板上石材堆放应均匀。

3. 外墙铝塑板施工

① 墙体表面处理：墙体表面的灰尘、污垢、垃圾、油渍、溅沫及砂浆流痕等。清除干净，并洒水湿润。凡有缺棱、掉角之处，应用 1∶3 水泥砂浆或聚合物水泥砂浆修补完整。混凝土墙所有空鼓、缝隙、蜂窝、孔洞、麻面、露筋、表面不平或接缝错位之处均须妥善修补。表面泛碱之处，应以 3% 草酸水溶液进行中和后，用清水洗净。

② 找平层：上述工序完成后，在墙体表面粉刷 12mm 厚 1∶0.3∶3 水泥石灰膏砂浆找平层，至少两遍成活。须坚实平整，不得有空鼓、裂缝、不平不实及凹凸不平之处。表面平整度偏差、阴阳角垂直度偏差、阴阳角方正度偏差均不得超过 2mm，立面垂直度偏差不得超过 3mm，否则应进行修补。

③ 弹线定位：根据具体工程的设计，将膨胀螺栓的中心位置在墙上一一定位，并将中心线全部弹出。定位必须准确，中心点必须在一条直线上（水平、垂直双向，不得有歪斜不正及时错位之处）。

④ 钻孔打洞：在各个膨胀螺栓中心点处钻孔打洞，孔径及洞深均按所用膨胀螺栓的产品说明书规定办理。

⑤ 安装膨胀螺栓及挂件：将膨胀螺栓窝入洞内撑紧胀牢，然后将挂件安装在膨胀螺栓上拧紧锚牢、锚牢前须将挂件先与邻近挂件抄平、调直、各挂件须在一条线上，刷防潮底漆一遍。

⑥ 安装龙骨：将龙骨用电焊焊于挂件之上。焊前须进行抄平、抄直，使所有横竖龙骨距墙面的距离相等，龙骨正面互相在一条直线及一个大平面上。

⑦ 安装氟碳喷涂复合铝板墙面：将氟碳喷涂复合铝板用铆钉及高强自攻螺钉固定于金属卡及龙骨之上，须铆牢钉平，不得有松动不牢之处。

⑧ 板缝处理：所有板缝，如为建筑外装修，应用高模数中性结构硅酮密封胶封严。硅酮密封胶的质量、性能必须符合《玻璃幕墙工程技术规范》（JGJ 102—2003）。如为建筑内墙装修，则板缝之间，须加以金属压条（钛金压条、镜面不锈钢板压条、彩色不锈钢板压条等）或木质压条压实封严。

⑨ 清理板面：氟碳喷涂复合铝板全部安装完毕，并经检查质量合格后，须将板面清理干净，不得有胶痕、污物存在。

4. 铝塑板包柱施工

① 墙体表面处理墙体表面的灰尘、污垢、油渍、溅沫及砂浆流痕等清除干净，并洒水湿润。凡有缺棱掉角之处，应用聚合物水泥砂浆修补完整。混凝土墙如有空鼓、缝隙、蜂窝孔洞、麻面、露筋、表面不平或接缝错位之处，均应妥善修补。

② 刷108胶素水泥浆：墙体表面108胶素水泥浆（内掺水重3%～5%的108胶）一道。

③ 找平层：墙体表面粉12厚1:0.3:3水泥砂浆找平层，至少两遍成活，须坚实、平整，不得有空鼓、裂缝、不实、不牢、不平之处。表面平整度偏差、阴阳角垂直度偏差、阴阳角方正度偏差。均不得超过2mm，立面垂直度偏差不得超过3mm，否则应进行纠正，修补。

④ 涂防潮底漆：找平层干燥后涂刷防潮底涂料及底漆。在基层上钻洞，钻眼深度不得小于60mm，眼钻好后打入防腐木楔。

⑤ 固定木龙骨架：木龙骨架立起，靠于墙面，用吊线及仪器等检查木龙骨架的平整度及垂直度并予以校正。凡龙骨与墙面之间有缝隙之处，均须以防腐木片垫平垫实，然后用圆钉将木龙骨架与木楔钉牢。

⑥ 安装阻燃型胶合板：用长25～35mm的圆钉将厚8mm或8mm以上特级或一级双面刨光的阻燃型胶合板固定于木龙骨架上。钉距为80～150mm，钉帽应打扁，并送入板面0.5～1mm，钉眼用油性腻子抹平。

⑦ 安装铝塑板：

- 弹线：按设计要求用墨斗将铝板装修位置线在阻燃型胶合板面上一一弹出。
- 翻样、试拼、裁切、编号：根据上述弹线及具体设计，对铝塑板翻样、试拼，然后将铝塑板准确裁切，编号备用。
- 安装铝塑板：将铝塑板固定于阻燃型胶合板及木龙骨上。

⑧ 修整表面：整个铝塑板安装完毕后，应严格检查装修质量。如发现不牢、不平、空心、鼓肚及平整度、垂直度、方正度偏差不符合质量要求之处，应彻底修整。表面如有胶液、胶迹，须彻底拭净。

⑨ 板缝处理：板缝造型处理，均按设计要求处理。

⑩ 封边、收口：整个铝塑板的封边、收口，以及用何种封边压条、收口饰条等，均按设计要求处理。

5. 门厅玻璃墙与无框玻璃地弹门施工

（1）厚玻璃门固定部分的安装

① 安装厚玻璃前，地面饰面施工应完毕，门框的不锈钢或其他饰面应完成。门框顶部的厚玻璃限位槽已留出，其限位槽的宽度应大于玻璃厚度2～4mm，槽深10～20mm。

② 用玻璃吸盘器把厚玻璃吸紧，然后手握吸盘器把厚玻璃板抬起，抬起后的厚玻璃板，应先插入门框顶部的限位槽内，然后放到底托，并对好安装位置，玻璃板的边部，正好封住侧框柱的不锈钢饰面对缝口。

③ 注玻璃胶封口的操作方法：首先将一支玻璃胶开封后装入玻璃胶注射枪内，用玻璃胶后枪的后压杆端头板，顶住玻璃胶罐的底部。然后一只手托住玻璃胶注射枪身，一只手握着注胶压柄，并不断松、压循环地操作压柄，使玻璃胶注入注口处并少量挤出。然后把玻璃胶的注口对准需封口的缝隙端。

④ 厚玻璃板之间的对接：门上固定部分的厚玻璃板，往往不能用一块来完成。在厚玻璃对接时，对缝留 2~4mm 的距离，厚玻璃边需倒角。两块相接的厚玻璃定位并固定后，用玻璃胶注入缝隙中，注满之后用塑料片在厚玻璃的两面刮平玻璃胶，用净布擦去胶迹。

（2）厚玻璃活动门扇安装

厚玻璃活动门扇的结构没有门扇框。活动门扇的开闭是用地弹簧来实现，地弹簧与门扇的金属上下横挡铰接。厚玻璃门的安装步骤与方法如下：

① 门扇安装前，地面地弹簧与门框顶面的定位销的中心线，必须一条垂直线上，可用锤线方法测量是否同轴线。

② 在门扇的上下横挡内划线，并按线固定转动销的销板和地弹簧转动轴连接板。

③ 厚玻璃应倒角处理，并打好安装门把手的孔洞。厚玻璃的高度尺寸，应小于测量尺寸 5mm 左右，以便进行调节器节。

④ 把上下横挡分别装在厚玻璃门扇上下边，并进行门扇高度的测量。如果门扇高度不够，也就是上下边距门框和地板缝隙超过规定值，可向上下横挡内的玻璃底下垫木夹板条。如果门扇高度超安装尺寸过大，则需请专业玻璃工，裁去厚玻璃门扇的多余部分。

⑤ 在定好高度之后，进行固定上下横挡操作，其方法为在厚玻璃与金属上下横挡内的两侧空隙处，两边同时插入小木条，轻轻敲入其中，然后在小木条、厚玻璃、横挡之间缝隙中注入玻璃胶。

⑥ 门扇定位安装方法：将玻璃门扇竖起来，把门扇下横挡内的转动销连接件的孔位，对准地弹簧转动销轴，并转达动门扇将孔位套入销轴上。然后以销轴为轴心，将门扇转动90°，使门扇与门框横梁成直角。这时就可把门扇上横挡中的转运连接件孔，对正门框横梁上定位销，并把定位销调出，插入门扇上横挡，转动销连动销连接件孔内 15mm 左右。

⑦ 安装玻璃门拉手：安装玻璃门拉手应注意拉手的连接部位，插入玻璃门拉手孔时不能很紧，应略有松动。如果过松，可以在插入部分裹上软质胶带。安装前在拉手插入玻璃的部分涂少许玻璃胶。拉手组装上紧固定螺钉，以保证拉手没有丝毫松动现象。

6. 轻钢龙骨铝扣板吊顶施工

（1）工艺流程

弹线 → 安装吊顶杆 → 安装龙骨及配件 → 安装面板。

（2）准备工作

① 在现浇板中按设计要求设置预埋件或吊杆。

② 吊顶内的灯槽，水电管道应安装完毕，消防管道安装并试压完毕。

③ 吊顶内的灯槽、斜撑、剪刀撑等，应根据工程情况适当布置，轻型灯具应吊在主龙骨或附加龙骨上，重型灯具或电扇不得与吊顶龙骨连接，应另设吊钩。

（3）材料要求

① 吊顶龙骨在运输安装时，不得扔摔、碰撞，龙骨应平放，防止变形，龙骨要存放于室内，防止生锈。

② 铝扣板运输和安装时应轻放，不得损坏板材的表面和边角，应防止受潮变形，放于平整、干燥、通风处。

（4）龙骨安装

① 根据吊顶的设计标高在四周墙上或柱子上弹线，弹线应清楚，位置应准确，其水平允许偏差 ±5mm。

② 主龙骨吊顶间距，应按设计推荐系列选择，中间部分应起拱，金属主龙骨起拱高度应不小于房间短向跨度的 1/200，主龙骨安装后应及时校正其位置和标高。

③ 吊杆距主龙骨端部不得超过 300mm，否则应增设吊杆，以免主龙骨下坠，当吊杆与设备相遇时，应调整吊点的构造或增设角钢过桥，以保证吊顶质量。

④ 次龙骨应贴紧主龙骨安装，当用自攻螺钉安装板材时，板材的接缝处，必须安装在宽度不小于 40mm 的次龙骨上。

⑤ 全面校正主、次龙骨的位置及其水平度，连接件应错开安装，明龙骨应目测无明显弯曲，通长次龙骨连接处的对接错位偏差不超过 2mm，校正后应将龙骨的所有吊挂件，连接件拧紧。

（5）顶棚面板安装

① 板材应在自由状态下进行固定，防止出现弯棱、凸鼓现象，铝扣板的长边沿棚边向次龙骨铺设。

② 固定面板的次龙骨间距一般不大于 400mm，在南方潮湿地区，间距应适当减小。

③ 面板与龙骨固定，应从一块板的中间向板的四边固定，不得多点同时作业。

（6）质量评定验收

① 铝扣板与龙骨应连接紧密，表面应平整，不得有污染、折裂、缺棱掉角、锤伤等缺陷，连接件均匀一致，粘贴面板不得有脱层。

② 表面平整允许偏差为 3mm，接缝高低允许偏差为 1mm。

7. 内墙顶棚涂料施工

清扫 → 填补缝和局部刮腻子 → 磨平 → 第一遍刮腻子 → 磨平 → 第二遍刮腻子 → 磨平 → 干性油打底（溶剂型薄涂料）→ 第一遍涂料 → 复补腻子 → 磨平 → 第二遍涂料 → 磨平 → 第三遍涂料 → 磨平。

（1）作业条件

① 基层抹灰全部完成，过墙管道，洞口，阴阳角处应提前抹灰找平修整。

② 基层干燥，含水率不大于 10%。

③ 门窗、玻璃安装完毕，湿作业地面完毕，管道试压完毕。

④ 环境温度不低于 5℃，样板间鉴定合格。

（2）操作工艺

① 基层处理：将墙面起皮及松动处清除干净，并用水泥砂浆补抹、铲净，表面垂直度、平整度、强度均符合设计要求。

② 刮腻子：第一遍横向满刮，一刮板紧接着一刮板，接头不得留槎，每次刮板收头要

干净利落。第二遍竖向满刮，第三遍用胶皮刮板找补腻子，每遍干燥后用细砂纸磨平磨光，不得遗漏或将腻子磨穿。

③ 刷乳胶漆：涂刷顺序是先顶后墙，先上后下，第一遍可适当加水稀释，前二遍漆膜干燥后，用细砂纸将墙面水疙瘩和排笔毛打磨掉，并清扫干净；第三遍应连续迅速操作，从一头开始，逐渐刷向另一头，上下顺刷互相衔接，后排笔紧接前一排得寸进尺避免出现透底，接茬明显或刷纹明显。

④ 涂料使用前须将涂料倒入较大容器内，在容器内搅拌均匀，使用中也需不断搅拌。涂料应一次备足，以免颜色不一致影响效果。

（3）质量标准

① 严禁脱皮、漏刷、透底。

② 不得有流坠、砂眼、刷纹、颜色不匀现象。

③ 装饰线、分色线平直偏差不大于 1mm（拉 5m 线检查）。

8. 木门套安装

铺钉墙面木龙骨 → 门框安装 → 防腐处理 → 钉基层板 → 粘贴面层板 → 装钉木线 → 门扇安装 → 修理打磨。

施工要点：

① 铺钉木龙骨：防腐木打眼，打眼孔直径不小于 12mm，深≥40mm，间距 400mm。木龙骨上墙前，墙面基层涂刷防水涂料。木龙骨上墙前刷一遍防火剂。

② 门框安装：如果已预留木砖，可用圆钉直接安装。如为混凝土基层应用铁皮包门框射钉铆固。

③ 铺基层板：用五合板做垫层，铺钉前龙骨必须平整、竖直，龙骨表面刷胶，加钉气钉。

④ 粘贴面层板：上墙的饰面板按每个房间、每个墙面挑选，确保花色、纹理一致。

⑤ 木线装钉：钉子长度为木线厚度的 1.5 倍，木线宽度≥40mm。

⑥ 门扇安装：必须保证平整，不翘曲、边缝宽度一致。

9. 木门安装

施工中应严格按设计要求安装，门的性能、型号、材质，必须符合有关技术标准；五金配件、预埋木砖、玻璃应符合有关标准。

门安装中对预埋连接件、门标高、水平位置、开启方向、同层水平标高均应符合有关安装制作、质量验评标准。

木门安装如下：

① 按设计图纸要求的标高和平面位置，按开启方向，对应编码安放，用通线及线锤做水平和吊直较正，然后用拉条与邻近固定物连接牢靠。

② 砌体上预留木砖，每边固定点应不小于 3 处。用木楔将临时固定在门洞内后，用砸扁钉帽的钉将框钉牢在木砖上，钉帽凹入 1～2mm，在砼上用膨胀螺栓固定施工。

③ 依照设计要求确定开启方向和使用小五金型号规格，安装小五金固定门扇。

10. 复合地板铺设

（1）铺设前对地板基层的要求

铺设地面要求平整、干燥、洁净、稳固、无油脂和任何污染物。其含水率不得超过6%，一般越干燥越好。

139

地面基层要用2m靠尺检查，其平整度要求在2~3mm范围之内，不允许有局部的明显凸起或凹坑。如地面平整，可直接铺设，如地面有凹凸坑，可先将坑内清洗干净，然后用1:2水泥砂浆内掺107胶修补平整，待干后再进行铺设，地面越平整，铺设效果越好。铺设前用水冲洗干净，而后封闭，干燥后即可进行铺设。

（2）铺设方法

① 铺贴前，应根据设计图案、尺寸弹线试铺，检查其拼缝高低、平整度、对缝等。符合要求后进行编号。

② 复合地板一般可从房间中央向四周进行。

③ 用胶结剂铺贴时，按编号顺序在基层表面和复合地板背面分别涂刷胶结剂，其厚度：基层表面控制按照1mm左右；复合地板背面控制在0.5mm左右。一般待5min后即可铺贴，并应注意在铺贴好的板面随时加压，使粘结牢固防止翘鼓。

④ 复合地板间的缝隙宽度以1~2mm为宜，板与基层间不得有空鼓现象，板面应平整。

11. 地面花岗岩、玻化砖铺设

准备工作 → 弹线 → 试拼 → 编号 → 刷水泥浆结合层 → 铺砂浆 → 铺石材、玻化砖 → 灌缝、擦缝 → 打蜡。

① 施工前对板材的规格、颜色、边角、表面粗糙度进行严格检查，将有缺棱掉角、裂纹和局部受污染的板材选出，在铺贴前先进行预铺，将色差较大者挑出，然后进行编号并按顺序号放好备用。

② 将基层进行清理，将凝固在上面的杂物和砂浆等全部清理干净，最后用水冲洗。

③ 弹出装饰标高（+50cm）线，并在基层上做灰饼，以其表面作为地面标高的控制面。

④ 在基层刷一道1:0.4素水泥浆，铺1:4干硬性水泥砂浆，并浇一层1:0.5的素水泥浆，然后试铺并在板材底部满刮1:1水泥胶浆，铺前在板材四周及背面满刮封闭胶一层，以防"返碱"现象出现，安放时，四角同时下落，并用橡皮锤敲击，用水平尺找平，板块之间缝隙要严密。

六、各项技术组织措施

1. 质量保证措施

建立操作岗位责任制，严格按"三过程管理"并与"过程挂牌"制度相结合，做到检查上过程，保证本过程，服务下过程。严格执行"自检""交接检""专检"，确保质量达到要求。

① 自检：上岗工人严格按工序要求进行操作，每道工序完成后立即进行自检，自检中发现不合格项，班组立即改正，直到全部合格，班组长填写自检表并注明检查日期，各段副经理执行，项目经理监督。

② 交接检查：过程间的交接检查，包括工程质量、过程完成后的清理和成品保护内容。由主任工程师主持上道过程合格才可交给下道过程，交接双方在记录上签字并注明日期。

③ 隐蔽验收：凡被下道过程所掩盖而无法进行质量检查过程的分项工程由主任工程师及时组织隐检，填写报告单交专检人员验收，需监理人员进行隐蔽检查项目，主任工程师应及时向监理人员、甲方提供隐检报告，并督促其完成隐检工作，隐检记录由主任工程师及时反馈送交资料负责人处归档。

④ 预检验收：由主任工程师填写预检报告单，交专职人员检查验收，及时反馈送至技术资料负责人归档。

⑤ 分项工程质量评定：分项工程全部过程完成以后由项目经理根据质量验收评定的标准组织有关人员共同进行质量检查，主任工程师填写分项工程质量评定表交专职质检员签认核定质量评定等级。不合格按《不合格控制程序》处理，需得到监理工程师认可，并将两份评定表定期交项目技术负责人归档。

⑥ 特殊过程控制在"项目质量计划"中予以规定，在实施中均作为质量管理点加强管理，按技术交底计划要求由工长对工艺和参数进行连续监控并记录。

2. 安全生产防护措施

① 落实安全责任制，实施责任管理，项目经理是安全生产的第一责任人。

② 各职能部门，施工项目的管理人员在各自的业务范围内，对安全生产各负其责。

③ 对进入施工现场一切从事生产的操作人员依照从事生产的内容，分别进行教育，安全培训，取得安全操作证后，持证上岗。

④ 特种作业人员必须经有关部门进行安全操作上岗考核，取得监察部门核发的《安全操作合格证》后，持证上岗。

⑤ 施工项目负责施工生产中失控状态的审查，承担失控状态漏检，失控的管理责任，接受由此而出现的经济损失。

⑥ 一切从事管理、操作人员进入施工现场必须签订安全协议，向施工现场做出安全保证。

⑦ 施工现场、楼梯口、必须设安全防护栏，栏杆和安全标志。

⑧ 施工现场用电、现场配设专职电工，禁止乱拉乱搭电器线路开关。

⑨ 施工现场设立安全公告牌和安全纪律牌。

⑩ 凡进入施工现场的人员，必须佩带安全帽，严禁赤脚或穿拖鞋、高跟鞋进入现场操作。

⑪ 施工现场配备一定数量的 YSP 系列安全配电箱。各种施工、机械、手动电器经常检查防护罩、漏电情况。

3. 文明施工管理措施

① 项目部材料负责人负责材料的进场、储存和合理使用。各种材料要分类码放整齐，禁止野蛮施工，损坏材料。

② 设专职人员负责现场清理和垃圾清运工作，垃圾要清运到总包指定地点，现场随时保持清洁无杂物。

③ 各工种施工人员要做到工完料清。

④ 随着工程的进展完善各项成品保护措施。

4. 防火措施

① 在施工中不得妨碍防火设施的使用功能，不随意移动防火设施和安全装置。

② 装饰结构施工中，不损坏防火设置和安全装置及各种管道。

③ 施工现场的仓库、配备 1~2 只消防灭火器材。

④ 施工现场不得随意生火，材料仓库，严禁明火、吸烟。

⑤ 施工现场使用切割机，电焊机应远离易燃材料或与易燃材料隔离。

⑥ 经常检查施工用电的电线路开关，接头必须用绝缘胶布包扎严实，防止电器线路短路起火。

⑦ 对进入现场的操作，管理人员进行防火安全教育，预防火灾事故发生。

七、主要资源配置

1. 劳动力计划

劳动力计划安排如表 4.10 所示。

表 4.10　劳动力计划表

序　　号	名　　称	人　　数
1	金属件作业工	30
2	木工	25
3	泥水装饰工	30
4	电工	6
5	普工	5
6	油漆工	12
7	机操工	6
8	水工	8
9	架子工	6

2. 施工机械配置

手持工具及小型电动工具由各专业施工班组自行配备，中型施工机械及专用施工机械由项目部配备，必须用大型施工机械的施工项目由公司统一安排，安排场地组织加工。

由项目部配备的机械和工具包括：电焊机、电锤、金属切割机、专用大理石及加工机械，测量放线仪器、施工架子、照明设备等。施工机械的调配需根据工程的进展情况调入和撤出。

拟投入本合同工程的主要施工机械如表 4.11 所示。

表 4.11　主要机械计划表

机械名称	型号规格	定额功率	厂牌出厂时间	数量（台）			新旧程度
				小计	其他		
					拥有	新购	
电焊机	D 三相	8kW	98 国产	8	6	2	80%
电锯	12in	190kW	98 国产	8	5	3	90%
电动焊机	L26mm	350kW	99 国产	6	1	5	90%
电锤	B 立 25B	0.5kW	99 进口	6	4	2	90%
云石切割机	日立 W6	0.85kW	2000 进口	4	3	1	90%
手电钻	1200y/mim	300W	99 进口	10	9	1	90%
手枪磨光机	7in	1kW	99 进口	4	4		85%

3. 主要材料计划

主要材料计划略。

八、降低成本措施

① 在每次成本形成之前及形成过程中，须围绕成本计划、甲方要求和施工状况进行调整和监督，及时对可能发生的偏差进行预防和修正，确保每条成本都在控制之下，最终满足业主的投资愿望。

② 实行定额管理，随时检查和控制定额执行情况，发现问题及时处理与调整。

③ 采用先进的施工方法，按网络图确定出的逻辑关系控制进度与工序衔接管理，避免窝工。

④ 做好机械维修保养，保证机械完好率，提高机械使用率，从而提高生产率。

⑤ 加强材料管理，严格出入库手续，限额领料。

⑥ 加强成本保护，减少碰撞和损坏，避免污染和返工浪费。

九、质量通病防治措施

1. 幕墙质量通病防治措施

（1）幕墙渗漏水防治措施

① 封缝材料必须柔软，弹性好，使用寿命长，耐老化，并经事先检验符合设计要求后方可使用。一般采用硅酮胶。

② 施工时应先清理干净，精心操作，封缝填塞应严密均匀且不得漏封。

③ 幕墙框架必须牢固可靠，特别是每个节点构造，竖框支点之间的变形等，应严格检查，实测数据必须满足设计和检验评定标准的有关规定。

（2）幕墙变色防治措施

腐蚀严重应予以更换；密封不严应重新封严，不得选用有腐蚀性的密封材料，已变色影响美观的应予以更换。

2. 油漆施工中的质量通病及防治措施

（1）油漆流挂防治措施

① 选择优质的漆料和挥发速度适当的稀释剂。

② 板面处理干净，无油污，水分。

③ 环境温度应符合涂料标准要求，涂饰均匀一致；可避免流挂下垂现象发生。

（2）漆膜表面起粒的防治措施

① 选用良好的漆料。

② 保持施工环境，无灰尘，杂物。

③ 油漆施工宜用专用喷枪，并清洗干净。

（3）漆膜表面起雾防治措施

① 避免在潮湿环境中涂刷油漆。

② 未干燥表面不得涂刷油漆。

3. 瓷砖空鼓、脱落的防治措施

① 使用前必须剔选，对缺楞、掉角、有暗伤以及挠曲变形的都应剔除。

② 使用前应用清水浸泡到瓷砖不冒泡为止，且不少于2h，待表面晾干后方可镶贴。

③ 对平整度偏差大于的基层，应事先用砂浆找平，镶贴的瓷砖砂浆厚度控制在7～10mm左右。

④ 瓷砖铺贴应随贴随时纠正偏差。

4. 花岗岩地面质量通病及防治措施

（1）地面空鼓预防措施

① 施工前将基层清扫干净，并浇水湿润，不得有积水，以保证垫层与基层结合良好，基层表面应均匀涂刷纯水泥浆，并做到随刷随铺水泥砂浆结合层。

② 板块面层铺设前浸水湿润，并将石板背面浮灰杂物清扫干净。

③ 结合层采用干硬性水泥砂浆时，其配合比常用 1:2 ~ 1:3 （水泥：中砂），水泥采用 32.5 级普通硅酸盐水泥，砂含泥量不大于 3%，并过筛去杂物。

④ 板块铺贴后，于第二天对板块进行灌缝。

（2）接缝处不平，缝隙不均匀的防治措施

① 对板块质量进行检查，包括板块几何尺寸、厚薄等，有翘曲、歪斜等缺陷板块不得使用。

② 铺贴时面层用水平尺找平，板缝带通长线铺贴。

③ 防止铺贴后未干上人行走。

5. 木门套窗套、墙裙质量通病的防治措施

在细木制品的施工中常出现面层颜色不协调、棱角不齐、压条接缝不割角不严，起线处粗糙的质量问题。防治措施有：

① 对面板进行选择，在同一房间内，按设计要求进行选料、选色，达到花纹基本吻合。

② 在钉面层板、线条时，按设计要求切割尺寸，确保准确，安装达到接缝密实。

③ 贴脸条安装留边一致，并压过抹灰表面。外露的线条必须选用不易变形、开裂、木纹较细、干燥，且颜色一致的线条。加工时达到规格一致，起线正确，表面光洁，不出现毛刺、创痕等。

习题与实训

一、习题

1. 名词解释

（1）施工程序；（2）施工顺序；（3）技术组织措施；（4）施工进度计划

2. 单项选择题

（1）单位工程施工平面图设计第一步是（　　）。

A. 布置运输道路

B. 确定搅拌站、仓库、材料和构建堆场、加工厂的位置

C. 确定起重机的位置

D. 布置水电管线

（2）关于施工组织设计表述正确的是（　　）。

A. "标前设计"是规划性设计，由项目管理层编制

B. "标后设计"由企业管理层在合同签订之前完成

C. 施工组织设计由设计单位编制

D. 施工组织设计主要用于项目管理

（3）施工组织设计内容的三要素是（　　　）。

A. 工程概况、进度计划、技术经济指标

B. 施工方案、进度计划、技术经济指标

C. 进度计划、施工平面图、技术经济指标

D. 施工方案、进度计划、施工平面图

（4）单位工程技术组织措施设计中不包括（　　　）。

A. 质量保证措施　　　　　　　　　B. 安全保证措施

C. 环境保护措施　　　　　　　　　D. 资源供应保证措施

（5）编制标前施工组织设计的主要依据有（　　　）。

A. 合同文件　　　　　　　　　　　B. 施工任务书

C. 工程量清单　　　　　　　　　　D. 施工预算文件

（6）施工组织总设计由（　　　）负责编制。

A. 建设总承包单位　　　　　　　　B. 施工单位

C. 监理单位　　　　　　　　　　　D. 上级领导机关

（7）分部工程施工组织设计应突出（　　　）。

A. 全局性　　　　　　　　　　　　B. 综合性

C. 作业性　　　　　　　　　　　　D. 指导性

3. 多项选择题

（1）工程施工组织设计的作用是指导（　　　）。

A. 工程投标　　　　　　　　　　　B. 签订承包合同

C. 施工准备　　　　　　　　　　　D. 施工全过程

E. 从设计开始，到竣工结束全过程工作

（2）一般来说，确定施工顺序应满足（　　　）方面的要求。

A. 成本　　　　　　　　　　　　　B. 工艺合理

C. 保证质量　　　　　　　　　　　D. 组织

E. 安全施工

（3）单位工程施工平面图的设计要求做到（　　　）。

A. 尽量不利用永久工程设施

B. 利用已有的临时工程

C. 短运输、少搬运

D. 满足施工需要的前提下，尽可能减少施工占用场地

E. 符合劳动保护、安全、防火等要求

（4）施工组织设计技术经济分析的指标有（　　　）。

A. 劳动生产率指标　　　　　　　　B. 三大材料节约指标

C. 安全指标　　　　　　　　　　　D. 工期指标

E. 全员劳动生产率

（5）施工部署应包括的内容有（　　　）。

A. 项目的质量、进度、成本及安全目标

B. 拟投入的最低人数和平均人数

C. 包分计划，劳动力使用计划，材料供应计划，机械设备供应计划

D. 施工程序

E. 项目管理总体安排

（6）单位工程施工组织设计中所涉及的技术组织措施应包括（　　　）。

A. 降低成本技术 　　　　　　　B. 节约工期措施

C. 季节性施工措施 　　　　　　D. 防止环境污染措施

E. 保证资源供应措施

4. 简答题

（1）简述编制单位装饰工程施工组织设计的依据。

（2）单位装饰工程的工程概况包括哪些内容？

（3）简述建筑装饰工程总的施工程序。

（4）确定建筑装饰工程施工流向时，需考虑哪些因素？

（5）如何选择建筑装饰工程的施工方法？

（6）单位工程施工进度计划的作用有哪些？可分为哪两类？

（7）试述单位工程施工进度计划的编制依据。

（8）如何确定一个施工项目的劳动量、机械台班量？

（9）如何确定各分部分项目工程的持续时间？

（10）如何检查和调整施工进度计划？

（11）试述施工平面图的设计的原则和步骤。

（12）装饰工程主要技术措施有哪些？

二、实训

【案例 4.1】

背景：

某建筑装饰装修公司受某煤矿集团委托承担该集团的办公楼室内装修工程项目的施工任务，并签订了施工合同。工期为 2004 年 6 月 1 日—2004 年 12 月 30 日。该煤矿集团基础处要求该施工单位 4 天内提交施工组织设计。施工组织设计编制的内容如下：

1. 编制依据

（1）招标文件、答疑文件及现场勘查情况。

（2）工程所用的主要规范、行业标准、地方标准图集。

2. 工程概况

3. 施工方案

（1）轻钢龙骨纸面石膏板吊顶施工方案；

（2）木作施工要求和方案；

（3）墙面干挂石材施工方案；

（4）内墙面涂料工程；

（5）办公室内墙面裱糊工程；

（6）装饰木门施工要求和方案；

（7）楼地面地砖铺贴工程；

（8）油漆工程。

4. 施工工期、施工进度及工期保证措施

5. 质量保证体系

6. 项目班子的组成

7. 施工机械配备及人员配备

8. 消防安全措施

问题：

1. 你认为施工组织设计编制依据中有哪些不妥，为什么？

2. 你认为施工组织设计内容有无缺项或不完善的地方？请补充完整。

评析：

问题1：（1）编制依据中缺少工程设计图纸要求，相关法律法规要求及施工合同。

　　　　（2）没有写明具体规范的名称代号。

问题2：施工组织设计内容缺少平面布置图、施工环保措施、冬季施工措施及保修服务项目。

【案例 4.2】

背景：

某装饰装修公司承接了某大型煤矿集团的招待所室内装饰装修工程，随后组织有关施工技术负责人确定该招待所室内装饰装修工程施工组织设计的内容，并按如下内容和程序编制施工组织设计。

1. 编制内容

（1）工程概况；

（2）施工部署；

（3）施工进度计划；

（4）施工方法及技术措施；

（5）施工准备工作计划；

（6）主要技术经济指标。

2. 编制程序

熟悉审查图纸 → 计算工程量 → 编制施工进度计划 → 设计施工方案 → 编制施工准备工作计划 → 确定临时生产生活设备 → 确定临时水、电管线 → 计算技术经济指标。

问题：

1. 上述招待所装饰装修工程施工组织设计内容中缺少哪些项目？

2. 指出上述招待所装饰装修工程施工组织设计编制程序的错误，并写出正确的编制程序。

评析：

问题1：上述施工组织设计内容里缺少"施工平面布置图"、"保证质量、安全、环保、文明施工、降低成本"、"各种资源需用量计划"等各项技术组织措施。

问题2：上述施工组织设计编制程序有如下错误：

（1）"编制施工进度计划"应在"设计施工方案"后；

（2）"编制施工准备工作计划"应在"确定临时水、电管线"后；

（3）应补上缺项"施工平面布置图"与"各项技术组织措施"。正确的编制程序如下：

熟悉审查图纸 → 调研 → 计算工程量 → 设计施工方案 → 编制施工进度计划 → 编制各种资源需用量计划 → 确定临时生产生活设备 → 确定临时水、电管线 → 编制施工准备工作计划 → 设计施工平面布置图 → 制定各项技术组织措施 → 计算技术经济指标。

【案例 4.3】

背景：

某单位拟装修一综合楼，图 4.14 是施工管理人员针对本工程编制的内装修施工计划横道图。

问题：

根据图 4.14 中的内容计划每周的劳动力需要量，将统计结果填入表 4.12 中相应的位置。

分项工程名称	工种名称	每周人数	1	2	3	4	5	6	7	8	9	10
拆除	普通工	15										
地面工程	抹灰工	20										
内墙面抹灰	抹灰工	20										
吊顶	木工	18										
内墙涂饰	油漆工	18										
木地面	木工	15										
灯具安装	电工	8										

图 4.14　内装修施工计划横道图

表 4.12　劳动力需要量计划

序号	工种名称	需用工总数	1 周	2 周	3 周	4 周	5 周	6 周	7 周	8 周	9 周	10 周
1	普通工											
2	抹灰工											
3	木工											
4	油漆工											
5	木工											
6	电工											
7	合计											

评析：

每周的劳动力需要量如表 4.13 所示。

表 4.13　劳动力需要量计划

序号	工种名称	需用工总数	1 周	2 周	3 周	4 周	5 周	6 周	7 周	8 周	9 周	10 周
1	普通工	15	15									
2	抹灰工	160		20	20	40	40	20	20			
3	木工	72					18	18	18	18		
4	油漆工	54							18	18	18	
5	木工	30									15	15
6	电工	48					8	8	8	8	8	8
7	合计	379	15	20	20	40	66	46	64	44	41	23

【案例 4.4】

背景：

甲建筑公司作为工程总承包商，承接了某市冶金机械厂的施工任务，该项目由铸造车间、机加工车间、检测中心等多个工业建筑和办公楼等配套工程，经建设单位同意，车间等工业建筑由甲公司施工，将办公楼装修分包给乙建筑公司，为了确保按合同工期完成施工任务，甲公司和乙公司均编制了施工进度计划。

问题：

1. 甲、乙公司应当分别编制哪些施工进度计划？

2. 乙公司编制施工进度计划时的主要依据是什么？

3. 编制施工进度计划常用的表达形式是哪两种？

评析：

问题 1：甲公司首先应当编制施工总体进度计划，对总承包工程由一个总体进度安排。对于自己施工的工业建筑和办公楼主体还应编制单位工程施工进度计划、分部分项工程进度计划和季度（月、旬或周）进度计划。乙公司承接办公装饰工程，应当在甲公司编制单位工程进度计划基础上编制分部分项工程进度计划和季度（月、旬或周）进度计划。

问题 2：主要依据有施工图纸和相关技术资料、合同确定的工期、施工方案、施工条件、施工定额、气象条件、施工总进度计划等。

问题 3：施工进度计划的表达形式一般采用横道图和网络图。

【案例 4.5】

背景：

某装修公司承接一项 5 层办公楼的装饰装修施工任务，确定的施工工序为：砌筑隔墙 → 室内抹灰 → 安装塑钢门窗 → 顶、墙涂料，分别由瓦工、木工和油漆工完成。工程量及产量定额如表 4.14 所示。油工最多安排 12 人，其余工种可按需要安排。考虑到工期要求、机具供应等状况等因素，拟将每层分 3 段组织等节奏流水施工，每段工程量相等，每天一班工作制。

表 4.14 某装饰装修工程的主要施工过程、工程量及产量定额

施工过程	工程量	产量定额	施工过程	工程量	产量定额
砌筑隔墙	$600m^3$	$1m^3$/工日	安装塑钢门窗	$3750m^2$	$5m^2$/工日
室内抹灰	$11250m^2$	$10m^2$/工日	顶、墙涂料	$18000m^2$	$20m^2$/工日

问题：

1. 计算各施工过程劳动量、每段劳动量。

2. 计算各施工过程每段施工天数。

3. 计算各工种施工应该安排的工人人数。

评析：

办公楼共 5 层，每层分 3 段，各段工程量相等，计算出各施工过程的劳动量后，除以 15 可取得各段劳动量。如砌筑隔墙劳动量 = 600/1 = 600 工日，每段砌筑隔墙劳动量 = 600/15 = 40 工日/段。计算结果如表 4.15 所示。

表 4.15 各施工过程劳动量、工作天数、工人人数

施工过程	工程量	产量定额	劳动量	每段劳动量	每段工作天数	工人人数
砌筑隔墙	600m³	1m³/工日	600 工日	40 工日	5	8
室内抹灰	11250m²	10m²/工日	1125 工日	75 工日	5	15
安装塑钢门窗	3750m²	5m²/工日	750 工日	50 工日	5	10
顶、墙涂料	18000m²	20m²/工日	900 工日	60 工日	5	12

【案例 4.6】

背景：

某检测中心办公楼工程，地下 1 层，地上 4 层，局部 5 层，地下 1 层为库房，层高为 3.0m，1~5 层层高均为 3.6m，建筑高度为 16.6m，建筑面积为 6400m²。外墙饰面为面砖、涂料、花岗石板，采用外保温。内墙、顶棚装饰采用耐擦洗涂料饰面，地面贴砖。内墙部分墙体为加气混凝土砖砌块砌筑。由于工期比较紧，装修分包队伍交叉作业较多，施工单位在装修前拟定了各分项工程的施工顺序，确定了相应的施工方案，绘制了施工平面图。在施工平面图中标注了：

1. 材料存放区；
2. 施工区及半成品加工区；
3. 场区内交通道路、安全走廊；
4. 总配电箱放置区、开关箱放置区；
5. 现场施工办公室、门卫、围墙；
6. 各类施工机具放置位置。

问题：

1. 同一楼层内的施工顺序一般有：地面 → 顶棚 → 墙面；顶棚 → 墙面 → 地面。简述这两种施工顺序的优缺点。
2. 确定分项工程施工顺序时要注意的几项原则是什么？
3. 简述建筑装饰装修工程施工平面图设计原则。
4. 建筑装饰装修工程施工平面布置有哪些内容？
5. 根据该装饰工程特点，该施工平面布置图是否有缺项？请补充。

评析：

问题 1：

前一种顺序便于清理地面，地面易于保证质量，且便于收集墙面和顶棚的落地灰，节省材料，但由于地面需要养护时间及采取保护措施，使墙面和顶棚抹灰时间推迟，影响工作。

后一种顺序在做地面前必须将顶棚和墙上的落地灰和渣子扫清干净后再做面层；否则，会影响地面面层同混凝土楼板的粘结，引起地面起鼓。

问题 2：

确定分项工程施工顺序时要注意的几项原则：

（1）施工工艺的要求；

（2）施工方法和施工机械的要求；

（3）施工组织的要求；

（4）施工质量的要求；

（5）当地气候的要求；

（6）安全技术的要求。

问题 3：

施工平面图设计原则：

（1）在满足施工条件的前提下，尽可能减少施工占用场地。

（2）在保证施工顺利进行的前提下，尽可能减少临时设施费用。

（3）最大限度地减少场内运输，特别是减少场内的二次搬运，各种材料尽可能按计划分期分批进场，材料堆放位置尽量靠近使用地点。

（4）临时设施的布置应便于施工管理，适应于生产生活的需要。

（5）要符合劳动保护、安全、防火等要求。

问题 4：

施工平面图布置的主要内容：

（1）易燃材料存放区；

（2）易爆材料存放区；

（3）施工区及半成品区；

（4）消防器材存放区；

（5）安全走廊并设置明显标志；

（6）总配电箱放置区，二级配电箱放置区，开关箱放置区；

（7）现场办公室、材料室、现场安全保卫室；

（8）施工机具放置区；

（9）建筑垃圾存放点。

问题 5：

该施工平面布置图存在以下缺项：

（1）易燃、易爆材料存放区；

（2）建筑垃圾存放点；

（3）消防器材存放区。

项目5 建筑装饰施工项目管理

项目描述

建筑装饰施工项目管理就是对建筑装饰施工活动进行有效的计划、组织、指挥、协调、控制，从而保证装饰施工活动的顺利进行，实现项目施工合同中的质量、进度、成本、安全等目标。

知识目标

掌握建筑装饰施工项目管理的技术、合同、质量、进度、成本及安全管理的概念；掌握建筑装饰工程施工索赔的概念、成立的条件、索赔的证据、程序及索赔的内容；掌握建筑装饰施工项目技术管理的内容；掌握建筑装饰施工项目进度计划的检查和验收；掌握建筑装饰施工项目施工质量的控制和验收；了解建筑装饰施工项目成本管理的内容和安全管理措施。

能力目标

具备根据工程实际条件分析和处理索赔事件的能力；能够对建筑装饰施工项目进行有效的质量、进度、安全控制。

内容要点

① 建筑装饰施工项目管理基本概述；
② 建筑装饰施工项目合同管理；
③ 建筑装饰施工项目技术管理；
④ 建筑装饰施工项目质量管理；
⑤ 建筑装饰施工项目进度管理；
⑥ 建筑装饰施工项目成本管理；
⑦ 建筑装饰施工项目安全管理与环境保护。

任务1　建筑装饰施工项目管理基本概述

1.1　建筑装饰施工项目管理的基本概念

1. 施工项目

施工项目是由建筑业企业自施工承包投标开始到保修期满为止的全过程中完成的项目。这就是说，施工项目是由建筑业企业完成的项目，它可能是以建设项目为过程的产出物，也可能是以其中的一个单项工程或单位工程为过程的产出物。过程的起点是投标，终点是保修期满。施工项目除具有一般项目的特征外，还具有自己的特征：

① 它是建设项目或其中的单项工程、单位工程的施工活动过程。

② 以建筑业企业为管理主体。

③ 项目的任务范围是由施工合同界定的。

④ 产品具有多样性、固定性、体积庞大的特点。

只有单位工程、单项工程和建设项目的施工活动过程才称得上施工项目，因为它们才是建筑业企业的最终产品。

2. 项目管理

项目管理是指为了达到项目目标，对项目的策划（规划、计划）、组织、控制、协调、监督等活动过程的总称。

项目管理的对象是项目。项目管理者应是项目中各项活动主体本身。项目管理的职能与所有管理的职能是相同的。项目的特殊性带来了项目管理的复杂性和艰巨性，要求按照科学的理论、方法和手段进行管理，特别是要用系统工程的观念、理论和方法进行管理。项目管理的目的就是保证项目目标的顺利完成。项目管理具有以下特征：

① 每个项目的管理都有自己特定的管理程序和管理步骤。项目管理的特点决定了每个项目都有自己特定的目标，项目管理的内容和方法要针对项目目标而定，项目目标的不同决定了每个项目都有自己特定的管理程序和管理步骤。

② 项目管理是以项目经理为中心的管理。由于项目管理具有较大的责任和风险，其管理涉及人力、技术、设备、资金、信息、设计、施工、验收等多方面因素和多元化关系，为更好地进行项目策划、计划、组织、指挥、协调和控制，必须实施以项目经理为核心的项目管理体制。在项目管理过程中应授予项目经理必要的权力，以使其及时处理项目实施过程中发生的问题。

③ 项目管理应使用现代管理方法和技术手段。现代项目大多数是先进科学的产物或是一种涉及多学科、多领域的系统工程，要圆满地完成项目就必须综合运用现代管理方法和科学技术，如决策技术、预测技术、网络与信息技术、网络计划技术、系统工程、价值工程、目标管理等。

④ 项目管理应实施动态管理。为了保证项目目标的实现，在项目实施过程中要采用动态控制方法，即阶段性地检查实际值与计划目标值的差异，采取措施，纠正偏差，制订新的计划目标值，使项目能实现最终目标。

3. 建筑装饰施工项目管理

建筑装饰施工项目管理是项目管理的一类，是对建筑装饰施工活动进行有效的计划、组织、指挥、协调和控制，从而保证装饰施工活动的顺利进行，实现项目的特定目标。

（1）建筑装饰施工项目管理的主要职能

① 计划职能。建筑装饰施工项目管理的首要职能是计划。计划职能包括决定最后结果以及决定获取这些结果采取的适宜手段的全过程管理活动。其可分为四个阶段：

第一阶段是确定项目目标及先后次序。在确定目标时，必须考虑目标的先后次序、目标实现的时间和目标的合理结构等三个因素。

第二阶段是预测对实现目标可能产生影响的未来事态。必须明确在计划期内，期望能获得多少资源来支持计划中的活动。

第三阶段是通过预算来执行。预算必须解决应包括的资源，预算各组成部分之间有什么内在联系和应怎样使用预算方法等问题。

第四阶段是提出和贯彻指导实现预期目标的政策和准则，它是执行计划的主要手段。政策是反映一个组织的基本目标的说明，并为在整个组织中进行活动规定指导方针，说明如何实现目标。在制定政策时，保持政策制定的灵活性、全面性、协调性和准确性，才能使政策更具实效。

综合上述四个阶段的工作结果，就可以制定出一个全面的计划，它将引导建筑装饰施工项目的组织达到预期目标。

② 组织职能。通过职责的划分、授权、合同的签订与执行，并运用各种规章制度，建立一个高效率的组织保证系统，以确保建筑装饰施工项目目标的实现。

③ 协调职能。在建筑装饰施工各阶段、相关部门、相关层次之间存在着大量的结合部，这些结合部之间的协调和沟通是建筑装饰施工项目管理的重要职能。

④ 控制职能。是指建筑装饰施工项目管理者为保证实现工作按计划完成而采取的一切行动，它不仅限制衡量计划的偏差，而且要采取措施纠正偏差。

⑤ 监督职能。业主对承包单位，监理对承包单位，总承包单位对分包单位，管理层对作业层都存在监督。监督的依据是建筑装饰施工合同、计划、制度、规范、规程、各种质量标准。监督职能是通过巡视、检查以及各种反映施工进度、质量、费用的报表、报告等信息，发现问题，及时纠正偏离目标现象，目的是为了保证项目计划目标的实现，有效的监督是实现目标的重要手段。

（2）建筑装饰施工项目管理的任务

建筑装饰施工项目管理的任务是最优地实现项目的总目标，即用有效的资金和资源，以最佳的工期、最少的费用来满足工程质量要求，完成装饰施工任务，使其实现预定的目标。

（3）建筑装饰施工项目管理的内容

在建筑装饰施工项目管理过程中，为了取得各阶段目标和最终目标的实现，必须围绕组织、规划、控制、生产要素的配置、合同、信息等方面进行有效管理，其主要内容如下：

① 建立施工项目管理组织。项目经理部的建立是实现项目管理的关键，特别是要选好项目经理及其他主要管理人员；根据装饰施工项目管理的需要，制订出施工项目管理的有关规章制度。

② 做好施工项目管理规划。建筑装饰施工项目管理规划是对施工项目管理组织、内容、步骤，重点进行预测和决策，做出具体安排的纲领性文件。其主要内容有：

• 进行装饰工程项目分解，形成施工对象分解体系，以便确定阶段性控制目标，从局部到整体地进行施工活动和进行施工项目管理。

• 建立施工项目管理工作体系，绘制施工项目管理工作体系图和施工项目管理工作信息流程图。

• 编制施工管理规划，确定管理点，形成文件。

③ 进行施工项目的目标控制。施工项目的目标有阶段性目标和最终目标，实现各项目标是施工项目管理的目的所在。施工项目的控制目标分为：进度控制目标、质量控制目标、成本控制目标、安全控制目标、施工现场和环境保护控制目标。

由于在施工项目目标的控制过程中，会不断受到各种客观因素的干扰，各种风险因素随时发生的可能性，因此应通过组织协调和风险管理，对施工项目目标进行动态控制。

④ 对施工项目的生产要素进行优化配置和动态管理。施工项目的生产要素是施工项目目标得以实现的保证，主要包括劳动管理、材料管理、机具设备管理三大要素。管理的内容包括：

- 分析各项生产要素的特点。
- 按照一定原则、方法对装饰施工项目生产要素进行优化配置，并对配置状况进行评价。
- 对施工项目的各项生产要素进行动态管理。

⑤ 施工项目合同管理。在市场经济条件下，建筑装饰施工活动是一项涉及面广、内容复杂的综合性经济活动，这种活动从投标报价开始并贯穿于施工项目管理全过程。必须依法签订合同，企业应依法经营，提高合同意识，用法律来保护自己的合法权益，同时通过认真履行合同，树立企业的良好信誉。

⑥ 施工项目现场管理。施工项目现场是建筑装饰产品形成的场所，它是建筑装饰施工项目组织与指挥施工生产的操作场地。施工项目现场管理的主要任务是对施工现场的场地如何安排、合理使用并与各种环境保持协调关系，同时还对建筑装饰施工现场生产活动进行指挥、协调和控制。

⑦ 施工项目的信息管理。施工项目管理是一项复杂的现代化的管理活动，要依靠大量信息，并采用现代化管理方法和手段，通过计算机加强对信息的管理，特别要依靠对信息的收集、整理和储存，使本项目的经验和教训得到记录和保留，为以后的项目管理服务，因此认真记录和总结，建立档案和保管制度是非常重要的。

⑧ 组织协调。组织协调是指以一定的组织形式、手段和方法，对项目管理中产生的关系不畅进行疏通，对产生的干扰和障碍予以排除的活动。在控制与管理的过程中，由于各种条件和环境的变化，必定形成不同程度的干扰，使原计划的实施产生困难，这就必须协调。

1.2　建筑装饰施工项目管理组织机构的设置

1. 施工项目管理组织机构设置的原则

施工项目管理组织机构与企业管理组织机构是局部与整体的关系，组织机构设置的目的是为了进一步充分发挥项目管理功能，提高项目整体管理效率，以达到项目管理的最终目标。高效率的组织体系和组织机构的建立是建筑装饰施工项目管理成功的组织保证，是形成权力系统，进行集中统一指挥的基础，是建立责任制，形成信息沟通体系的前提。设置原则：

（1）目的性原则

为了产生组织功能，从实现建筑装饰施工项目管理的总目标这一根本目的出发，因目标设事、因事设机构定编制；按编制岗位定人员，以职责定制度授权力。

（2）精干高效原则

施工项目管理机构的岗位设置，以能实现施工项目要求的工作任务为原则，尽量简化机构，做到精干高效；人员配置力求一专多能，一人多职，加强学习和锻炼相结合，不断提高人员素质。

（3）管理跨度和分层统一原则

管理跨度又称管理幅度，是指一个主管人员直接管理的下属人员的数量。跨度大，管理人员的接触关系增多，处理人与人之间的关系的数量增大。对于施工项目管理层来说，管理跨度更应尽量少，以集中精力于施工管理。项目经理在组建组织机构时，必须认真设计切实可行的跨度和层次。

（4）业务系统化管理原则

建筑装饰工程施工项目是一个由众多子系统组成的开放的大系统，各子系统之间，子系统内部不同组织、工种、工序之间，存在着大量结合部，这就要求项目组织也必须是一个完整的组织结构系统，在设计组织机构时，周密考虑层间关系、分层与跨度关系、部门划分、授权范围、人员配备及信息沟通等，使组织机构自身成为一个严密的、封闭的组织系统，能够为完成建筑装饰施工项目管理目标而实行合理分工协作。

（5）弹性和流动性原则

建筑装饰工程项目的特点，决定了施工项目生产活动必然带来生产对象数量、质量和地点的变化，带来资源配置的品种和数量变化，要求管理水平和组织机构随之进行调整，以适应工程任务变动对管理机构流动性的要求。

（6）项目组织与企业组织一体化原则

项目组织是企业组织的有机组成部分，从管理方面来看，企业是项目管理组织的外部环境，项目管理的人员来自企业，项目管理组织解体后，其人员仍回企业。施工项目的组织形式与企业的组织形式有关，不能离开企业的组织形式去谈项目的组织形式。

2. 施工项目管理组织

（1）施工项目管理组织的主要形式

① 线性组织形式：该组织结构形式的特点，是项目管理在原建制的基础上进行适当组织结构调整，不影响原有建制就可以组织项目管理班子，项目经理直接进行单线垂直领导，系统的管理信息是逐层流动的，因此，线性组织形式信息传递简单迅速、线路清晰、责任分明，如图 5.1 所示。其适用于小型的装饰施工企业。

② 职能型组织形式：该组织形式是在线性组织形式基础上增加了多个职能部门，基层职能不仅必须接受上层职能部门的垂直命令，也必须接受其他职能部门的交叉命令，即命令源不是唯一的。对于项目管理，这种形式不宜提倡，如图 5.2 所示。

③ 矩阵式组织形式：该组织形式是在线性组织形式基础上增加横向领导系统，两者构成有如数学上的矩阵结构。这种组织形式充分体现了项目管理的组织系统是由项目经理和各职能人员组成。其中项目经理由公司任命，职能管理人员由项目经理与企业各职能部门、业务系统双重领导。其管理信息既可以横向流动，也可以纵向流动。它的优点是：一是人才作用发挥比较充分，有利于人尽其才，各司其职；二是职能方面通过业务系统化管理促使项目信息反馈较快；三是管理人员不必脱离原有职能部门，有利于加强业务单位与项目管理之间结合；四是生产要素集中于相应管理部门，来了就能干，干完了就走，有利于项目动态管

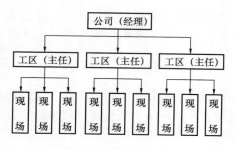

图 5.1　线性组织形式

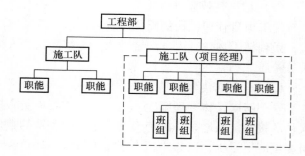

图 5.2　职能式组织形式

理，优化组合。缺点是人员变动大，相对稳定性差，容易影响一些人的情绪，如图 5.3 所示。这是目前装饰施工企业中比较典型和理想的施工项目管理组织形式。

④ 事业部制项目组织形式：其特征是企业成立事业部，在事业部下边设置项目经理部。事业部对企业来说是职能部门，也是一个独立单位。事业部可以按地区设置，也可以按工程类型或经营内容设置。事业部能较迅速适应环境变化，提高企业的应变能力，调动部门积极性。这种形式有利于企业延伸企业的经营职能，扩大企业的经营业务，便于开拓企业的业务领域，还有利于迅速适应环境变化以加强项目管理；缺点是企业对项目经理部的约束减弱，协调指导的机会减少等，有时会造成企业结构松散，必须加强制度约束，加大企业的综合协调能力。它适应于大型装饰施工企业，如图 5.4 所示。

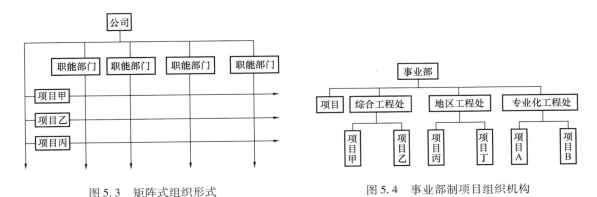

图 5.3　矩阵式组织形式　　　　　　图 5.4　事业部制项目组织机构

（2）施工项目管理组织形式选择

项目组织形式的选择应由企业做出决策。要将企业的素质、任务、条件、基础，同施工项目的规模、性质、内容、要求的管理方式结合起来分析，选择适宜的项目组织形式，不能生搬硬套。对于大型装饰企业，人员素质好，管理基础强，业务综合性强，可以承担大型任务，宜采用矩阵式、事业部制组织形式；对于小型简单项目，承包内容单一，应采用线性制组织形式；在同一企业内部可根据项目特点采用几种组织形式，如将事业部或与矩阵式或与线性制组织形式结合使用。

3. 建筑装饰施工项目经理部的作用及性质

（1）建筑装饰施工项目经理部的作用

建筑装饰施工项目经理部是建筑装饰施工项目管理的工作班子，置于项目经理的领导之下，为了充分发挥项目经理部在项目管理中的作用，对项目经理部的组织机构应设置好、组建好、运转好，充分发挥其应有的责任。

① 项目经理部是在项目经理的领导下，作为项目管理的组织机构，负责建筑装饰施工项目从开工到竣工全过程生产经营管理，是建筑装饰施工企业在某一装饰工程项目的管理层，同时，又对作业层负有管理和服务的双重作用。

② 项目经理部是项目经理的办事机构，为项目经理决策提供信息依据，当好参谋；同时，又要执行项目经理的决策意图，向项目经理负责。

③ 项目经理部是一个组织体，其作用包括：完成企业所赋予的基本任务——项目管理和专业管理任务等；凝聚管理人员的力量，调动其积极性；促进管理人员的合作；协调部门

之间、管理人员之间的关系，发挥每个人的岗位作用；影响和改变管理人员的观念和行为，使个人的思想、行为变为组织文化的积极因素；沟通部门之间、项目经理部与作业层之间、公司之间以及与环境之间的信息。

④ 项目经理部是代表企业履行建筑装饰工程施工合同的主体，是对最终建筑装饰产品和建设单位全面、全过程负责的管理实体；通过履行主体与管理实体地位的体现，使每个施工项目经理部成为市场竞争的主体成员。

（2）建筑装饰施工项目经理部的性质

建筑装饰施工项目经理部是建筑装饰施工企业内部独立的一个综合性责任单位。其性质包括三个方面：

① 项目经理部相对独立性。是指项目经理部与企业存在着双重关系，一方面建筑装饰施工项目经理部是建筑装饰施工企业的下属单位，是行政隶属关系，要绝对服从企业的全面领导；另一方面建筑装饰施工项目经理部与施工企业形成一种责任关系。

② 项目经理部的综合性。包括以下几个方面：第一，其管理性质是综合的，是建筑装饰施工企业的一级行政管理组织；第二，其管理的职能是综合的，它包括计划、组织、控制、协调、指挥等多方面；第三，其管理的业务是综合的，横向方面包括人、财、物、生产和经营活动，纵向方面包括建筑装饰项目从开工到竣工的全过程管理。

③ 项目经理部的单体性和临时性，是指它仅是建筑装饰企业的一个施工项目的责任单位，它是在建筑装饰施工项目施工开始前而成立，随着施工项目管理任务的完成而解体。

（3）建筑装饰施工项目经理部的设置

① 建筑装饰施工项目经理部的设置原则，是根据建筑装饰项目的规模、复杂程度和专业特点而设置项目经理部，它是具有弹性的一次性施工生产组织，随施工任务的变化而进行调整，它们不是一固定的组织；同时，项目经理部人员的配置应面向施工现场，满足施工现场的计划与调度、技术与质量、成本核算、劳务与物资、安全与文明施工的需要。

② 建筑装饰施工项目经理部机构设置。施工项目经理部是建筑装饰施工企业市场竞争的核心、管理的重心、成本核算的中心，是代表建筑装饰施工企业履行合同和管理的实体。施工项目经理部可组成"一长一师五大员"模式，即项目经理（一长），项目工程师（一师），施工员、质检员、预算员、安全员、材料员（五大员）。

（4）建筑装饰施工项目的劳动力管理

施工项目的劳动力来源于企业和社会的劳务市场。

4. 施工项目经理部管理制度建立与项目经理部解体

1）建筑装饰施工项目管理制度的建立

管理制度是为保证其任务的完成和目标的实现，对例行性活动应遵循的方法、程序、要求及标准所作的规定，是根据国家和地方法规以及上级部门的规定制定的内部规定。建筑装饰施工项目管理制度由施工项目经理部制定，对项目经理部及其作业组织全体职工有约束力。建筑装饰项目管理制度的作用主要有以下两点：一是贯彻有关的法律、法规、方针、政策、标准、规范和规程等；二是用以指导本建筑装饰施工项目的管理，规范施工项目组织及职工的行为，使之按规定的方法、程序、要求、标准进行施工和管理活动，从而保证建筑装饰施工项目目标的顺利实现。

建筑装饰施工项目经理部的工作制度的建立应围绕计划、责任、监督、奖惩、核算等方面。"计划制"是为了使各方面都能协调一致地为建筑装饰施工项目总目标服务，它必须覆盖项目施工的全过程和所有方面，计划的制订必须有科学的依据，计划的执行和检查必须落实到人。"责任制"建立的基本要求是：一个独立的职责，必须由一个人全权负责，应做到人人有责可负，事事有人负责。"监督与奖惩制"的目的是保证计划和责任制贯彻落实，对项目任务完成进行控制和激励。"核算制"的目的是为落实上述四项制度提供基础，控制、考核各种制度执行的情况。核算必须落实到最小的可控制单位（即班组）上，要把按人员职责落实的核算与按生产要素落实的核算、经济效益和经济消耗结合起来，建立完整的体系。

项目经理部应执行公司的管理制度，同时根据本项目管理的特殊需要建立自己的制度，包括：①项目管理岗位责任制度；②技术与质量管理制度；③技术与档案管理制度；④计划、统计与进度报告制度；⑤项目成本核算制度；⑥材料、机械设备管理制度；⑦文明施工和场容管理制度；⑧例会和组织协调制度；⑨分包和劳务管理制度；⑩内外部关系到沟通协调管理制度；⑪信息管理制度。

2）建筑装饰施工项目经理部解体

建筑装饰施工项目经理部是一次性具有弹性的施工现场生产组织机构，工程竣工后，项目经理部应及时解体并做好善后处理工作。

（1）项目经理部的解体条件

① 工程已经交工验收，已经完成竣工结算。

② 与各分包单位已结算完毕。

③ 已协助企业与发包人签订了《工程保修书》。

④《项目管理目标责任书》已经履行完成，经承包人审计合格。

⑤ 各种善后工作已与企业主管部门协商一致并办理了有关手续。

⑥ 现场清理完毕。

（2）建筑装饰施工项目经理部善后工作和效益评估

① 企业工程管理部门是建筑装饰施工项目经理部组建和解体善后工作的主管部门，主要负责项目经理部的组建及解体后工程项目在保修期间的善后问题处理，包括因质量问题造成的返（维）修、工程剩余价款的结算以及余料回收等。

② 建筑装饰施工项目完成后，还要考虑该项目的保修问题，在工程项目经理部解体和工程结算前，要确定工程保修费的预留比例。

③ 项目经理部的工程成本盈亏审计以该项目工程实际发生成本与价款结算回收数为依据，由审计牵头，预算财务和工程部门参加，于项目经理部解体后写出审计评估报告。

1.3　施工项目经理

1. 施工项目经理的地位和人员选择

（1）施工项目经理的地位

一个施工项目是一项一次性的整体任务，在完成这个任务过程中必须有一位最高的责任者和组织者，这就是我们通常所说的施工项目经理。

施工项目经理是承包单位的法定代表人在承包的项目上的一次性授权代理人，是对施工项目实施阶段全面负责的管理者，在整个施工活动中占有举足轻重的地位。

① 施工项目经理是建筑装饰企业法人代表在建筑装饰项目上负责管理和合同履行的一次性授权代理人，是项目管理的第一责任人。施工项目经理是项目目标的全面实行者，既要对建设单位的成果目标负责，又要对企业效益负责。

② 施工项目经理是协调各方面关系，使之相互紧密协作、配合的桥梁和纽带。

③ 施工项目经理对项目实施进行控制，是各种信息的集散中心。

④ 施工项目经理是建筑装饰项目的责、权、利的主体。责任感是实现项目经理负责制的核心，它构成了项目经理工作的压力，是确定项目经理权力和利益的依据。权力是确保项目经理能够承担起责任的条件和手段，权力的范围，必须视项目经理责任要求而定。利益是项目经理工作的动力。

（2）施工项目经理应具有的条件

选择什么样的人担任施工项目经理，取决于两个方面：一是看建筑装饰施工项目的需要，不同的项目需要不同素质的人才；另一方面还要看建筑装饰企业储备人选的素质。施工项目经理应具备的基本素质如下：

① 政治素质。施工项目经理是建筑装饰施工企业的重要管理者，故应具备较高的政治素质和职业道德。

② 领导素质。施工项目经理是一名领导者，因此应具有较高的组织能力。即具有现代管理、科学技术、心理学等基础知识，见多识广、眼光开阔。能够公正地处理各种关系。

③ 知识素质。施工项目经理应具有大、中专以上相应的学历层次的水平，懂得建筑装饰施工技术知识、经营管理知识和法律知识。

④ 实践经验。施工项目经理必须具有一定的建筑装饰施工实践经历。

⑤ 身体素质。由于施工项目经理不但要担当繁重的工作，而且工作和生活都在现场相当艰苦。因此，必须年富力强，具有健康的身体。

2. 建筑装饰施工项目经理责任制

建筑装饰施工项目经理责任制是指以建筑装饰施工项目经理为责任主体的施工项目管理目标责任制度。它是以施工项目为对象，以项目经理为主体，以项目管理目标责任书为依据，以求得项目产品的最佳经济效益为目的，实行从施工项目开工到竣工验收到交工的施工活动以及售后服务在内的一次性全过程的管理责任制度。

1）建筑装饰施工项目经理责任制的作用

① 建立和完善以施工项目管理为基点的适应市场经济的责任管理机制。

② 明确项目经理与企业、职工三者之间的责、权、利、效关系。

③ 利用经济手段、法制手段对项目进行规范化、科学化管理。

④ 强化项目经理的责任与风险意识，对工程质量、工期、成本、安全、文明施工等方面负责，全过程负责，促使施工项目高速优质低耗地全面完成。

2）建筑装饰施工项目经理的责、权、利

（1）建筑装饰施工项目经理的任务

项目经理的任务主要包括两方面：一个方面是要保证施工项目按照规定的目标高速优质低耗的全面完成。另一个方面保证各生产要素在项目经理授权范围内做到最大限度的优化配置。其具体体现在以下几项：

①　确定项目管理组织机构的构成并配备人员，制定规章制度，明确有关人员的职责，组织项目经理部开展工作。

②　确定施工项目管理总目标和阶段目标，进行目标分解，制定控制措施，确保施工项目成功。

③　及时、适当地做出施工项目管理决策，包括投标报价决策、人事任免决策、重大技术组织措施决策、财务工作决策、资源调配决策、工程进度决策、合同签订和变更决策，对合同执行进行严格管理。

④　协调本组织机构与各协作单位之间的协作配合及经济、技术关系，代表企业法人进行有关签证，并进行监督、检查，确保质量、工期、成本控制成功。

⑤　建立完善的内部及对外信息管理系统。

⑥　实施合同，处理好合同变更、洽商解决纠纷，处理索赔，处理好总分包关系。搞好有关单位的协作配合，与建设单位相互监督。

（2）建筑装饰施工项目经理的职责

建筑装饰施工项目经理的职责是由其所承担的任务所决定的。项目经理应履行下列职责：

①　代表企业实施施工项目管理。贯彻执行国家法律、法规、方针、政策和强制性标准，执行企业的管理制度，维护企业的合法权益。

②　签订和履行"项目管理目标责任书"。

③　组织编制项目管理实施规划。

④　对进入现场的生产要素进行优化配置和动态管理。

⑤　建立质量管理体系和安全管理体系并组织实施。

⑥　在授权范围内负责与企业管理层、劳务作业层、各协作单位、发包人、分包人和监理工程师等的协调，解决项目中出现的问题。

⑦　按"项目管理目标责任书"处理项目经理部与国家、企业、分包单位以及职工之间的利益分配。

⑧　进行现场文明施工管理，发现和处理突发事件。

⑨　参与工程竣工验收，准备结算资料和分析总结，接受审计。

⑩　处理项目经理部的善后工作。

（3）建筑装饰施工项目经理的权限

赋予施工项目经理一定的权限是确保项目经理承担相应责任的先决条件。为了履行项目经理的职责，施工项目经理必须具有一定的权限，这些权限应由企业法人代表授予，并采用制度和目标责任书的形式确定下来。施工项目经理拥有的权限主要有：

①　生产指挥权。项目经理有权按工程承包合同的规定，根据项目随时出现的人、财、物等资源变化情况进行指挥调度，对于施工组织设计和网络计划，有权在保证总目标不变的前提下进行优化和调整，以保证项目经理能对施工现场临时出现的各种变化应付自如。

②　人事权。项目经理有权决定项目管理机构班子的设置，聘任有关管理人员，选择作业班组，有权对班子成员进行监督、奖惩、辞退。

③　财权。项目经理必须拥有承包范围内的财务决策权，在财务制度允许的范围内，项目经理有权安排承包费用的开支，有权在资金范围内决定项目班子内部的计酬方式、分配方

法、分配原则和方案，推行计件工资、定额工资、岗位工资和确定奖金分配。对风险应变费用、赶工措施费用等都有使用支配权。

④ 技术决策权。主要是审查和批准重大技术措施和技术方案，以防止决策失误造成重大损失。必要时召集技术方案论证会或外请咨询专家，以防止决策失误。

⑤ 设备、物质、材料的采购与控制权。在公司有关规定的范围内，决定机械设备的型号、数量和进场时间，对工程材料、周转工具、大中型机具的进场有权按质量标准检验后决定是否用于本项目。

⑥ 质量否决权。项目经理在工程施工过程中有权组织工程技术人员对工程中的每一道工序进行检查、验收，发现有不按规范、规程施工时，有权停止工序的施工，直至纠正错误，验收合格为止；工程竣工后，有权组织有关人员编制施工技术资料，参与工程竣工验收。

（4）建筑装饰施工项目经理的利益

施工项目经理的最终利益是项目经理行使权力和承担责任的结果，也是市场经济条件下责、权、利相互统一的具体体现。利益分为两大类：一是物质兑现；二是精神奖励。项目经理应享有以下利益：

① 获得基本工资、岗位工资和绩效工资。

② 在全面完成《施工项目管理目标责任书》确定的各项责任目标，交工验收并结算后，接受企业的考核和审计，除按规定获得物质奖励外，还可获得表彰、记功、优秀项目经理等荣誉称号和其他精神奖励。

③ 经考核和审计，未完成《施工项目管理目标责任书》确定的各项责任目标或造成亏损的，按有关条款承担责任，并接受经济或行政处罚。

3. 建造师的执业要求、执业能力、执业范围与执业资质考核

2003 年 4 月 23 日原国家建设部发布《关于建筑业企业项目经理资质管理制度向建造师执业资格制度过渡有关问题的通知》（建市〔2003〕86 号）规定："过渡期内，凡持有项目经理资质证书或建造师注册证书的人员，经其所在企业聘用后均可担任工程项目施工的项目经理。过渡期满后，大、中型工程项目施工的项目经理必须由取得建造师注册证书的人员担任。"

1）建造师的执业要求

（1）建造师执业前提

建造师经注册后，方有资格以建造师的名义担任建设工程总承包或施工管理的项目经理及从事其他施工活动管理。取得建造师资格，未经注册的，不得以建造师名义从事建设工程施工项目的管理工作。

（2）建造师执业基本要求

建造师在工作中，必须严格遵守法律、法规和行业管理的各项规定，恪守职业道德。

（3）建造师执业分类

一级建造师执业划分为 10 个专业：建筑工程、公路工程、铁路工程、民航机场工程、港口与航道工程、水利水电工程、市政公用工程、通信与广电工程、矿业工程和机电工程。二级建造师分为 6 个专业：建筑工程、公路工程、水利水电工程、市政公用、矿业工程、机电安装。注册建造师应在相应的岗位上执业。同时鼓励和提倡注册建造师"一师多岗"，从事国家规定的其他业务。

2）建造师的执业技术能力

（1）一级建造师应具备的执业技术能力

① 具有一定的工程技术、工程管理理论和相关经济理论水平，并具有丰富的施工管理专业知识。

② 能够熟练掌握和运用与施工管理业务相关的法律、法规、工程建设强制性标准和行业管理的各项规定。

③ 具有丰富的施工管理实践经验和资历，有较强的施工组织能力，能保证工程质量和安全生产。

④ 有一定的外语水平。

（2）二级建造师应具备的执业技术能力

① 了解工程建设的法律、法规、工程建设强制性标准及有关行业管理的规定。

② 具有一定的施工管理专业知识。

③ 具有一定的施工管理实践经验和资历，有一定的施工组织能力，能保证工程质量和安全生产。

④ 建造师必须接受继续教育，更新知识，不断提高业务水平。

3）建造师的执业范围

① 担任建设工程项目施工的项目经理。

② 从事其他施工活动的管理工作。

③ 法律、行政法规或国务院建设行政主管部门规定的其他业务。

4）建造师的资质考核

原国家人事部与建设部 2002 年 12 月 5 日颁布的《建造师执业资格制度暂行规定》（人发［2002］111 号）文件对建造师执业资格的考试作出了明确的规定。

（1）一级建造师执业资质考核

凡遵守国家法律、法规，具备下列条件之一者，可以申请参加一级建造师执业资格考试：

① 取得工程类或工程经济类大学专科学历，工作满 6 年，其中从事建设工程项目施工管理工作满 4 年。

② 取得工程类或工程经济类大学本科学历，工作满 4 年，其中从事建设工程项目施工管理工作满 3 年。

③ 取得工程类或工程经济类双学士学位或研究生班毕业，工作满 3 年，其中从事建设工程项目施工管理工作满 2 年。

④ 取得工程类或工程经济类硕士学位，工作满 2 年，其中从事建设工程项目施工管理工作满 1 年。

⑤ 取得工程类或工程经济类博士学位，从事建设工程项目施工管理工作满 1 年。

"一级建造师执业资格考试"成绩实行滚动管理，参加 4 个科目考试的人员须在连续两个考试年度内通过全部科目；免试部分科目的人员须在一个考试年度内通过应试科目。考试合格者，取得《中华人民共和国一级建造师执业资格证书》。

（2）二级建造师执业资质考核

凡遵纪守法，具备工程类或工程经济类中等专科以上学历并从事建设工程项目施工管理工作满 2 年，可报名参加二级建造师执业资格考试。

"二级建造师执业资格考试"成绩实行滚动管理，参加全部 3 个科目考试的人员必须在连续的两个考试年度内通过全部科目；免试部分科目的人员必须在一个考试年度内通过应试科目。考试合格者，取得《中华人民共和国二级建造师执业资格证书》。

5）建造师的注册

取得建造师执业资格证书的人员，必须经过注册登记，方可以建造师名义执业。

一级建造师执业资格注册，由本人提出申请，由各省、自治区、直辖市建设行政主管部门或授权的机构初审合格后，报住房和城乡建设部或其授权的机构注册。准予注册的申请人，由住房和城乡建设部或其授权的注册管理机构发放由住房和城乡建设部统一印制的《中华人民共和国一级建造师注册证》。

二级建造师执业资格的注册办法，由省、自治区、直辖市建设行政主管部门制定，颁发辖区内有效的《中华人民共和国二级建造师注册证》，并报住房和城乡建设部或其授权的注册管理机构备案。

申请注册的人员必须同时具备以下条件：

① 取得建造师执业资格证书；

② 无犯罪记录；

③ 身体健康，能坚持在建造师岗位上工作；

④ 经所在单位考核合格。

建造师执业资格注册有效期一般为 3 年，有效期满前 3 个月，持证者应到原注册管理机构办理再次注册手续。在注册有效期内，变更执业单位者，应当及时变更手续。再次注册者，除应符合申请注册的人员必须同时具备的条件外，还须提供接受继续教育的证明。

经注册的建造师有下列情况之一的，由原注册管理机构注销注册：

① 不具有完全民事行为能力的。

② 受刑事处罚的。

③ 因过错发生工程建设重大质量安全事故或有建筑市场违法违规行为的。

④ 脱离建设工程施工管理及其相关工作岗位连续 2 年（含 2 年）以上的。

⑤ 同时在 2 个及以上建筑业企业执业的。

⑥ 严重违反职业道德的。

任务 2　建筑装饰施工项目合同管理

建筑装饰工程施工合同是发包人（建设单位或总包单位）和承包人（施工单位）之间，为完成商定的建筑装饰工程，明确相互权利和义务关系的协议。承发包双方签订施工合同，必须具备相应资质条件和履行施工合同的能力。对合同范围内的工程实施建设时，发包人必须具备组织协调能力或委托给具备相应资质的监理单位承担；承包人必须具备有关部门核定的资质等级并持有营业执照等证明文件。依据施工合同，承包人应完成发包人交给的建筑装饰任务，发包人应按合同规定提供必需的施工条件并支付工程价款。

2.1　建筑装饰工程施工合同的特点

建筑装饰工程施工合同的特点是由建筑装饰工程特点所决定的，由于建筑装饰是附着在建筑物或构筑物上，而且根据不同建筑物或构筑物的使用功能和具体要求，对建筑装饰也就有不同要求，也就构成了建筑装饰施工合同的特殊性。

1. 合同标的物的特殊性

建筑装饰工程是固定在建筑物或构筑物上进行，这就形成了工程的固定性和施工的流动性；还因使用功能不同和使用者要求不同，其实物形态千差万别，艺术造型千变万化，形成了建筑装饰工程的个体性和施工的单件性；同时建筑装饰工程类别庞杂，质量要求高，做工精细，消耗的人力、物力、财力多，一次性投资额大。这就要求在建筑装饰工程施工合同中将施工内容、质量要求和标准、使用材料要求等进行明确。

2. 合同履行期的长短不同

由于被装饰的建筑物的规模、面积不同，合同履行期也不同。质量要求高、规模大的装饰工程，施工工期相对较长，少则几个月，长则一两年；而小型的建筑物或家庭装饰，则施工工期相对较短。

3. 合同内容条款多

由于建筑装饰工程本身的特点和施工的复杂性，涉及面广，合同内条款是多方面的，其主要条款要根据不同建筑装饰项目的不同装饰要求必须约定清楚，还有新技术、新工艺、新材料的使用，工程分包，不可抗力，违约责任，违约纠纷的解决方式、工程保险等，也是施工合同的重要内容。

4. 合同性质的类型复杂

由于建筑装饰工程可以在新建工程上装饰，也可以在建筑物上单独装饰，或在旧建筑物上进行两三次装修，乃至多次装饰。当建筑装饰工程承包方直接与发包方签订施工合同，这是总包合同性质；在新建或改建时已有总包单位，建筑装饰工程承包方与总包方签订的施工合同属于分包合同性质；在旧建筑物上重新装饰时签订的施工合同，又有修缮合同的性质。建筑装饰施工合同无论属于哪种性质，其主要条款内容基本上是一致的。

2.2 建筑装饰工程施工合同的作用

1. 保护发包方和承包方的合法权益

建筑装饰工程施工合同中对工程内容、质量标准、工期和造价进行约定，明确了双方责、权、利，使双方有章可循，以维护双方各自的合法经营权益。在合同履行过程中，双方都应严格遵守，严格履行。无论哪种情况违约，权利受到侵害的一方当事人就可以合同为依据，追究对方当事人的责任。

2. 施工过程进行全面管理的依据

建筑装饰工程施工合同为有关管理部门和签订合同的双方提供了监督和检查的依据，能根据合同随时掌握工程施工动态，全面监督检查其工作的落实情况，及时发现问题和解决问题。

3. 施工企业提高经营管理水平的依据

建筑装饰工程施工合同中明确了工程的工期、质量标准和造价，这样有利于提高施工企业经营管理水平。

4. 调解、仲裁和审理施工合同纠纷的依据

在施工合同中明确了双方的违约责任及解决办法，因此一旦出现施工合同纠纷，就必须依据法律，以施工合同为依据进行调解、仲裁和审理施工合同纠纷。

2.3 建设装饰工程施工合同文件的组成

通过招投标方式订立的建设装饰工程施工合同，因为经过招标、投标、开标、评标、中标等一系列过程，合同文件不单是一份协议书，而常由以下文件共同组成：

① 本合同协议书；

② 中标通知书；

③ 投标书及附件；

④ 本合同专用条款；

⑤ 本合同通用条款；

⑥ 标准、规范及有关技术文件；

⑦ 图纸、工程量清单、工程报价书或预算书。

2.4 建设装饰工程施工合同的主要条款

一般合同应具备如下条款：当事人名称和住所、标的、数量和质量、价款或酬金、履行期限、地点和方式、违约责任、争议的解决办法。建设装饰工程施工合同因自身特点，一般包括以下条款：

1. 工程名称及承包范围

建筑装饰工程施工合同应明确工程名称及工程内哪些内容为承包方的施工范围，哪些内容发包方另行发包。

2. 工期

承发包双方在确定工期的时候，应当以国家的工期定额为基础，根据承发包双方的具体情况，并结合工程的具体特点，确定合理的工期。

3. 中间交工工程的开工和竣工时间

确定中间交工工程的工期，应和工程合同的总工期相一致。

4. 工程质量等级

承发包双方应约定工程质量等级，同时应根据优质优价原则确定合同的价款。

5. 合同价款

合同价款又称工程造价，通常采用国家或地方定额的方法进行计算确定。随着市场经济的发展，承发包双方也可以自主协商定价。

6. 施工图纸的交付时间

施工图纸的交付时间，必须满足工程施工进度要求。为了确保工程质量，严禁随意性边设计、边施工、边修改的"三边"工程。

7. 材料和设备供应责任

承发包双方需明确约定哪些材料和设备由发包方供应，以及在材料和设备供应方面双方应承担的责任和义务。

8. 付款和结算

发包人一般在工程开工前，支付一定的备料款（又称预付款），工程开工后按工程进度支付月工程款，工程竣工后应当及时结算，扣除保修金后应按合同约定的期限支付尚未支付的工程款。

9. 隐蔽工程和中间验收、竣工验收

工程具备隐蔽条件或达到协议条款约定的中间验收部位，乙方自检合格后，在隐蔽和中间验收 48h 前通知甲方代表参加。

竣工验收是工程合同重要条款之一，实践中常见有些发包人为了达到拖欠工程款的目的，迟迟不组织验收或验而不收。因此，承包人在拟订本条款对应设法预防上述情况的发生，争取主动。

10. 质量保修范围和期限

对建设工程的质量保修范围和保修期限，应当符合《建设工程质量管理条例》的规定。

11. 其他条款

工程合同还包括安全施工、工程变更、工程分包、合同解除、违约责任、争议解决方式等条款，双方均要在签订合同时加以明确约定。

2.5　建筑装饰工程施工合同的订立

建筑装饰工程施工合同的订立，是指发包人和承包人之间为了建立承发包合同关系，通过对建筑装饰工程施工合同具体内容进行协商而形成一致意见的过程，签约是双方意志统一的表现。

1. 合同订立的基本原则

（1）平等自愿原则

《合同法》第 3 条规定："合同当事人的法律地位的一方不得将自己的意愿强加给另一方。"

《合同法》第 4 条规定："当事人依法享有自愿订立合同的权利，任何单位和个人不得干预。"所谓自愿原则，是指订立合同，与谁订立合同，订立合同的内容以及变更合同都要由当事人自愿决定。

（2）公平原则

《合同法》第 5 条规定："当事人应当遵循公平原则确定各方的权利和义务。"所谓公平原则是指当事人在订立合同的过程中以利益均衡作为评判标准。该原则最基本的要求即是发包人与承包人的合同权利、义务，承担责任要对等不能显失公平。公平原则是当事人发生纠纷时，人民法院审理案件的评价标准。

（3）诚实信用原则

《合同法》第 6 条规定：当事人行使权利，履行义务应当遵循诚实信用原则。所谓诚实信用原则，主要指当事人在缔约时诚实并且不欺不诈，在缔约后守信并自愿履行。不得滥用职权、规避法律或合同规定的义务。

（4）合法原则

《合同法》第 7 条规定：当事人订立、履行合同应当遵守法律、行政法规，遵守社会公德，不得扰乱社会经济秩序，损害社会公共利益。所谓合法原则，主要是指合同法律关系中，合法主体、合同的订立形式、合同订立的程序、合同的内容、履行合同的方式，对变更或者解除合同权利的行使等都必须符合我国的法律、行政法规的规定。

2. 合同订立的形式和程序

（1）合同订立的形式

《合同法》第 10 条规定：当事人订立合同有书面合同、口头形式和其他形式；法律行政法规规定采用书面形式的应当采用书面形式。当事人约定采用书面形式的应当采用书面形式。书面形式是指合同书、信件和数据电文（电报、电传、传真、电子数据交换和电子邮件）等可以有形地表现所载内容的形式。

建筑装饰工程施工合同由于涉及面广、内容复杂、建设周期长、标的数额大，《合同法》第 270 条规定：工程施工合同应当采用书面形式。

（2）合同订立的程序

合同法第 13 条规定：当事人订立合同，采取要约、承诺方式。

① 要约。

要约是希望和他人订立合同的意思表示，该意思表示应当符合下列规定：内容具体确定，表明经受要约人承诺，要约人接受该意思表示结束。

要约邀请不同于要约。要约邀请是希望他人向自己发出要约的意思表示。寄送的价目表、招标公告、拍卖公告、商业广告等为要约邀请。

② 承诺。

承诺是受要约人同意要约的意思表示。承诺应具备的条件：承诺必须由受要约人向要约人发出；承诺要在要约的有效期内作出；承诺的内容要与要约的内容基本一致。

承诺可以撤回，但是不得撤销。承诺通过到达受要约人时生效。不需要通知的，根据交易习惯或要约的要求作出承诺的行为时生效。承诺生效时合同成立。

根据《招标投标法》对招标、投标的规定，招标、投标、中标实质上就是要约、承诺的一种具体方式。招标人发布招标公告，或向符合条件的投标从发出投标邀请书，为要约邀请；投标人根据招标文件内容在约定的期限内提交投标文件，为要约；招标人通过评标确定中标人，发出中标通知书，为承诺；招标人和投标人按照中标通知书、招标文件和中标人的投标文件等订立书面合同时，合同成立并生效。

2.6 建筑装饰工程施工合同的履行

合同履行的过程即是完成整个合同中规定的任务的过程，也即是一个工程从准备、施工、竣工、试运行直到维修期结束的全过程。合同履行必须遵循全面履行与实际履行的原则，认真执行合同的每一条款。在工程项目实施阶段，合同中业主、承包商作为合同当事人以及监理工程师要严格履行彼此之间的职责、权利和义务。

1. 合同履行的原则

（1）全面履行原则

全面履行原则是指合同双方必须按照合同规定的全部条款履行。包括履行的地点、方式、期限、合同的价款、装饰项目的数量和质量等都应完全按照合同的规定履行。

（2）实际履行原则

实际履行原则是指合同双方必须依据合同规定的标的物履行。例如，在装饰项目质量不符合国家强制性标准的规定，施工单位不能只支付违约金，还必须对工程进行返工或修理，使其达到国家强制性标准的规定。

2. 合同履行中双方的职责

（1）业主的职责

业主及其所指定的业主代表，负责协调监理工程师和承包商之间的关系，对重要问题做出决策。在合同实施过程中的主要职责包括：

① 指定业主代表，委托监理工程师，并以书面形式通知承包商。

② 在建筑装饰工程正式开工前，办理工程开工所需要的各种报建手续。

③ 根据装饰工程的规模、特点、工期、质量要求等，负责批准承包商分包部分工程的申请。

④ 为保证工程的顺利和按期完成，负责及时提供装饰工程施工图纸，或批准承包商负责装饰工程施工图纸的设计。

⑤ 根据建筑装饰工程施工合同的条款规定，在承包商有关手续和开工准备工作齐备后，及时向承包商拨付预支工程款项。

⑥ 根据在工程施工中所出现的问题，按照实际和需要及时签发工程变更命令，并确定这些变更的单价与总价，以便工程竣工结算。

⑦ 对于在工程施工过程中所发生的疑问，及时答复承包商的信函，并进行技术存档，以便进行工程竣工验收所用。

⑧ 根据建筑装饰工程施工的进展情况，及时组织有关部门和人员进行局部验收及竣工验收。

⑨ 及时批准监理工程师上报的有关报告，主持解决工程合同变更和纠纷处理。

（2）监理工程师的职责

监理工程师是独立于业主与承包商之外的第三方，受业主的委托并根据业主的授权范围，代表业主对工程进行监督管理，主要负责工程的进度控制、质量控制和投资控制以及协调工作。其具体职责如下：

① 协助业主评审投标文件，提出决策建议，并协助业主与中标者签订施工合同。

② 按照合同的要求，全面负责对工程的监督、管理和检查，协助现场各承包商的关系。

③ 审查承包商的施工组织设计、施工方案和施工进度计划并监督实施，督促承包商按期或提前完成工程，进行进度控制。

④ 负责有关装饰图纸的解释、变更和说明，发出图纸变更命令，并解决现场施工所出现的设计问题。

⑤ 监督承包商认真执行合同中的技术规范、施工要求和图纸设计规定，以确保装饰质量能满足合同要求。及时检查装饰工程质量，特别是隐蔽工程，及时签发现场验收合格证书。

⑥ 严格检查材料、半成品、设备的质量和数量。

⑦ 进行投资控制。负责审核承包商提交的每月完成的工程量及相应的月结算财务报表，处理价格调整中的有关问题并签署合同支付款数额，及时报业主审核支付。

⑧ 做好监理施工日记和质量检查记录，以备检查时用。根据积累的工程资料，整理工程档案。

⑨ 在装饰工程快结束时，核实最终工程量，以便核对工程的最终支付，参加工程验收或受业主委托负责组织竣工验收。

⑩ 协助调解业主和承包商之间的各种矛盾，当承包商或业主违约时，按合同条款的规定，处理各类问题。定期向业主提供工程情况汇报，并根据工地发生的实际情况及时向业主呈报工程变更报告，以便业主签发变更命令。

（3）承包商的职责和义务

在合同履行中承包商的职责主要包括：

① 制定工程实施计划，呈报监理工程师批准。

② 按照合同要求采购工程所需的材料、设备，按照有关规定提供检测报告或合格证书，并接受监理工程师的检查。

③ 进行施工放样及测量，呈报监理工程师批准。

④ 制定各种有效的质量保证措施并认真执行，根据监理工程师的指示，改进质量保证措施或进行缺陷修补。

⑤ 制定安全施工、文明施工等措施并认真执行。

⑥ 采取有效措施，确保工程进度。

⑦ 按照合同规定完成有关的工程设计，并呈报监理工程师批准。

⑧ 按照监理工程师指示，对施工的有关工序，填写详细的施工报表，并及时要求监理工程师审核确认。

⑨ 做好施工机械的维护、保养和检修，以保证施工顺利进行。

⑩ 及时进行场地清理、资料整理等工作，完成竣工验收。

除了上述的基本要求外，承包商还必须履行如下强制性义务：

① 执行监理工程师的指令。

② 接受工程变更要求。

③ 严格执行合同中有关期限的规定（主要指开竣工时间、合同工期等）。

④ 承包商必须信守价格义务。

2.7 建筑装饰工程施工索赔

1. 建筑装饰工程索赔的概念

工程索赔是指在工程合同履行过程中，合同当事人一方因对方不履行或未能正确履行合同或者非自身因素而受到经济损失或权利损害时，通过合同规定的程序向对方提出经济或时间补偿的要求的行为。

索赔是一种正当的权利要求，它是合同当事人之间的一种正常的，大量发生而且普遍存在的合同管理业务，是一种以法律和合同为依据的合情合理的行为。

在工程建设中，索赔有广义和狭义之分。广义的索赔包括承包商向业主提出的索赔以及业主向承包商提出的索赔。狭义的索赔特指承包商向业主提出的索赔（常称为施工索赔），而将业主向承包商提出的索赔称为反索赔。

在建设工程实践中，比较多的是承包商向业主提出的索赔。下面仅介绍承包商向业主提出的索赔的相关内容。

2. 施工索赔的起因

引起施工索赔的原因多种多样，有的是业主或监理工程师的不当行为引起的，也有的是因现场条件、合同变更、法律法规变更等引起，主要原因如下：

（1）业主违约

由于业主（包括业主的代理人）未能按照合同约定为承包商提供必要的现场条件，或者未能在规定时间内付款。如，业主未能按约定的时间将施工现场交给承包商；工程师未能在规定时间内提供施工图纸、发出指令或批复；未及时交付由业主负责的材料和设备；下达了错误的指令或错误的图纸、文件；超出合同中的有关规定，不正确地干预承包商的施工过程等。

（2）合同缺陷

合同缺陷常常表现为合同文件规定不严谨甚至矛盾，合同有遗漏或错误，包括合同条款中的缺陷，技术规范中的缺陷以及设计图纸的缺陷等。在此情况下，工程师有权作出解答。但如果承包商按此解释执行而造成成本增加或者工期延误，则承包商可以据此提出索赔。

（3）监理工程师的工作失误

通常表现为工程师为了保证合同目标顺利实施，要求承包商改变施工方法；更换认为不合格装饰材料（事后证明材料是合格的）；对工程的苛刻检查等。

（4）工程承包合同发生变更

工程承包合同发生变更，常常表现为设计变更、施工方法变更、增减工程量及合同规定的其他变更。对于因业主或者工程师的原因产生变更而使承包商遭受损失，承包商可以提出索赔要求，以弥补自己所不应该承担的损失。

（5）法律法规发生变更

法律法规变更通常是直接影响到工程造价的某些法律法规的变更，如税收变化、利率变化以及其他收费标准的提高等。如果因国家法律法规变化而导致承包商施工费用增加，则业主应向承包商补偿该增加的支出。

（6）其他承包商的干扰

通常是指其他承包商未能按时、按序、按质进行施工，或者承包商之间配合协调不好，给承包商造成干扰。如土建施工承包商未能按时完工或提供不合格的半成品给装饰承包商。

（7）第三方的影响

通常表现为因与工程有关的其他第三方的问题而引起的对本工程的不利影响。如银行付款延误，因运输原因而造成装饰材料未能按时抵达施工现场等。

（8）工程环境的变化

由于工程环境的巨大变化，也会发生施工索赔。例如，市场物价上涨、法律政策变化、自然条件的变化、异常的其他情况等。

（9）不可抗力因素

由于不可抗力因素也会引发施工索赔。例如，战争、敌对行动、入侵、动乱、地震、洪涝灾害、核污染等。

3. 施工索赔的程序

在工程施工过程中，如果发生索赔事项，一般可按下列程序进行索赔。

（1）意向通知

索赔事件发生时或发生后，承包商应首先向监理工程师通话或洽谈，表明索赔意向，使监理工程师有思想准备。

（2）提出索赔申请

索赔事件发生后的有效期内（一般为28d），承包商要向监理工程师提出书面索赔申请，并抄送业主。内容主要包括索赔事件发生的时间，实际情况及影响程度，同时提出索赔依据的合同条款等。

（3）编写索赔报告

索赔事件发生后，承包商应立即搜集证据，寻找合同依据，进行责任分析，计算索赔金额，最后编写索赔报告，在规定期限内报送监理工程师，抄送业主。

（4）索赔处理

监理工程师接到索赔报告后，应认真审查，分解和分析合同实施情况，考察其索赔依据和证据是否完整可靠，索赔计算过程是否准确。经审查并签名后，即可签发付款证明，由业主支付索赔款，索赔即告结束。

在审核索赔报告时，如果监理工程师有疑问，承包商应做出解释，必要时补充证据，直到监理工程师承认索赔有理。对争议较大的索赔问题，可由中间人调解解决，也可通过仲裁或诉讼解决。

4. 施工索赔证据

（1）索赔证据的含义

索赔证据是当事人用来支持其索赔成立或和索赔有关的证明文件和资料。索赔证据作为索赔文件的组成部分，在很大程度上关系到索赔的成功与否。

（2）常见的索赔证据

在进行施工索赔时，承包商应善于从合同文件和施工记录等资料中寻找索赔的证据，在提出索赔要求同时，提供必需的证据材料。主要的资料依据包括是以下几种：

① 政策法规文件；

② 招标文件、合同文本及附件招标文件中所包括的合同文本；

③ 施工合同协议书及附属文件；

④ 各种往来的书面文件，如通知、答复等；

⑤ 工程各项会议记录；

⑥ 经批准的施工组织设计、施工进度计划、现场实际情况记录；

⑦ 工程现场记录，如施工日记、设计变更、设计交底等；

⑧ 气象报告和资料；

⑨ 工程照片及录像资料；

⑩ 检查验收报告、技术鉴定报告。

（3）索赔证据的基本要求

① 真实性；

② 及时性；

③ 全面性；

④ 关联性；

⑤ 有效性。

5. 施工索赔的内容

施工索赔一般包括费用索赔和工期索赔两类。

（1）费用索赔

可索赔的费用包括直接费、间接费、分包费、总部管理费、利润。原则上，承包商有索赔权利的工程成本增加，都是可以索赔的费用。但是，对于不同原因引起的索赔，承包商可索赔的具体费用内容是不完全一样的。哪些内容可索赔，要按照各项费用的特点、条件进行分析论证。

（2）工期索赔

由于非承包商的原因导致工程延误，同时发生延期时间的工程部位的延长时间超过了其相应的总时差时，承包商有权提出延长工期的申请，监理工程师应按合同规定，批准工期延期时间。因此由于工期延误造成的索赔根据补偿的内容不同，可分为三种情况：①只可索赔工期的延误；②只可索赔费用的延误；③可索赔工期和费用的延误。

任务 3　建筑装饰施工项目技术管理

施工项目技术管理是项目经理部在项目施工的过程中，对各项技术活动过程和技术工作的各种要素进行科学管理的总称。其中各项技术活动包括图纸会审、技术交底、技术试验、科学研究等。技术工作的各种要素包括技术人员责任制、职工的技术培训、技术装备、技术文件、资料、档案等。技术管理的目的就是运用管理的职能去组织各种技术要求的实施，促进各种技术工作的开展，鼓励各种技术项目的创新，完善各种技术规章制度。

3.1　技术管理的任务、要求、内容

1. 技术管理的任务

建筑装饰工程施工项目技术管理的基本任务是：贯彻党和国家各项技术政策和法令，执行国家和部门制定的技术规范，规程，科学地组织各项技术工作，建立正常的技术工作秩序，提高建筑装饰施工企业的技术管理水平，不断革新原有技术和采用新技术，达到保证工程质量、提高劳动效率、实现安全生产、节约材料和能源、降低工程成本的目的。

2. 技术管理的要求

（1）贯彻国家的技术政策

国家的技术政策是根据国民经济和生产发展的要求和水平提出来的，如现行的施工与验收规范或规程，是带有强制性的决定，在技术管理中，必须正确的贯彻执行。

（2）按科学规律办事

技术管理一定要实事求是，采取科学的工作态度和工作方法，按科学规律组织和进行技术管理工作。对于新技术的开发和研究，应积极支持，但是新技术的推广使用，应经试验和技术鉴定，在取得可靠数据并证明确定是技术可行、经济合理后，方可逐步推广应用。

（3）讲求经济效益

在技术管理中，应对每一种新的技术成果认真做好技术经济分析，考虑各种技术经济指标和生产技术条件，以及今后发展等因素，全面评价后的经济效益。

3. 技术管理的主要内容

建筑装饰工程施工项目技术管理的内容，可以分为基础工作和业务工作两部分。

（1）基础工作

基础工作是指为开展技术管理活动创造前提条件的最基本的工作。包括技术责任制、技术标准与规程、技术原始记录、技术文件管理、科学研究与信息交流等工作。

（2）业务工作

业务工作是指技术管理中日常开展的各项业务活动。主要包括施工技术准备工作，如施工图纸会审、编制施工组织设计，技术交底、材料技术检验、安全技术等；施工过程中的技

术管理工作，如技术复核、质量监督、技术处理等；技术开发工作，如科学技术研究、技术革新、技术进步、技术改造、技术培训等。

基础工作和业务工作是相互依赖并存的，缺一不可。基础工作为业务工作提供必要的条件，但每一项技术业务都必须依靠基础工作才能进行，技术管理的基本任务必须由各项具体的业务工作来完成。

3.2 主要技术管理制度

1. 图纸会审制度

图纸会审制度是指每项工程在施工前，均要在熟悉图纸的基础上，对图纸进行会审。目的是领会设计意图，明确技术要求，发现其中的问题和差错，以避免造成技术事故和经济上的浪费。

2. 技术交底制度

技术交底工作是指工程开工之前，由各级技术负责人将有关工程的各项技术要求逐级向下贯彻，直到施工现场，使技术人员和工人明确所担负任务的特点，技术要求，施工工艺等，因此要制定制度，以保证技术责任制落实，技术管理体系正常运转，技术工作按标准和要求运行。

3. 材料检验制度

在施工中，使用的所有原材料、构配件和设备等物资，必须由供方部门提供合格证明和检验单，各种材料在使用前按规定抽样检验，新材料要经过技术鉴定合格后才能在工程上使用。

4. 技术复核制度

在现场施工中，为避免发生重大差错，对重要的或影响工程全局的技术工作，施工企业应认真健全现场技术复核制度，明确技术复核的具体项目，复核中发现问题要及时纠正。

5. 施工日志制度

施工日志又称施工技术日记，是工程项目施工过程中有关技术方面的原始记录，是改进和提高技术管理水平的主要工作。

6. 质量检查和验收制度

制定工程质量检查验收制度的目的是加强工程施工质量的控制，避免质量差错造成永久隐患，并为质量等级评定提供数据和情况，为工程积累技术资料。工程质量检查验收制度包括工程预检制度、工程隐检制度、工程分阶段验收制度、分项工程交接验收制度、竣工检查验收制度等。

7. 施工技术资料管理制度

工程施工技术资料是装饰施工企业根据有关规定，在施工过程中形成的应当归档保存的各种图纸、表格、文字、音像材料等技术文件材料的总称，是工程施工及竣工交付使用的必备条件，也是对工程进行检查、维护、管理、使用、改建和扩建的依据。制订该制度的目的是为了加强对工程施工技术资料的统一管理，提高工程质量的管理水平。它必须贯彻国家和地区有关技术标准，技术规程和技术规定，以及企业的有关技术管理制度。

3.3　主要技术管理工作

1. 设计文件的学习和图纸会审

设计文件的学习和图纸会审是施工单位熟悉、审查设计图纸，了解工程特点、设计意图和关键部位的工程质量要求，帮助设计单位减少差错的重要手段。它是项目组织在学习和审查图纸的基础上，进行质量控制的一种重要而有效的方法。

图纸会审的要点是：主要尺寸、标高、轴线、孔洞、预埋件、节点大样和构造等是否有错误；建筑、结构、安装之间有无矛盾；标准图与设计图有无矛盾；设计假定与施工现场实际情况是否相符；企业是否具备采用新技术、新结构、新材料的可能性；某些结构的强度和稳定性，对安全施工有无影响等。

图纸会审后，应将会审中提出的问题，修改意见等用会审纪要的形式加以明确，必要时由设计单位另出修改图纸。会审纪要由参加各方签字后下发，它与图纸具有同等的效力，是组织施工、编制预算的依据。

2. 技术交底

技术交底是在正式施工之前，对参与施工的有关管理人员、技术人员和工人交代工程情况和技术要求，避免发生指导和操作的错误，以便科学地组织施工，并按合理的工序、工艺流程进行作业。技术交底的主要内容是：

（1）图纸交底

目的是使施工人员了解工程的设计特点、做法要求、抗震处理、使用功能等，以便掌握设计关键，做到按图施工。

（2）施工组织设计交底

要将施工组织设计的全部内容向施工人员交代，以便掌握工程特点、施工部署、任务划分、施工方法、施工进度、各项管理措施、平面布置等，用先进的技术手段和科学的组织手段完成施工任务。

（3）设计变更和洽商交底

将设计变更和洽商内容向施工人员做统一的说明，讲明变更的原因，以免施工时遗漏造成差错。

（4）分项工程技术交底

主要内容是：施工工艺、规范和规程要求、材料使用、质量标准及技术安全措施等。对新技术、新材料、新结构、新工艺和关键部位，以及特殊要求，要重点交代，以使施工人员把握重点。

3. 技术复核

技术复核，是指在施工过程中对重要部位的施工，依据有关标准和设计要求进行的复查、核对工作。技术复核的目的是避免在施工中发生重大差错，保证工程质量。技术复核一般在分项工程正式施工前进行。复核的内容视工程情况而定，一般包括：标高和轴线；钢筋混凝土和砖砌体；大样图、主要管道和电气等。均要按质量标准进行复查和核定。

4. 技术检验

建筑材料、构件、零配件和设备质量的优劣，直接影响建筑工程质量。因此，必须加强技术检验工作，并健全检验试验机构，把好质量检验关。对材料、半成品、构配件和设备的检查有下列要求：

① 凡用于施工的原材料、半成品和构配件等，必须有供应部门或厂方提供的合格证明。对于没有合格证明或虽有合格证明，但经质量部门检查认为有必要复查时，均须进行检验或复验，证明合格后方能使用。

② 水泥、砖、焊条、防水材料等结构用材，除应有出厂证明或检验单外，还应按规范和设计要求进行检验。

③ 混凝土、砂浆的配合比等，都应严格按规定的部位及数量，制作试块、试样，按时送交试验，检验合格后才能使用。

④ 对铝合金门窗、玻璃、高级装饰材料等材料成品及配件，应特别慎重检验，质量不合格的不得使用。

5. 工程质量检查和验收

为了保证工程质量，在施工过程中，除根据国家规定的《建筑安装工程质量检验评定标准》逐项检查操作质量外，还必须根据安装工程特点，分别对隐蔽工程、分部分项检验批工程和交工工程进行检查和验收。

（1）隐蔽工程检查验收

隐蔽工程检查验收是指本工序操作完成后将被下道工序所掩埋、包裹而无法再检查的工程项目，在隐蔽前所进行的检查与验收。隐蔽工程应由技术负责人主持，邀请监理、设计和建设单位代表共同进行检查验收后才能进行下道工序的施工。经检查后，办理隐检签字手续，列入工程档案，对不符合质量要求的问题要认真进行处理，未经检查合格者不能进行下道工序施工。

（2）分部分项检验批工程预先检查验收

检验批、分项工程完工后先由施工单位自己检查验收，合格后报监理、建设单位验收；分部工程应由施工、监理、建设、设计及勘察单位共同检查验收，并签证验收记录纳入工程技术档案。

（3）工程交工验收

在所有建设项目和单位规定内容全部竣工后，进行一次综合性检查验收，评定质量等级。交工验收工作由建设单位组织，监理单位、设计单位、勘察单位、施工单位参加。

6. 工程技术档案工作

工程技术档案是国家整个技术档案中的一个组成部分。它是记述和反映工程施工技术科研等活动，具有保存价值，并按照档案制度，真实记录集中保管起来的技术文件资料。工程技术档案工作的任务是：按照一定的原则和要求，系统地收集记录工程建设全过程中具有保存价值的技术文件资料，按归档制度加以整理，以使工程竣工验收后完整地移交给有关档案管理部门。

任务4　建筑装饰施工项目质量管理

4.1　工程质量管理的基本概念

1. 质量

我国国家标准 GB/T 19000—2008 对质量的定义是：一组固有特性满足要求的程度。要求包括明示的、隐含的和必须履行的需求或期望。"明示要求"一般是指在合同环境中，用户明确提出的需求或要求，通常是通过合同、标准、规范、图纸、技术文件等所做出的明文规定，由供方保证实现。"隐含要求"，一般是指非合同环境（即市场环境）中，用户未提出明确要求，而由生产企业通过市场调研进行识别或探明的要求或需要。这是用户或社会对产品服务的"期望"，也就是人们公认的，不言而喻的哪些"需要"。如住宅的平面布置要方便生活，要能满足人们最起码的居住功能就属于隐含的要求。

2. 工程项目质量

建筑装饰工程项目质量包括建筑装饰工程产品实体和服务这两类特殊产品的质量。

（1）工程实体

建筑装饰工程实体作为一种综合加工的产品，它的质量是指建筑装饰工程产品适合于某种规定的用途，满足人们要求其所具备的质量特性的程度。由于建筑装饰工程实体具有"单件、定做"的特点。建筑装饰工程实体质量特性除具有一般产品所共有的特性之外，还有其特殊之处：

理化方面的性能表现为机械性能（强度、塑性、硬度、冲击性等），以及抗渗、耐热、耐磨、耐腐蚀等性能。

使用时间的特性表现为建筑装饰工程产品的寿命或其使用性能稳定在设计指标以内所延续时间的能力。

使用过程的使用性表现为建筑装饰产品的适用程度，对于有些功能性要求高的建筑，是否满足使用功能和环境美化的要求。

经济特性表现为造价（价格），生产能力或效率，生产使用过程中的能耗、材耗及维修费用高低等。

安全特性表现为保证使用及维护过程的安全性能。

（2）服务

服务是一种无形的产品，服务质量是指企业在推销前、销售中、售后服务过程中满足用户要求的程度，其质量特性依服务业内不同行业而异，但一般均包括：

服务时间：指为用户服务主动、及时、准时、适时、周到的程度。

服务能力：指为用户服务时准确判断，迅速排除故障，以及指导用户合理使用产品的程度。

服务态度：指在服务过程中热情、诚恳、有礼貌、守信用，建立良好服务信誉的程度。

3. 工程质量管理中"质量"的含义

在工程质量管理中"质量"的含义包括三个方面的内容：即工程质量、工序质量、工作质量。

（1）工程质量

工程质量是指能满足国家建设和人们需要所具备的自然属性。通常包括适用性、可靠性、安全性、经济性和使用寿命等，即为工程的使用价值。建筑装饰工程的施工质量是指建筑装饰材料、装饰构造做法等是否符合设计文件、施工验收规范的要求。

（2）工序质量

即在生产过程中，人、机具、材料、施工方法和环境等对装饰产品综合起作用的过程，这个过程所体现的工程质量为工序质量。工序质量同样也要符合设计文件、施工验收规范、验评标准的规定。工序质量是形成工程质量的基础。

（3）工作质量

工作质量并不像工程质量那样直观，它主要体现在企业的一切经营活动中，通过经济效果、生产效率、工作效率和工作质量集中表现出来。

工程质量、工序质量、工作质量，是三个不同的概念，但三者又有密切联系。工程质量是企业施工的最终成果，它取得决于工序质量和工作质量。工作质量是工序质量和工程质量的保证和基础。

4.2 建筑装饰施工项目质量控制

施工阶段是形成建筑装饰工程实体的过程，也是形成最终建筑装饰产品质量的重要阶段。因此，施工阶段的质量控制是建筑装饰施工项目质量控制的重点。

1. 建筑装饰施工项目质量控制的特点

由于建筑装饰项目施工涉及面广，是一个极其复杂的综合过程，再加上项目位置固定、生产流动、质量要求不一、施工方法不一等特点，因此建筑装饰施工项目质量比一般工业产品的质量更难以控制，主要特点表现为：

（1）影响质量因素多

装饰设计、装饰材料、机具、环境、温度、施工工艺、操作方法、技术措施等因素，均直接影响建筑装饰施工项目的质量。

（2）容易产生质量变异

由于影响建筑装饰施工项目质量的偶然性因素和系统性因素都较多，因此很容易产生质量变异。

（3）容易产生第一、第二判断错误

建筑装饰施工项目由于工序交接多、中间产品多、隐蔽工程多，若不及时检查实际质量，事后再看表面，就容易产生第二判断错误，也就是说，容易将不合格的产品认为是合格产品；反之，若检查不认真，仪器不准等就会产生第一判断错误，也就是容易将合格产品认为是不合格产品。

（4）质量检查不能解体、拆卸

建筑装饰施工项目完工后无法拆开检查。

（5）质量受到投资、进度的制约

建筑装饰施工项目在施工中正确处理质量、投资、进度三者的关系，使其达到对立的统一。

2. 建筑装饰施工项目质量因素的控制

影响建筑装饰施工项目质量的因素包括：人、装饰材料、机具、施工方法、施工环境等五个方面。事前对这五个方面的因素应严加控制，是保证建筑装饰施工项目质量的关键。

（1）人的控制

人，是指直接参与施工的组织者、指挥者和操作者。人，作为控制的对象，要避免产生失误；作为控制的动力，要充分调动人的积极性，发挥人的主导作用。因此，不仅要加强政治思想教育、职业道德教育、专业技术培训，健全岗位责任制，还需根据工程特点，在人的技术水平、生理缺陷、心理行为、错误行为等方面来控制人的使用。

（2）装饰材料的控制

装饰材料的控制包括原材料、成品、半成品等的控制，主要是严格检查验收，正确合理地使用，建立管理台账，进行收、发、储、运等各环节的技术管理，避免混料和将不合格的原材料使用到建筑装饰工程上。

（3）机具控制

机具控制包括施工机械设备、工具等控制。要根据不同装饰工艺特点和技术要求，选用合适的机具设备；正确使用、管理和保养好机具设备。为此要健全人机固定制度、操作证制度、岗位责任制度、交接班制度、技术保养制度、安全使用制度、机具检查制度等，确保机具设备处于最佳使用状态。

（4）方法控制

这里所指的方法控制，包含施工方案、施工工艺、施工组织设计、施工技术措施等的控制，主要应切合工程实际，能解决施工难题，技术可行，经济合理，有利于保证工程质量，加快进度，降低成本。

（5）环境控制

影响建筑装饰工程质量的环境因素较多，有工程技术环境，如建筑物的内外装饰环境等；工程管理环境，如质量管理制度等；劳动环境，如劳动组合、作业场所、工作面等。环境因素对工程质量的影响具有复杂而多变的特点。因此，应根据工程特点和具体条件，对影响质量的环境因素，采取有效的措施严加控制。

4.3　建筑装饰装修工程质量验收

1. 建筑装饰装修工程质量验收依据

① 建筑装饰装修工程质量验收应按照国家有关工程质量验收规范规定的程序、方法、内容、质量标准进行。

与建筑装饰有关的规范包括：《建筑工程施工质量验收统一标准》（GB 50300—2001），《建筑装饰装修工程质量验收规范》（GB 50210—2001），《建筑地面工程施工质量验收规范 》（GB 50209—2010），《住宅装饰装修工程施工规范》（GB 50327—2001），《民用建筑工程室内环境污染控制规范》（GB 50325—2010），《钢结构工程施工质量验收规范》（GB 50205—2001），《木结构工程施工质量验收规范》（GB 50206—2012），《建筑给水排水及采暖工程施工质量验收规范》（GB 50242—2002），《通风与空调工程施工质量验收规范》（GB 50243—2002），《建筑电气工程施工质量验收规范》（GB 50303—2002）等。

② 建筑工程验收应符合工程勘察，设计文件和设计变更。

勘察设计文件和设计变更是施工的依据，同时也是验收的依据。施工图设计文件应经过审查，并取得施工图设计文件审查批准书。施工单位应严格按图施工，不得擅自变更，如有变更，应有设计单位同意的书面变更文件。

③ 各阶段工程质量控制的验收记录。

验收记录包括：施工单位为了加强施工过程质量控制采取的各种有效措施，工序交接验收记录以及相关技术管理资料，同时也包括建设（监理）对各阶段的施工质量验收记录。

2. 建筑装饰装修工程质量验收项目及方法

（1）建筑工程质量验收项目的划分

《建筑工程施工质量验收统一标准》（GB 50300—2001）规定建筑工程质量验收按单位（子单位）工程、分部（子分部）工程、分项工程、检验批分别验收。建筑装饰装修子分部工程、分项工程的划分详如表 5.1 所示。

表 5.1 建筑装饰装修子分部工程、分项工程的划分

项次	子分部工程	分项工程
1	抹灰工程	一般抹灰，装饰抹灰，清水砌体勾缝
2	门窗工程	木门窗制作与安装、金属门窗安装、塑料门窗安装、特种门安装、门窗玻璃安装
3	吊顶工程	暗龙骨吊顶、明龙骨吊顶
4	轻质隔墙工程	板材隔墙、骨架隔墙、活动隔墙、玻璃隔墙
5	饰面板（砖）工程	饰面板安装，饰面砖粘贴
6	幕墙工程	玻璃幕墙、金属幕墙、石材幕墙
7	涂饰工程	水性涂料涂饰、溶剂型涂料涂饰、美术涂饰
8	裱糊与软包工程	裱糊、软包
9	细部工程	橱柜制作与安装，窗帘盒、窗台板和暖气罩制作与安装，门窗套制作与安装，护栏和扶手制作与安装，花饰制作与安装
10	建筑地面工程	基层，整体面层，板块面层，竹木面层

（2）验收方法

① 检验批合格质量应符合下列规定：

主控项目和一般项目的质量经抽样检验合格；

具有完整的施工操作依据、质量检查记录。

② 分项工程质量验收合格应符合下列规定：

分项工程所含的检验批均应符合合格质量的规定；

分项工程所含的检验批的质量验收记录应完整；

③ 分部（子分部）工程质量验收合格应符合下列规定：

分部（子分部）工程所含的分项工程的质量均应验收合格；

质量控制资料应完整；

有关安全及功能的检验和抽样检测结果应符合有关规定；

观感质量验收应符合要求。

④ 单位（子单位）工程质量验收合格应符合下列规定：

单位（子单位）工程所含分部（子分部）工程的质量均应验收合格；

质量控制资料应完整；

单位（子单位）工程所含分部（子分部）工程有关安全及功能的检测资料应完整；

主要功能项目的抽查结果应符合相关专业质量验收规范的规定；

观感质量验收应符合要求。

3. 现场质量检查

（1）质量检查方法

建筑装饰装修施工现场进行质量检查的方法有观感目测法、实测法和试验法三种。

① 观感目测法。其手段可归纳为看、摸、敲、照四个字。

看，就是根据建筑装饰装修工程质量标准进行外观目测。如清水墙面是否洁净，喷涂是否密实和颜色是否均匀，内墙抹灰大面及边角是否平直，地面是否光洁平整，油漆表面观感，施工顺序是否合理，工人操作是否正确等，均是通过观感目测检查、评价。

摸，就是手感检查，主要用于建筑装饰装修工程的某些检查项目，如水刷石、干粘石粘结牢固程度，油漆的光滑度，地面有无起砂等，均可通过手摸加以鉴别。

敲，是运用工具进行音感检查，对地面工程、装饰工程中的水磨石、面砖、锦砖和大理石贴面等，均应进行敲击检查，通过声音的虚实确定有无空鼓；还可通过声音的清脆和沉闷，判定是否属于面层空鼓；此外，用手敲玻璃，如发出颤动音响，一般是底灰不满或压条不实。

照，对于难以看到或光线暗的部位，则可通过镜子反射或灯光照射的方法进行检查。

② 实测法。就是通过实测数据与建筑装饰装修工程施工验收规范及质量标准所规定的允许偏差对照，来判别质量是否合格。实测检查法的手段，可归纳为靠、吊、量、套四个字。

靠，是用直尺、塞尺检查墙面、地面、顶棚的平整度。

吊，是用托线板以线锤吊线检查垂直度。

量，是用测量工具和计量仪表等检查装饰构造尺寸、轴线、位置标高、湿度、温度等偏差。

套，是以方尺套方，辅以塞尺检查。如对阴阳角的方正、踢脚线的垂直度、室内装饰配件的方正等项目的检查。

③ 试验法。指必须通过试验手段对质量进行判断的检查方法。如在建筑装饰装修工程施工中的预埋件、连接件、锚固件及饰面板与基层连接的安全牢固性检验，必要时需进行拉力试验；铝合金窗的"三性"试验等。

（2）材料复验

根据规范规定，现场使用材料需进行复验，以保证建筑物的结构安全和是主要使用功能满足要求。进行复验的项目如表 5.2 所示。

表 5.2 材料复检项目

序号	子分部工程名称	需要复检的项目
1	抹灰工程	水泥的凝结时间和安定性
2	门窗工程	① 人造木板的甲醛含量 ② 建筑外墙金属窗、塑料窗的抗风压性能、空气渗透性能和雨水渗漏性能
3	吊顶工程	人造木板的甲醛含量
4	软质隔墙工程	人造木板的甲醛含量
5	饰面板（砖）工程	① 室内用花岗石的放射性 ② 粘贴用水泥的凝结时间、安定性和抗压强度 ③ 外墙陶瓷面砖的吸水率 ④ 寒冷地区外墙陶瓷面砖的抗冻性

序号	子分部工程名称	需要复检的项目
6	幕墙工程	① 铝塑复合板的剥离强度 ② 石材的弯曲强度；寒冷地区石材的耐冻融性；室内用花岗石的放射性 ③ 玻璃幕墙用结构胶的邵氏硬度、标准条件拉伸粘结度、相容性试验；石材用结构胶的粘结强度；石材用密封胶的污染性
7	涂饰工程	无
8	裱糊与软包工程	无
9	细部工程	人造板的甲醛含量
10	建筑地面工程	① 基土土质、压实系数 ② 砂石的粒径、级配、含泥量 ③ 混凝土强度 ④ 水泥安定性、强度 ⑤ 木材含水率

（3）隐蔽工程验收

建筑装饰装修工程施工过程中，应按规范要求对隐蔽工程进行验收，验收的项目如表5.3所示。隐蔽验收完毕按表5.4填写隐蔽工程验收记录。

表5.3　隐蔽工程验收项目

序号	子分部工程名称	需隐蔽验收的项目
1	抹灰工程	① 抹灰总厚度大于或等于35mm时的加强措施 ② 不同材料基体交接处的加强措施
2	门窗工程	① 预埋件的锚固件 ② 隐蔽部位的防腐、填嵌处理
3	吊顶工程	① 吊顶内管道设备的安装及水管试压 ② 木龙骨防火、防腐处理 ③ 预埋件或拉结筋 ④ 吊杆安装 ⑤ 龙骨安装 ⑥ 填充材料的设置
4	软质隔墙工程	① 骨架隔墙中设备管线的安装及水管试压 ② 木龙骨防火、防腐处理 ③ 预埋件或拉结筋 ④ 龙骨安装 ⑤ 填充材料的设置
5	饰面板（砖）工程	① 预埋件（或后置埋件） ③ 连接节点 ④ 防水层
6	幕墙工程	① 预埋件（或后置埋件） ② 构件的连接节点 ③ 变形缝及墙面转角处的构造节点 ④ 幕墙防雷装置 ⑤ 幕墙防火构造

序号	子分部工程名称	需隐蔽验收的项目
7	涂饰工程	无
8	裱糊与软包工程	无
9	细部工程	① 预埋件（或后置埋件） ② 护栏与预埋件的连接节点
10	建筑地面工程	各构造层

表 5.4　隐蔽工程验收记录表

装饰装修工程名称			项目经理	
分项工程名称			专业工长	
隐蔽工程项目				
施工单位				
施工标准名称及代号				
施工图名称及编号				
隐蔽工程部位	质量要求	施工单位 自查记录	监理（建设）单位 验收记录	
施工单位自查结论	施工单位项目技术负责人： 年　月　日			
监理（建设）单位验收结论	监理工程师（建设单位项目负责人）： 年　月　日			

4. 建筑装饰装修工程质量验收的要求

（1）建筑装饰装修工程必须有完整的施工图设计文件

① 对设计单位的要求：具备相应资质；建立有健全的质量管理体系；施工前对施工单位进行图纸设计交底。

② 对施工图设计文件的要求：符合城市规划、消防、环保、节能等规定；符合防火、防雷、抗震设计等国家标准规定；设计深度要符合国家规范和满足施工要求；选用装饰装修

材料、构配件、设备等要注明规格、型号、性能等技术指标，其质量必须有符合国家标准；施工图必须经过审查机构审查。

③ 建筑装饰装修应按有关规定报建。

（2）参加建筑装饰装修工程验收的各方人员应具备规定的资格

检验批、分项工程质量的验收：应为监理单位的专业监理工程师；施工单位的专业质检员、项目技术负责人。

分部（子分部）工程质量验收：应为监理单位的总监理工程师；设计单位的项目负责人；分包、总包单位的项目经理。

单位（子单位）工程质量验收：应为建设单位的项目负责人；监理单位的总监理工程师；设计单位的项目负责人；施工单位的项目负责人。

单位（子单位）工程质量控制资料核查与单位（子单位）工程安全和功能检验资料核查和主要功能抽查，应为监理单位的总监理工程师；单位（子单位）工程观感质量检查应由总监理工程师组织相关专业监理工程师和施工单位（包括分包单位）项目经理等参加。除建设单位外，其他参建单位有关人员应按规定资格持上岗证上岗，并通过了验收标准和规范的培训。

（3）建筑装饰装修工程质量验收均应在施工单位自检评定的基础上进行

（4）隐蔽工程在隐蔽前应由施工单位通知有关单位进行验收，并应形成验收文件

（5）检验批的质量应按主控项目和一般项目验收

（6）建筑装饰装修工程的观感质量应由验收人员现场检查，并应共同确认

验收人员以监理单位为主，由总监理工程师组织有关专业监理工程师参加，并有施工单位的项目经理、技术、质量部门的人员及分包单位项目经理、技术、质量人员参加，经过现场检查，在听取了各方面的意见后，由总监理工程师为主导的监理工程师共同确定观感质量的好、一般、差。

（7）对涉及结构安全和使用功能的重要分部工程应进行抽样检测

（8）建筑装饰装修工程竣工验收应具备的条件

① 完成建筑装饰装修工程全部设计和合同约定的各项内容，达到使用要求。

② 有完整的技术档案和施工管理资料。

③ 有工程使用的主要建筑装饰材料、构配件和设备的进场试验报告。

④ 有设计、施工图审查机构、施工、监理等单位分别签署的质量合格文件。

⑤ 有施工单位签署的工程保修书。

（9）建筑装饰装修工程竣工验收程序

① 施工单位完成设计图纸和合同规定的全部内容后，自行组织验收，并按国家有关技术标准自评质量等级，由施工单位法人代表和技术负责人签字、盖公章后，提交监理单位。

② 监理单位审查竣工报告后，并经监理单位法人代表和总监理工程师签字、盖公章。由施工单位向建设单位申请验收。

③ 建设单位提请规划、消防、环保、档案等有关部门进行专项验收，取得合格证明文件。

④ 建设单位审查竣工报告，并组织设计、施工、监理、施工图审查机构等单位进行竣工验收，由质量监督部门实施验收监督。

⑤ 建设单位编制工程竣工验收报告。

5. 建筑装饰装修工程竣工备案

我国实行建设工程竣工备案制度。新建、扩建和改建的各类房屋建筑工程和市政基础设施工程的竣工验收，均应按《建设工程质量管理条例》规定进行备案。

① 建设单位应当自建设工程竣工验收合格之日起 15d 内，将建设工程竣工验收报告和规划、公安消防、环保部门出具的认可文件或准许使用文件，报建设行政主管部门或其他相关部门备案。

② 备案部门在收到备案文件资料后的 15d 内，对文件资料进行审查，符合要求的工程，在验收备案表上加盖"竣工备案专用章"，并将一份退建设单位存档。如审查中发现建设单位在竣工验收过程中，有违反国家有关建设工程质量管理规定行为的，责令停止使用，重新组织竣工验收。

任务 5　建筑装饰施工项目进度管理

5.1　建筑装饰施工项目进度控制概述

1. 进度控制概念

施工项目进度控制是指在既定的工期内，编制出最优的施工进度计划，在执行该计划的施工过程中，经常检查施工实际进度情况，并将其与计划进度相比较，若出现偏差，即分析偏差产生的原因和对工程总工期的影响程度，制定必要的调整措施，修改原定的计划安排；不断地如此循环，直至工程最后进行竣工验收为止的整个施工控制过程。

2. 影响施工进度的主要因素

（1）参与单位和部门的影响

影响项目施工进度的单位和部门众多，包括建设单位、设计单位、总承包单位以及施工单位上级主管部门、政府有关部门、银行信贷单位、资源物资供应部门等等。只有做好有关单位的组织协调工作，才能有效地控制项目施工进度。

（2）工程材料、物资供应进度的影响

施工过程中需要的工程材料、构配件、施工机具和工程设备等，如果不能按照进度计划要求抵达施工现场，或者抵达后发现其质量不符合要求，都会对施工进度产生影响。

（3）工艺和技术的影响

对设计意图和技术要求未能完全领会，工艺方法选择不当，盲目施工，在施工操作中没有严格执行技术标准、工艺规程而出现问题；新技术、新材料、新工艺缺乏经验等都会直接影响施工进度。

（4）工程设计变更的影响

建设单位改变项目设计功能；项目设计图样错误或变更，致使施工速度放慢或停工。

（5）建设资金的影响

有关方面拖欠资金，资金不到位，资金短缺，都会影响工程进度。

（6）施工组织管理不当的影响

施工平面布置不合理，出现相互干扰和混乱；劳动力和机械设备的选配不当；流水施工组织不合理等。

（7）其他各种风险因素的影响

其他各种风险因素包括政治、社会、经济、技术及自然等方面的各种可预见和不可预见的因素。如自然灾害、工程事故、政治事件、工人罢工或战争等都将影响项目施工进度。

3. 施工项目进度控制的措施

施工项目进度控制的措施主要有组织措施、技术措施、合同措施、经济措施和信息管理措施等。

（1）组织措施

组织措施主要是指落实各级进度控制的人员的具体任务和工作责任，建立进度控制的组织系统；按照施工项目的结构、施工阶段或合同结构的层次进行项目分解，确定其各分进度控制的工期目标，建立进度控制的工期目标体系；建立进度控制的工作制度，如定期检查的时间、方法，召开协调会议的时间、参加人员等，并对影响施工实际进度的主要因素进行分析和预测，制定调整施工实际进度的组织措施。

（2）技术措施

技术措施主要是指应尽可能采用先进施工技术、方法和新材料、新工艺、新技术，保证进度目标实现；落实施工方案，在发生问题时，能适时调整工作之间的逻辑关系，加快施工进度。

（3）合同措施

合同措施是指以合同形式保证工期进度的实现，即保持总进度控制目标与合同总工期相一致；分包合同的工期与总包合同的工期相一致；供货、供电、运输、构件加工等合同规定的提供服务时间与有关的进度控制目标一致。

（4）经济措施

经济措施是指要制定切实可行的实现施工计划进度所必需的资金保证措施。包括落实实现进度目标的保证资金；签订并实施关于工期和进度的经济承包责任制；建立并实施关于工期和进度的奖惩制度。

（5）信息管理措施

信息管理措施是指建立完善的工程统计管理体系和统计制度，详细、准确、定时地收集有关工程实际进度情况的资料和信息，并进行整理统计，得出工程施工实际进度完成情况的各项指标，将其与施工计划进度的各项指标进行比较，定期地向建设单位提供施工进度比较报告。

5.2　建筑装饰施工项目进度计划的比较方法

在施工项目的实施过程中，为了有效地进行进度控制，进度检查人员应经常地、定期地跟踪检查施工实际进度情况，主要有收集施工项目进度材料，进行统计整理和对比分析，确定偏差数值。将收集的资料整理和统计成具有与计划进度可比性的数据后，用施工项目实际进度与计划进度的比较方法进行比较。通过比较得出实际进度与计划进度相一致、超前、拖后三种情况，对于超前或拖后的偏差，还应计算出检查时的偏差量。

通常用的进度比较方法有：横道图比较法、S形曲线比较法、香蕉形曲线比较法、前锋线比较法和列表比较法等。

1. 横道图比较法

横道图比较法是指将项目实施过程中检查实际进度收集到的数据，经加工整理后直接用横道线平行绘于原计划的横道线处，进行实际进度与计划进度的比较方法。这种方法的特点是形象、直观地反映实际进度与计划进度的比较情况。

但由于其以横道计划为基础，因而受到横道计划本身的局限。在横道计划中，各项工作之间的逻辑关系表达不很明确，关键工作与关键线路无法确定，一旦某些工作实际进度出现偏差时，难以预测其对后续工作和工程总工期的影响，也就难以确定相应的进度计划调整方法。正因为如此，横道图比较法主要应用于工程项目中某些工作实际进度与计划进度的局部比较。根据工程项目中各项工作的进展是否匀速进行，其比较方法可分为两种。

（1）匀速进展时横道图比较法

匀速进展是指在工程项目实施过程中，其进展速度为固定不变的情况，即每项工作累计完成的任务量与时间成线性关系，如图 5.5 所示。其完成的任务量可以用实物工程量、劳动消耗量或费用支出额表示。

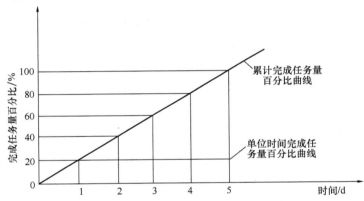

图 5.5　匀速施工时间与完成任务量关系曲线图

对比分析实际进度与计划进度（图 5.6）：

如果涂黑的粗线右端落在检查日期的左侧，表明实际进度拖后；

如果涂黑的粗线右端落在检查日期的右侧，表明实际进度超前；

如果涂黑的粗线右端与检查日期重合，表明实际进度与计划进度一致。

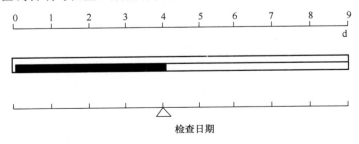

图 5.6　匀速进展横道图比较图

（2）非匀速进展时的横道图比较法

当工作在不同单位时间里的进展速度不相等时，累计完成的任务量与时间的关系就不可能是线性关系，如图 5.7 所示。此时，在采用横道图比较法时，在用涂黑粗线表示工作实际进度的同时，还要标出其对应的时刻完成任务量的累计百分比，并将该百分比与其同时刻计划完成任务量的累计百分比相比较，判断工作实际进度与计划进度之间的关系。

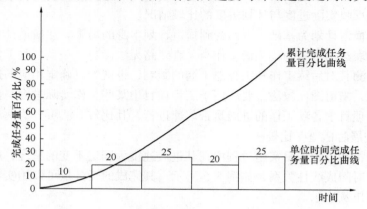

图 5.7　匀速施工时间与完成任务量关系曲线图

通过比较同一时刻实际完成任务量累计百分比和计划完成任务量累计百分比，判断工作实际进度与计划进度之间的关系。

如果同一时刻横道线上方累计百分比大于横道线下方累计百分比，表明实际进度拖后，拖欠的任务量为二者之差。

如果同一时刻横道线下方累计百分比小于横道线下方累计百分比，表明实际进度超前，超前的任务量为二者之差。

如果同一时刻横道线上下方的累计百分比相等，表明实际进度与计划进度一致。

2. S 形曲线比较法

S 形曲线比较法是以横坐标表示时间，纵坐标表示累计完成任务量，绘制一条按计划时间累计完成任务量的 S 形曲线；然后将工程项目实施过程中各检查时间实际累计完成任务量的 S 形曲线也绘制在同一坐标系中，进行实际进度与计划进度比较的一种方法，如图 5.8 所示。

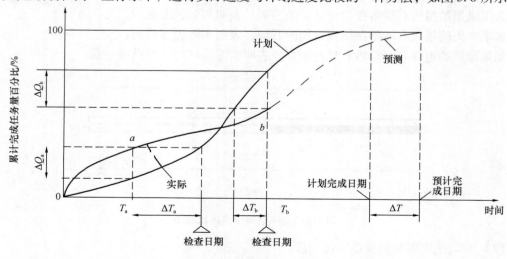

图 5.8　S 形曲线比较图

① 通过比较实际进度 S 形曲线和计划进度 S 形曲线，可得出以下信息：

工程项目实际进度状况。如果工程项目实际进度 S 形曲线上点 a 落在计划进度 S 形曲线左侧，表明此时实际进度比计划进度超前；如果工程项目实际进度 S 形曲线上点 b 落在计划进度 S 形曲线右侧，表明此时实际进度拖后；如果工程实际进度 S 形曲线与计划进度 S 形曲线交于一点 c，表明此时实际进度与计划进度一致，如图 5.8 所示。

工程项目实际进度超前或拖后的时间。在 S 形曲线比较图中可以直接读出实际进度比计划进度超前或拖后的时间，即在某时间点两曲线在横坐标上相差的数值，如图 5.8 所示，ΔT_a 表示 T_a 时刻实际进度超前的时间，ΔT_b 表示 T_b 时刻实际进度拖后的时间。

工程项目实际超额或拖欠的任务量。在 S 形曲线比较图中可直接读出实际进度比计划进度超额或拖欠的任务量，即在某时间点两曲线在纵坐标上相差的数值，如图 5.8 所示，ΔQ_a 表示 T_a 时刻超额完成的任务量，ΔQ_b 表示 T_b 时刻拖欠的任务量。

② 后期工程进度预测。如果后期工程按原计划速度进行，则可做出后期工程计划 S 形曲线，如图 7.8 中虚线所示，从而可据此确定工期拖延预测值 ΔT。

3. 香蕉形曲线比较法

香蕉形曲线是由两条曲线组合而成的闭合曲线。其中一条曲线是以各项工作最早开始时间 ES 安排进度计划而绘制的 S 形曲线，称为 ES 曲线；另一条曲线是以各项工作最迟开始时间 LS 安排进度计划而绘制的 S 形曲线，称为 LS 曲线。由于该闭合曲线形似香蕉，故称其为香蕉形曲线，如图 5.9 所示。

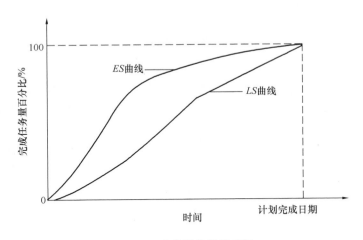

图 5.9　香蕉形曲线示意图

（1）实际进度与计划进度比较

工程项目实施进度的理想状态是任一时刻工程实际进度 S 形曲线上的点均落在香蕉形曲线图的范围内。如果工程实际进度 S 形曲线上的点落在 ES 曲线的左侧，表明此刻实际进度比各项工作按其最早开始时间安排的计划进度超前；如果工程实际进度 S 形曲线上的点落在 LS 曲线的右侧，表明此刻实际进度比各项工作按其最迟开始时间安排的计划进度拖后。

（2）预测后期工程进展趋势

如果后期工程按原计划速度进行，则可以做出后期工程进展情况的预测。

香蕉形曲线除了可以用于进度比较外，它还可以用于合理安排工程项目进度计划。因为，如果工程项目中的各项工作均按其最早开始时间安排进度计划，将会导致项目的投资加大。如果各项工作都按其最迟开始时间安排进度，则一旦受到进度影响因素的干扰，又将导致工程拖期，使工程进度风险加大。因此，一个科学合理的进度优化曲线应处于香蕉形曲线所包络的区域之内，可利用香蕉形曲线优化进度计划。

同时，香蕉形曲线的形状还可以反映出进度控制的难易程度。当香蕉形曲线很窄时，说明进度控制的难度大，当香蕉形曲线很宽时，说明进度控制很容易。由此，也可以利用其判断进度计划编制的合理程度。

4. 前锋线比较法

前锋线比较法是通过绘制某检查时刻工程项目实际进度前锋线，进行工程实际进度与计划进度比较的方法，它主要用于时标网络计划。

前锋线是指在原时标网络计划上，从检查时刻的时标点出发，用点画线依次将各项工作实际进展位置点连接而成的折线。前锋线比较法就是通过实际进度前锋线与原进度计划中各工作箭线交点的位置来判断工作实际进度与计划进度的偏差，进而判定该偏差对后续工作及总工期影响程度的一种方法。

前锋线比较法进行实际进度与计划进度比较的步骤如下：

（1）绘制时标网络计划图

按照时标网络计划图的绘制方法绘制时标网络图，并在时标网络计划图的上方和下方各设一时间坐标。

（2）绘制实际进度前锋线

从时标网络计划图上方时间坐标的检查日期开始绘制，依次连接相邻工作的实际进展位置点，最后与时标网络计划图下方坐标的检查日期相连接。

（3）进行实际进度与计划进度的比较

对某项工作来说，实际进度与计划进度之间的关系可能存在三种情况。

① 工作实际进展位置点落在检查日期的左侧，表明该工作实际进度拖后，拖后的时间为二者之差。

② 工作实际进展位置点与检查日期重合，表明该工作实际进度与计划进度一致。

③ 工作实际进展位置点落在检查日期的右侧，表明该工作实际进度超前，超前的时间为二者之差。

（4）预测进度偏差对后续工作及总工期的影响

通过实际进度与计划进度的比较确定进度偏差后，还可以根据工作的自由时差和总时差预测该进度偏差对后续工作及总工期的影响。

前锋线比较法既适用于工作实际进度与计划进度之间的局部比较，又可用来分析和预测工程项目整体进度状况。

5. 列表比较法

当工程进度计划用非时标网络图表示时，可以采用列表比较法进行实际进度与计划进度的比较。这种方法是记录检查日期应该进行的工作名称及其已经作业的时间，然后列表计算有关实际参数，并根据工作总时差进行实际进度与计划进度比较的方法。

比较的结果可能出现以下几种情况：

① 如果工作尚有总时差与原有总时差相等，说明该工作实际进度与计划进度一致。

② 如果工作尚有总时差大于原有总时差，说明该工作实际进度超前，超前的时间为二者之差。

③ 如果工作尚有总时差小于原有总时差，且仍为正值。说明该工作实际进度拖后，拖后的时间为二者之差，但不影响总工期。

④ 如果工作总时差小于原有总时差，且为负值。说明该工作实际进度拖后，拖后的时间为二者之差，此时工作实际进度偏差将影响总工期。

5.3 建筑装饰施工项目进度计划的检查与调整

1. 对进度计划的检查

（1）跟踪检查施工实际进度

为了对施工进度计划的完成情况进行统计、进度分析和调整计划提供信息，应对施工进度计划依据其实施记录进行跟踪调查。

跟踪检查施工实际进度是项目施工进度计划控制的关键措施。其目的是收集实际施工进度的有关数据。跟踪检查的时间和收集数据的质量，直接影响到控制工作的质量和效果。

一般检查的时间间隔与施工项目的类型、规模、施工条件和对进度执行要求程度有关。通常可以确定每月、半月、旬、周进行一次。

（2）对比实际进度与计划进度

将收集到的资料整理和统计成具有与计划进度可比性的数据后，将实际进度与计划进度进行比较。通常用的比较方法有以上介绍的横道图比较法、S 形曲线比较法、香蕉曲线比较法、前锋线比较法和列表比较法等。通过比较得出实际进度与计划进度相一致、提前、滞后的三种情况。

2. 进度计划的动态调整

（1）分析进度偏差的影响

① 分析出现进度偏差的工作是否为关键工作。如果出现进度偏差的工作为关键工作，则无论偏差大小，都将影响后续工作按计划施工，并使工程总工期拖后，必须采取相应措施调整后期施工计划，以便确保计划工期；如果出现进度偏差的工作为非关键工作，则应按下一步继续分析。

② 分析进度偏差时间是否大于总时差。如果某项工作的进度偏差时间大于该工作的总时差，则都将影响后续工作和总工期，必须采取措施调整；如果进度偏差时间小于或等于该工作的总时差，则不会影响工程总工期，但是否影响后续工作，则应按下一步继续分析。

③ 分析进度偏差时间是否大于自由时差。如果某项工作进度偏差时间大于该工作的自由时差，则应对后续的有关工作的进度安排进行调整；如果进度偏差时间小于或等于该工作的自由时差，则对后续工作毫无影响，不必调整。

（2）施工项目进度计划的调整方法

在对实施的进度计划分析的基础上，应确定调整原计划的方法，一般主要有以下几种：

① 改变某些工作间的逻辑关系。

若检查的实际施工进度产生的偏差影响了总工期，在工作之间的逻辑关系允许改变的条件下，可改变关键线路和超过计划工期的非关键路上的有关工作之间的逻辑关系，达到缩短工期的目的。

② 缩短某些工作的持续时间。

这种方法是不改变工作之间的逻辑关系，而是缩短某些工作持续时间，而使施工进度加快，并保证实现计划工期的方法。这些被压缩持续时间的工作是位于由于实际施工进度的拖延而引起总工期增长的关键线路和某些非关键线路上的工作，同时这些工作又是可压缩持续时间的工作。

任务6 建筑装饰施工项目成本管理

在建筑装饰施工项目的施工过程中，必然要发生活劳动和物化劳动的消耗。这些消耗的货币表现形式称为生产费用。把建筑装饰施工过程中发生的各项生产费用归集到施工项目上去，就构成了建筑装饰施工项目的成本。建筑装饰施工项目管理是以降低施工成本，提高效益为目标的一项综合性管理工作。在建筑装饰施工项目管理中占有十分重要的地位。

6.1 建筑装饰施工项目成本的概述

1. 建筑装饰施工项目成本概念

建筑装饰施工项目成本是在建筑装饰施工中所发生的全部生产费用的总和，即在施工中各个物化劳动和活劳动创造的价值的货币表现形式。它包括支付给生产工人的工资、奖金、消耗的材料、构配件、周转材料的摊销费或租赁费，施工机具台班费或租赁费，项目经理部为组织和管理施工所发生的全部费用支出。

在建筑装饰施工项目成本管理中，既要看到施工生产中的消耗形成的成本，又要重视成本的补偿，这才是对建筑装饰施工项目成本的完整理解。建筑装饰项目成本是否准确客观，对施工企业财务成果和投资者效益都有很大影响。若成本多算，则利润少计，可分配的利润就会减少；反之，成本少算，则利润多计可分配的利润就会虚增实亏。建筑装饰施工项目成本管理的目的在于降低项目成本，对于项目成本的降低，除了控制成本支出以外，还需要一方面增加预算收入，一方面节约支出，坚持开源和节流相结合的原则。做到每发生一笔金额较大的成本费用，都要查一下有无与其相应的预算收入，是否支大于收，以便随时掌握成本节约、超支的原因，纠正项目成本的不利偏差，提高建筑装饰施工项目成本的降低水平。

2. 建筑装饰施工项目成本的主要形式

为了便于认识和掌握建筑装饰施工项目成本的特性，根据建筑装饰施工项目成本管理的需要，搞好成本管理。将建筑装饰施工项目成本划分为预算成本、计划成本和实际成本。

（1）预算成本

工程预算成本是反映各地区建筑装饰行业的平均成本水平，它是根据建筑装饰施工图由工程量计算规则计算出来的工程量，再由建筑装饰工程预算定额计算出的工程成本。是构成工程造价的主要内容，是甲、乙双方签订建筑装饰工程承包合同的基础，一旦造价在合同中双方认可签字，它将成为建筑装饰施工项目成本管理的依据，直接涉及建筑装饰施工项目能否取得好的经济效益的前提条件。所以，预算成本的计算是成本管理的基础。

（2）计划成本

建筑装饰施工项目计划成本是指建筑装饰施工项目经理部根据施工条件和实施该项目的各项技术组织措施，在实际成本发生前预先计算的成本。计划成本是建筑装饰施工项目经理部控制成本支出，安排施工计划，供应工料和指导施工的依据。它综合反映建筑装饰施工项目在计划期内达到的成本水平。

（3）实际成本

建筑装饰施工项目实际成本是实际发生的各项生产费用的总和。把实际成本与计划成本比较，可以直接反映出成本的节约与超支。考核建筑装饰施工项目施工技术水平及施工组织措施的贯彻执行情况和施工项目的经营效果。

综上所述，预算成本是确定工程造价的基础，也是编制计划成本的依据和评价实际成本的依据。实际成本与预算成本比较，可以直接反映施工项目最终盈亏情况。计划成本和实际成本都是反映建筑装饰施工项目成本水平的，它受建筑装饰施工项目的生产技术、施工条件及生产经营管理水平所制约。

3. 建筑装饰施工项目成本的构成

在建筑装饰施工项目施工中为提供劳务、施工作业等施工过程中所发生的各项费用支出，按照国家规定计入成本费用。建筑装饰施工项目成本由直接成本和间接成本组成。

（1）直接成本

直接成本是指建筑装饰施工过程中直接耗费的构成工程实体或有助于工程形成的各项支出，包括人工费、材料费、机具使用费和其他直接费。所谓其他直接费是指直接费以外建筑装饰施工过程中发生的其他费用。包括建筑装饰施工过程中发生的材料二次搬运费、临时设施摊销费、生产机具使用费、检验试验费、工程定位复测费、工程点交费、场地清理费等。

（2）间接成本

间接成本是指建筑装饰施工项目经理部为施工准备，组织和管理施工生产所发生的全部施工间接费支出，包括现场管理人员的人工费（基本工资、补贴、福利费）、固定资产使用维护费、工程保修费、劳动保护费、保险费、工程排污费、其他间接费等。

应该指出，下列支出不得列入建筑装饰施工项目成本，也不能列入建筑装饰施工企业成本，如为购置和建造固定资产、无形资产和其他资产的支出；对外投资的支出；没收的财物；支付的滞纳金、罚款、违约金、赔偿金；以及企业赞助、捐赠支出；国家法律、法规规定以外的各种支付费和国家规定不得列入成本费用的其他支出。

4. 建筑装饰施工项目成本控制的意义

建筑装饰施工项目成本控制就是在施工过程中，运用必要的技术与管理手段对物化劳动和活劳动消耗进行严格组织和监督的一个系统过程，建筑装饰施工企业应以建筑装饰施工项目成本控制为中心，进行施工项目管理。成本控制的意义表现如下：

① 建筑装饰施工项目成本控制是建筑装饰施工项目工作质量的综合反映。

建筑装饰施工项目成本的降低，表明施工过程中物化劳动和活劳动消耗的节约。活劳动的节约，表明劳动生产率提高；物化劳动节约，说明固定资产利用率提高和材料消耗率降低。所以，抓住建筑装饰施工项目成本控制这项关键，可以及时发现建筑装饰施工项目生产和管理中存在的问题，及时采取措施，充分利用人力物力，降低建筑装饰施工项目成本。

② 建筑装饰施工项目成本控制是增加企业利润，扩大社会积累的最主要途径。

在施工项目价格一定的前提下，成本越低，盈利越高。建筑装饰施工企业是以装饰施工为主业，因此其施工利润是企业经营利润的主要来源，也是企业盈利总额的主体，故降低施工项目成本即成为装饰施工企业盈利的关键。

③ 建筑装饰施工项目成本控制是推行项目经理承包责任制的动力。

项目经理项目承包责任制中，规定项目经理必须承包项目质量、工期与成本三大约束性目标。成本目标是经济承包目标的综合体现。项目经理要实现其经济承包责任，就必须充分利用生产要素和市场机制，管好项目，控制投入，降低消耗，提高效率，将质量、工期和成本三大相关目标结合起来综合控制。这样，既实现了成本控制，又带动了项目的全面管理。

6.2 建筑装饰施工项目成本管理的内容

建筑装饰施工项目成本管理是建筑装饰施工企业项目管理系统中的一个子系统，这一系统的具体工作内容包括：成本预测、成本计划、成本控制、成本核算、成本分析和成本考核等。建筑装饰施工项目经理部在项目施工过程中，对所发生的各种成本信息，通过有组织，有系统地进行预测、计划、控制、核算和分析等一系列工作，促使施工项目系统内各种要素按照一定的目标运行，使建筑装饰施工项目的实际成本能够控制在预定计划成本范围内。

1. 建筑装饰施工项目成本预测

建筑装饰施工项目成本预测是指通过成本信息和装饰施工项目的具体情况，并运用一定的专门方法，对未来的成本水平及其可能发展趋势作出科学的估计，其实质就是将建筑装饰施工项目在施工之前对成本进行核算。通过成本预测，可以使项目经理部在满足业主和企业要求的前提下，选择成本低，效益好的最佳成本方案，并能够在建筑装饰施工项目成本形成过程中，针对薄弱环节，加强成本控制，克服盲目性，提高预见性。因此，建筑装饰施工项目成本预测是施工项目成本决策与编制成本计划的依据，它是实行建筑装饰施工项目科学管理的一项重要工具，越来越被人们所重视。

成本预测在实际工作中虽然不常提到，而人们往往在不知不觉中已经在应用。例如建筑装饰施工企业在工程投标报价时或中标施工时都往往根据过去的经验对工程成本进行估计，这种估计实际就是一种预测，其发挥的作用是不能低估的。但是如何能够更加准确而有效地预测施工项目成本，仅靠经验的估计很难做到，还应掌握科学的系统的预测方法，以使其在建筑装饰施工经营管理中发挥更大的作用。

2. 建筑装饰施工项目成本计划

建筑装饰施工项目成本计划是项目经理部对建筑装饰施工项目施工成本进行计划管理的工具。它是以货币形式编制施工项目在计划期内的生产费用，成本水平，成本降低率以及为降低成本所采取的主要措施和规划的书面方案，它是建立施工项目成本管理责任制，开展成本控制和核算的基础。一般来说，建筑装饰施工项目成本计划应包括从开工到竣工所需的施工成本，它是建筑装饰施工项目降低成本的指导文件，是确立目标成本的依据。

建筑装饰施工项目成本计划一般由项目经理部编制，规划出实现项目经理成本承包目标的实施方案。建筑装饰施工项目成本计划的关键内容是降低成本措施的合理设计。

3. 建筑装饰施工项目成本控制

建筑装饰施工项目成本控制是指在建筑装饰项目施工过程中，对影响建筑装饰施工项目成本的各种因素加强管理，并采取各种有效措施，将施工中实际发生的各种消耗和支出严格控制在成本计划范围内，随时检查调整实际成本和计划成本之间的偏差并进行分析，消除施工中的损失浪费现象。建筑装饰施工项目成本控制应贯穿于施工项目从招投标阶段开始直至项目竣工验收的全过程，它是建筑装饰施工企业全面成本管理的重要环节。

建筑装饰施工项目成本计划执行中的控制环节包括：建筑装饰施工项目计划成本责任制的落实，施工项目成本计划执行情况的检查与协调。

4. 建筑装饰施工项目成本核算

建筑装饰施工项目成本核算是指项目施工过程中所发生的各种费用和形成建筑装饰施工项目成本的核算。它包括两个基本环节：一是按照规定的成本开支范围对施工费用进行归集，计算出施工费用的实际发生额；二是根据成本核算对象，采用适当的方法，计算出建筑装饰施工项目的总成本和单位成本。建筑装饰施工项目成本核算所提供的各种成本信息，是成本预测、成本计划、成本控制、成本分析和成本考核等各个环节的依据。同时，建立施工项目成本核算制是当前建筑装饰施工项目管理的中心，用制度规定成本核算的内容并按程序进行核算，是成本控制取得良好效果的基础和手段。

5. 建筑装饰施工项目成本分析

建筑装饰施工项目成本分析是在成本形成过程中，对建筑装饰施工项目成本进行的对比评价和剖析总结工作，它贯穿于建筑装饰施工项目成本管理的全过程。就是一方面根据统计核算、业务核算和会计核算提供的资料，对建筑装饰项目成本的形成过程和影响成本升降的因素进行分析，以寻求进一步降低成本的途径；另一方面，通过成本分析，可从账簿、报表反映的成本现象看清成本的实质，从而增强项目成本的透明度和可控性，为加强成本控制，实现项目成本目标创造条件。由此可见，建筑装饰施工项目成本分析，应该随着项目施工的进展，动态地、多形式地开展，而且要与生产诸要素的经营管理结合。这是因为成本分析必须为生产经营服务。即通过成本分析，及时解决问题，从而改善生产经营，降低成本，提高建筑装饰施工项目经济效益。

6. 建筑装饰施工项目成本考核

成本考核是建筑装饰施工项目完成后，对建筑装饰施工项目成本形成中的责任者，按施工项目成本目标责任制的有关规定，将成本的实际指标与计划、定额、预算进行对比和考核，评定建筑装饰施工项目成本计划的完成情况和各责任者的业绩，并为此给以相应的奖励和处罚。通过成本考核，做到的奖罚分明，才能有效地调动企业的每一个职工在各自的施工岗位上努力完成目标成本的积极性，为降低建筑装饰施工项目成本和增加企业的积累，做出自己的贡献。

综上所述，建筑装饰施工项目成本管理系统中每一个环节都是相互联系和相互作用的。成本预测是成本决策的前提，成本计划是成本决策所确定目标的具体化。成本控制则是对成本计划的实施进行监督，保证决策的成本目标实现，而成本核算又是成本计划是否实现的最后检验，它所提供的成本信息又对下一个建筑装饰施工项目成本预测和决策提供基础资料。成本考核是实现成本目标责任制的保证和实现决策的目标的重要手段。

6.3 降低建筑装饰施工项目成本的途径

1. 认真会审图纸，积极提出修改意见

在建筑装饰项目施工过程中，装饰施工单位必须按图施工。但是，图纸是设计单位按照业主要求设计的，其中起决定作用的是设计人员的主观意图，很少考虑为装饰施工企业提供方便，有时还可能给施工单位出些难题。因此，装饰施工企业应在满足业主要求和保证工程质量的前提下，在取得业主和设计单位同意后，提出修改图纸的意见，同时办理增减账。装饰施工企业在会审图纸的时候，对于装饰工程比较复杂，施工难度大的项目，要认真对待，并且从方便施工，有利于加快装饰施工进度和保证工程质量，又能降低资源消耗，增加工程收入等方面综合考虑，提出有科学依据的合理的施工方案，争取业主和设计单位的认同。

2. 加强合同预算管理，增创装饰工程预算收入

① 深入研究招标文件和合同内容，正确编制施工图预算。

在编制装饰施工图预算时，要充分考虑可能发生的成本费用，包括合同内属于包干性质的各项定额外补贴，并将其全部列入施工图预算，然后通过工程款结算向业主取得补偿。

② 根据工程变更资料，及时办理增减账。

由于设计、施工和业主使用要求等各种原因，致使建筑装饰工程发生变更，随着工程的变更，必然会带来工程内容的增减和施工工序的改变，从而也必然会影响成本费用发生变化。因此，装饰项目承包方应就工程变更对既定施工方法、机具设备使用、材料供应、劳动力调配和工期目标等影响程度，以及为实施变更内容所需要的各种资源进行合理估价，及时办理增减账手续，并通过工程款结算从业主处取得补偿。

3. 制订先进的、经济合理的施工方案

建筑装饰施工方案包括四项内容：施工方法的确定、施工机具的选择、施工顺序的安排和流水施工组织。施工方案的不同，工期、所需机具就会不同，发生的费用也不同。因此，正确选择施工方案是降低成本的关键所在，必须强调，建筑装饰施工项目的施工方案，应该同时具有先进性和可行性。如果只先进而不可行，不能在施工中发挥有效的指导作用，那就不是最佳施工方案。

4. 降低材料成本

材料成本在整个建筑装饰施工项目成本中的比重最大，一般可达70%左右，而且具有较大的节约潜力，往往在人工费和机具费等成本项目出现亏损时，要靠材料成本的节约来弥补。因此，材料成本的节约是降低项目成本的关键。节约材料费用的途径十分广阔，归纳起来有如下几方面：

① 节约采购成本：选择运费少、质量好、价格低的装饰材料供应单位；

② 认真计量验收：如遇数不足质量差的材料，要求进行索赔；

③ 严格执行材料消耗定额：通过限额领料制度落实；

④ 正确执行材料消耗水平：坚持余料回收；

⑤ 改进装饰施工技术：推广新技术、新工艺、新材料；

⑥ 减少资金占用：根据施工需要合理储备各种装饰材料；

⑦ 加强施工现场材料管理：合理堆放，减少搬运，减少仓储和材料流失等。

5. 用好用活激励机制，调动职工增产节约的积极性

① 对建筑装饰施工项目中关键工序施工的关键施工班组要实行重奖。

② 对装饰材料使用特别多的工序，可由班组直接承包。

任务 7　建筑装饰施工项目安全管理与环境保护

7.1　建筑装饰施工项目安全管理的基本概念

建筑装饰施工项目安全管理，就是在施工过程中，组织安全生产的全部管理活动。通过对生产因素具体的状态控制，使生产因素不安全的行为和状态减少或消除，不引发为事故，尤其是不引发使人受到伤害的事故。

建筑装饰施工企业是以施工生产经营为主业的经济实体。全部生产经营活动，是在特定空间进行人、财、物动态组合的过程，并通过这一过程向社会交付有商品性的建筑装饰产品。在完成建筑装饰产品过程中，人员的频繁流动、生产复杂性和产品一次性等显著生产特点，决定了组织安全生产的特殊性。安全生产是施工项目重要的控制目标之一，也是衡量建筑装饰施工项目管理水平的重要标志。

安全法规、安全技术、工业卫生是安全管理的三大主要管理措施。安全法规也称劳动保护法规，是用立法的手段制定保护职工安全生产的政策、规程、条例、制度；安全技术是指在施工过程中为防止和消除伤亡事故和减轻繁重劳动而采取的措施；工业卫生是施工过程中为防止高温、严寒、粉尘、毒气、噪声、污染等对劳动者身体健康的危害采取的防护和医疗措施。

7.2　安全管理的原则

施工现场安全管理的内容，大体可归纳为安全组织管理、场地与设施管理、行为控制和安全检查技术管理四个方面，分别对生产中的人、物、环境的行为与状态，进行具体的管理与控制。为有效地将生产要素的状态控制好，在实施安全管理过程中，必须正确处理好五种关系，坚持六项基本管理原则。

1. 正确处理五种关系

（1）安全与危险并存

安全与危险在同一事物中是相互对立和相互依赖而存在的。因为有危险，才要进行安全管理，以防止危险。保持生产的安全状态，必须采取多种措施，以预防为主，危险因素是可以控制的。

（2）安全与生产的统一

生产是人类社会存在和发展的基础。如果生产中人、物、环境都处于危险状态，生产则无法顺利进行，生产有了安全保障，才能持续、稳定地发展。

（3）安全与质量的包涵

从广义上看，质量包涵安全工作质量，安全概念也包含着质量，互为作用，互为因果。安全第一，质量第一并不矛盾。

（4）安全与速度互为保障

速度应以安全做保障，安全就是速度。生产中蛮干、乱干，在侥幸中求得速度，缺乏真实与可靠，一旦酿成不幸，不但无速度可言，反而会延误时间。

（5）安全与效益的兼顾

在安全管理中，投入要适度、适当，精打细算，统筹安排，既要保证安全生产，又要经济合理，还要考虑力所能及。单纯为省钱忽视安全生产或单纯追求不惜资金的盲目高标准，都是不可取的。

2. 坚持六项安全基本管理原则

（1）管生产同时管安全

安全寓于生产之中，并对生产发挥促进和保证作用。因此，安全与生产有时会出现矛盾，但从安全、生产管理的目标、目的来看，又表现出高度一致和安全的统一。安全管理是生产管理的重要组成部分，安全与生产在实施过程中，两者存在着密切的联系，存在着共同管理的基础。

（2）坚持安全管理的目标性

安全管理的内容是对生产中的人、物、环境因素状态的管理，有效的控制人的不安全行为和物的不安全状态，消除和避免事故，达到保证劳动者的安全与健康的目的。没有明确目的的安全管理是一种盲目行为。在一定意义上，盲目的安全管理，可能纵容危害人的安全与健康因素，向更为严重的方向发展和转化。

（3）必须贯彻预防为主的方针

安全生产的方针是"安全第一，预防为主"，它表明在生产范围内，安全与生产的关系，肯定安全在生产活动中的位置与重要性。在生产活动中，针对生产的特点，对生产因素采取管理措施，有效地控制不安全因素的发展与扩大，把可能发生的事故，消灭在萌芽状态，以保证生产活动中人的安全与健康。

（4）坚持"四全"动态管理

安全管理涉及生产活动的方方面面，涉及从开工到竣工交付的全部生产过程，涉及全部的生产时间，涉及全部变化着的因素。因此，生产活动中必须坚持"全员、全过程、全方位、全天候"的动态安全管理。

（5）安全管理重在控制

在安全管理四项重要内容中，虽然都是为了达到安全生产的目的，但是对生产因素状态的控制与安全管理目标的关系显得更直接、更为突出。因此对生产中人的不安全行为和物的不安全状态的控制，必须看做是动态安全管理的重点。

（6）在管理中求发展和提高

既然安全管理是在变化着的生产活动中管理，其管理就意味着是不断发展的、变化的，以适应变化的生产活动，消除新的危险因素。然而更为需要的是探索新的规律，总结管理、控制的办法与经验，指导新的变化后的管理，从而使安全管理不断地上升到新的高度。

7.3　建筑装饰施工项目安全管理措施

安全管理是为建筑装饰施工项目实现安全生产开展的管理活动。建筑装饰施工现场的安全管理，重点是进行人的不安全行为和物的不安全状态的控制，落实安全管理政策与目标，以消除一切事故，避免事故伤害，减少事故损失为管理目的。

1. 落实安全责任、实施责任管理

建筑装饰施工项目经理部承担控制、管理施工生产进度、成本、质量、安全等目标的责任。因此，必须同时承担进行安全管理、实现安全生产的责任。

① 建立、完善以项目经理为首的安全生产领导组织，有组织、有领导的开展安全管理活动，承担组织、领导安全生产的责任。

② 建立各级人员安全生产责任制度，明确各级人员的安全责任。抓制度落实、抓责任落实，定期检查制度安全责任落实情况。安全组织管理制度主要包括：安全生产教育制度，安全生产检查制度，安全技术措施制度，伤亡事故报告及处理制度，职工劳动用品的发放制度等。

③ 施工项目应通过监察部门的安全生产资质审查，并得到认可。

一切从事生产管理与操作的人员，依照其从事的生产内容，分别通过企业、施工项目的安全审查，取得安全操作认可证，持证上岗。特种作业人员、除经企业的安全审查，还需要按规定参加安全操作考核，取得监察部门核发的《安全操作合格证》，坚持"持证上岗"。

④ 项目经理负责施工生产中物的状态审验与认可，承担物的状态漏验、失控的管理责任。

⑤ 一切管理、操作人员均需与项目经理部签订安全协议，向项目经理部作出安全保证。

⑥ 安全生产责任落实情况的检查，应认真、详细的记录，作为分配、奖赏的原始资料之一。

2. 安全教育与训练

（1）所有管理、操作人员应具有安全的基本条件与素质

① 具有合法的劳动手续。没有痴呆、健忘、精神失常、癫疯、脑外伤后遗症、心血管疾病、眩晕以及不适合从事操作的疾病。没有感官缺陷，感性良好；有良好的接受、处理、反馈信息的能力。

② 具有适于不同层次的操作所必需的文化。

③ 输入的劳务，必须具有基本的安全操作素质，经过正规训练、考核及输入手续完备。

（2）安全教育、训练的目的与方式

① 安全教育、训练包括知识、技能、意识三个阶段的教育。安全知识教育，使操作者了解、掌握生产操作过程中潜在的危险因素及防范措施。

② 安全技能训练。使操作者逐渐掌握安全生产技能，获得完善化、自动化的行为方式，减少操作中的失误现象。

③ 安全意识教育。在于激励操作者自觉坚持实行安全技能。

（3）安全教育的内容根据实际需要而确定

① 新工人入场前应完成三级安全教育。

② 结合施工生产的变化、适时进行安全知识教育。

③ 结合生产组织安全技能训练，干什么训练什么，反复训练、分步验收，以达到完善化、自动化的行为方式，划为一个训练阶段。

④ 安全意识教育的内容不易确定，应随安全生产的形势变化，确定阶段教育内容。

⑤ 受季节、自然变化影响时，针对由于这种变化而出现生产环境、作业条件的变化进行的教育，其目的在于增强安全意识，控制人的行为，尽快地适应变化，减少人为失误。

⑥ 采用新技术，使用新设备、新材料，推行新工艺之前，应对有关人员进行安全知识、技能、意识的全面安全教育，激励操作者实行安全技能的自觉性。

（4）加强教育管理，增强安全教育效果

① 教育内容全面，重点突出，系统性强，抓住关键反复教育。

② 反复实践，养成自觉采用安全操作方法的习惯。

③ 告诉受教育者怎样才能保证安全，而不是不应该做什么。

④ 奖励促进，巩固学习成果。

（5）安全教育并注意

进行各种形式、不同内容的安全教育，同时应把教育的时间、内容等清楚地记录在安全教育记录本或记录卡上。

3. 安全检查

（1）安全检查的形式和内容

安全检查的形式有普通检查、专业检查和季节性检查，还可以进行定期、突击性、特殊检查。

安全检查的内容主要是查思想、查管理、查制度、查现场、查隐患、查事故处理。

① 施工项目的安全检查以自检形式为主，是对自项目经理至操作人员，生产全部过程、各个方位的全面安全状况的检查。检查的重点以劳动条件、生产设备、现场管理、安全卫生设施以及生产人员的行为为主。发现危及人的安全因素时，必须果断地消除。

② 各级生产组织者，应在全面安全检查中，透过作业环境状态和隐患，对照安全生产方针、政策、检查对安全生产认识的差距。

③ 对安全管理的检查，主要是：安全生产是否提到议事日程上，各级安全责任人是否坚持"五同时"（指在计划、布置、检查、总结、评比生产工作的同时，要计划、布置、检查、总结、评比安全生产工作）。项目经理部各职能部门、人员，是否在各自业务范围内落实了安全生产责任。专职安全人员是否在位、在岗。安全教育是否落实，教育是否到位。

工程技术、安全技术是否结合为统一体；作业标准化实施情况；安全控制措施是否有力，控制是否到位，有哪些消除管理差距的措施；事故处理是否符合规则，是否坚持"四不放过"的原则。

（2）安全检查的组织

① 建立安全检查制度，按制度要求的规模、时间、原则、处理等方面的全面落实。

② 成立由第一责任人为首，业务部门、人员参加的安全检查组织。

③ 安全检查必须做到有计划、有目的、有准备、有整改、有总结、有处理。

（3）安全检查的准备

进行安全检查前，必须做好充分的准备工作，其内容主要包括思想准备和业务准备。

① 思想准备。发动全员开展自检，自检与制度检查结合，形成自检自改，边改边检的局面。

② 业务准备。确定安全检查目的、步骤、方法。成立检查组，安排检查日程。分析事故资料，确定检查重点，把精力侧重于事故多发部位和工种的检查。规范检查记录用表，使安全检查逐步纳入科学化、规范化轨道。

（4）安全检查方法

常用的有一般检查方法和安全检查表法。

① 一般检查方法。常采用看、听、嗅、问、测、验、析等方法。

看：看现场环境和作业条件，看实物和实际操作，看记录和资料等。

听：听汇报、听介绍、听反映、听意见或批评、听机械设备的运转响声等。

嗅：对挥发物、腐蚀物、有毒气体进行辨别。

问：对影响安全问题详细询问，寻根问底。

查：查明问题、查对数据、查清原因、追查责任。

测：测量、测试、监测。

验：进行必要的实验或化验。

析：分析安全事故的隐患、原因。

② 安全检查表法。

这是一种原始的、初步的定性分析方法，它通过事先拟订的安全检查明细表或清单，对安全生产进行初步的诊断和控制。安全检查表通常包括检查项目、内容、回答问题、改进措施、检查措施、检查人等内容。

4. 作业标准化

按科学的作业标准规范人的行为，有利于控制人的行为，减少人的失误。

（1）制定作业标准，是实施作业标准化的首要条件

① 采取技术人员、管理人员、操作者三结合的方式，根据操作的具体条件制定作业标准。坚持反复实践、反复修订后加以确定的原则。

② 作业标准要明确规定操作程序、步骤。

③ 尽量使操作简单化、专业化，尽量减少使用工具、夹具次数，以降低操作者熟练技能或注意力的要求，使作业标准尽量减轻操作者的精神负担。

④ 作业标准必须符合生产和作业环境的实际情况，不能不作业标准通用化。不同作业条件的作业标准应有所区别。

（2）作业标准必须考虑到人的身体运动特点和规律

作业场地布置、使用工具设备、操作幅度等，应符合人体学的要求。

（3）作业标准训练的方法

① 训练要讲究方法和程序，宜以讲解示范为先，符合重点突出、交代透彻的要求。

② 边训练边作业，巡检纠正偏向。

③ 先达标、先评价、先报偿，不强求一致。多次纠正偏向，仍不能克服习惯操作、操作不标准的，应得到负报偿。

5. 正确对待事故的调查与处理

事故是违背人们的意愿，且又不希望发生的事件。一旦事故不能以违背人们的意愿为理由，予以否定。关键在于对事故的发生要有正确认识并用严肃、认真、科学、积极的确态度，处理好已发生的事故，尽量减少损失。采取有效措施，避免同类事故重复发生。

① 对各类事故应认真查处，坚持事故原因未查清不放过、责任人员未处理不放过、整改措施未到位不放过、有关人员未受教育不放过的"四不放过"原则，不仅要追究事故直接责任人的责任，同时要追究有关负责人的领导责任。

② 事故处理程序。

事故报告：发生事故后，以严肃、科学的态度去认识事故、实事求是的按照规定、要求报告。不隐瞒、不虚报、不避重就轻对待事故。

事故调查分析：积极抢救负伤人员的同时，保护好事故现场，以利于调查清楚事故原因，从事故中找到生产因素控制的差距；分析事故，弄清发生过程，找出造成事故的人、物、环境状态方面的原因，分清造成事故的安全责任，总结生产因素管理方面的教训。

事故处理：根据事故处理意见进行事故处理。

③ 安全教育和事故整改。

以事故为例，召开事故分析会进行安全教育；采取预防类似事故重复发生的措施，并组织彻底的整改；使采取的措施完全落实。

7.4 建筑装饰施工项目环境保护管理概述

建筑装饰工程中，不可避免引起环境污染，对装饰材料的选择使用不当，造成环境问题更大。在组织施工过程中，采取有效措施，控制和消除环境污染是建筑装饰工程施工项目管理的重要内容。

1. 施工现场环境保护管理

施工现场环境保护是保证人们身体健康，消除外部干扰、保证施工顺利进行的需要，也是现代化大生产的客观要求，是国家和政府的要求，是施工企业的行为准则。

做好施工现场环境保护主要采取如下措施：

（1）实行目标责任制

把环保指标以责任书的形式层层分解到有关部门和个人，列入承包合同和岗位责任制，建立环保自我监控体系，项目经理是环保工作的第一责任人，是施工现场环境保护自我控制的领导者和责任者，要把环境保护政绩作为考核各级领导的一项重要内容。

（2）加强检查和监控工作

加强检查和监控工作，主要是加强对施工现场粉尘，噪声、废气的监控和监测以及检查工作。

（3）对施工现场的环境要进行综合治理

综合治理重点是三方面：一是要监控；二是要会同周边单位协调环保工作，齐抓共管；三要做好宣传教育工作。

（4）严格执行国家法律、法规，制定相关技术措施

（5）积极采取防止大气污染的措施

防止大气污染的措施主要包括：水泥、木材、瓷砖的切割粉尘等，采用局部吸尘，控制污染源等方法解决。

（6）积极采取措施防止噪声污染

通过控制和减弱噪声源，控制噪声的转播来减弱和消除危害。

2. 装饰用材的环境保护管理

装饰用材的环境保护管理包括两个方面：一是材料的选用；二是材料使用操作过程中污染源的控制和污染物的处理。建筑装饰材料发展迅速，现代建筑装饰较传统的装饰做法有了极大地改变，如今的墙面装饰已由高级装饰涂料、中高档壁纸替代大白浆、普通瓷砖进行装

饰：地面装饰也不再是灰、冷、硬的水泥地面，而多采用玻化砖、复合地板、高档塑料地板、地毯等进行装饰；顶棚过去一般不装饰，现在做吊顶已成为一种时尚，有石膏板吊顶、塑料装饰板吊顶、装饰玻璃吊顶、金属吊顶等等。过去只有星级宾馆的卫生间才安装浴缸、冲淋设备，如今卫生间装饰热正在家庭装饰中兴起；厨房装饰已开始淘汰水泥槽、白瓷砖灶台，向不锈钢灶台等高档材料发展；普通钢窗、木窗已不能满足装饰的要求，而逐渐被塑料门窗、铝合金门窗所代替。装饰材料更新快，品种多，性能各异，对运输、保管、堆放和施工操作要求严格。因此，对环境造成潜在的威胁越来越大。

（1）装饰材料的选用

由于一些装饰材料在施工和使用过程中确实发挥、散发着有害的气体和物质，污染室内空气，引起各种疾病，影响人们的身体健康，因此首先选择环保建材或低污染、无毒的建材。造成室内环境污染的材料主要有以下几种：

① 个别品种的花岗石、大理石、瓷砖、粉煤灰砖等产品会有镭、钍、r射线、氡气等放射性物质，使用前注意鉴别和测定。

② 一些油漆、涂料等有机建材，含苯、酚、蒽、醛及其衍生物等有毒物质，人体长期在超标的有毒物质中生活，会导致病变和致癌。如溶剂多彩涂料，在其油滴中，甲苯和二甲苯的含量占20%～50%，而苯在工作场所中，允许值为5mg/m³。在居室中0.8mg/m³以上为超标。

③ 人造板材如胶合板、纤维板、包括板等以及某些胶和剂，是常用的装饰材料，但这些材料常会有甲醛、苯、和其他挥发性物质。这些挥发性有机物容易挥发，污染室内空气，刺激人体皮肤黏膜，特别是眼睛、鼻器官，引起眼睛涩痛、呼吸道发炎、咳嗽，头晕、头痛等。

用于内外墙装饰和室内吊顶的石棉纤维水泥制品，所含的微细石棉纤维被人吸入后轻者引起难以治愈的石棉肺病，重者会引起各种癌症，给患者带来极大的痛苦，为此一些国家或地区（如德国、法国、瑞典、新加坡等）已禁止生产使用一切石棉制品。

（2）施工中对污染源的控制

装饰工程施工规程中污染中污染源主要有以下几类：水泥、木屑粉尘、机械设备运转噪声、有毒气体等。

① 粉尘的控制。主要是水泥粉尘、木屑和瓷砖切割时飞起的碎屑等。在施工中设置必要的吸尘罩、滤尘器和隔尘设施，可有效地防止粉尘的飞扬和扩散，同时还可回收粉尘以利再用。

② 噪声控制主要是减弱噪声源发出的噪声和控制噪声的传播。从改革工艺入手，以无声的工具代替有声的工具，如用液压机代替锻造机、风动铆钉机等来减弱设备运转的噪声；对发生噪声的设备质量、频率和振幅等进行必要的限制或控制间歇的使用设备法；通过采取消声措施，来控制噪声的传播。

③ 有毒气体和废弃物的排放控制。建筑装饰工程中，使用涂料和油漆较多，使用中有毒物质，主要是苯的浓度在局部范围内较大，危及现场及周边人员的身体健康。为此，需要采取综合性预防措施，使苯在空气中的浓度下降。

废弃物，主要是各种液体装饰材料的残渣、残液、废水以及固体包装物、废弃物、下脚料等。要进行分类和妥善处理，不能在环境中吸收、消化的要送垃圾处理场，同时，可以进行加工回收和再利用。废水废液的遗弃要经过消毒处理，不能直接排放，以免造成地下水源的污染或向环境中散发有毒气体。

习题与实训

一、习题

1. 名词解释

（1）建筑装饰施工项目管理；（2）建筑装饰施工合同；（3）要约和承诺；（4）施工索赔；（5）费用索赔；（6）工期索赔；（7）索赔证据；（8）工程质量；（9）工序质量；（10）施工项目成本；（11）施工项目安全管理

2. 单项选择题

（1）施工承包合同规定，工程师的检查检验不应影响施工的正常进行，如影响施工正常进行，其处理原则是（　　）。

A. 检查检验不合格时，双方分担承担费用

B. 检查检验不合格时，发包人承担费用

C. 检查检验合格时，承包人承担费用，工期顺延

D. 检查检验合格时，发包人承担费用，工期顺延

（2）工期索赔，一般指（　　）要求延长工期

A. 分包人向业主或者分包人向承包人　　B. 承包人向业主或者分包人向承包人

C. 承包人向业主或者承包人向分包人　　D. 业主向承包人或者分包人向承包人

（3）对于承包人向发包人的索赔请求，索赔文件首先应该交由（　　）审核。

A. 业主　　　　　　　　　　　　　　　B. 监理工程师

C. 项目经理　　　　　　　　　　　　　D. 律师

（4）由于发包人未能按时办理有关批准和手续，导致工程暂停施工，（　　）。

A. 发包人承担所发生的追加合同价款，工期不相应顺延

B. 发包人承担所发生的追加合同价款，工期相应顺延

C. 承包人承担所发生的追加合同价款，工期不相应顺延

D. 承包人承担所发生的追加合同价款，工期相应顺延

（5）设计交底会议纪要、图纸会审纪要经（　　）签认，即成为施工和监理的依据。

A. 建设单位　　　　　　　　　　　　　B. 建设单位和设计单位

C. 设计单位　　　　　　　　　　　　　D. 参与建设各方

（6）设计交底应在（　　）完成。

A. 图纸会审前　　　　　　　　　　　　B. 施工开始前

C. 施工开始后　　　　　　　　　　　　D. 设计文件报批前

（7）施工质量验收中，检验批质量验收记录应由（　　）填写验收结论并签字认可。

A. 施工单位专职质检员　　　　　　　　B. 施工单位项目经理

C. 专业监理工程师　　　　　　　　　　D. 总监理工程师

（8）分部工程观感质量的验收，由各方验收人员根据主观印象判断，按（　　）给出综合质量评价。

A. 合格、基本合格、不合格　　　　　　B. 基本合格、合格、良好

C. 优、良、中、差　　　　　　　　　　D. 好、一般、差

（9）施工过程中的分部工程验收时，对于地基基础、主体结构分部工程，应由（　　）组织验收。

A. 建设单位项目负责人

B. 总监理工程师

C. 建设单位项目负责人和总监理工程师共同

D. 建设单位项目负责人和质监站负责人共同

（10）各类房屋建筑工程和市政基础设施工程，竣工验收合格后，都应该在规定的时间内将工程竣工验收报告和有关文件，由（　　）报建设行政主管部门备案。

A. 施工单位
B. 建设单位

C. 监理单位
D. 建设单位与监理单位共同

（11）施工方进度控制的任务是（　　）。

A. 控制整个项目实施阶段的进度

B. 依据设计任务委托合同对设计工作进度的要求控制设计工作进度

C. 依据施工任务委托合同对施工进度的要求控制施工进度

D. 依据供货合同对供货的要求控制供货进度

（12）下列一般不属于成本项目的是（　　）。

A. 直接材料
B. 折旧费

C. 直接工资
D. 制造费用

（13）施工成本控制的步骤中，在比较的基础上，对比较的结果进行（　　），以确定偏差的严重性及偏差产生的原因。

A. 预测
B. 分析

C. 检查
D. 纠偏

（14）按照某种确定的方式将施工成本（　　）逐项进行比较，以发现施工成本是否已超支。

A. 计划值与目标值
B. 目标值与实际值

C. 计划值与考核值
D. 计划值与实际值

（15）根据成本信息和施工项目的具体情况，运用一定的专门方法，对未来的成本水平及其可能发展趋势做出科学的估计，这是（　　）。

A. 施工成本控制
B. 施工成本计划

C. 施工成本预测
D. 施工成本核算

（16）在施工过程中，对影响施工项目成本的各种因素加强管理，并采用各种有效措施加以纠正，这是（　　）。

A. 施工成本控制
B. 施工成本计划

C. 施工成本预测
D. 施工成本核算

（17）安全性检查的类型有（　　）。

A. 日常性检查、专业性检查、季节性检查、节假日前后检查和不定期检查

B. 日常性检查、专业性检查、季节性检查、节假日后检查和定期检查

C. 日常性检查、非专业性检查、节假日前后检查和不定期检查

D. 日常性检查、非专业性检查、季节性检查、节假日前检查和不定期检查

（18）安全检查的主要内容包括（　　）。

A. 查思想、查管理、查作风、查整改、查事故处理、查隐患

B. 查思想、查作风、查整改、查管理

C. 查思想、查管理、查整改、查事故处理

D. 查管理、查思想、查整改、查事故处理、查隐患

3. 简答题

（1）建筑装饰施工项目管理有哪些主要内容？

（2）建筑装饰施工项目管理组织机构的设置有哪些原则？

（3）建筑装饰施工项目管理组织有哪些组织形式？各有何特点？

（4）施工项目经理应具备哪些条件？建筑装饰项目经理有哪些权限？

（5）建筑装饰施工合同有哪些作用和特点？

（6）建筑装饰施工合同内容有哪些？

（7）建筑装饰施工合同履行的基本原则是什么？

（8）施工索赔的起因有哪些？

（9）施工索赔的证据有哪些？

（10）工程质量、工序质量、工作质量的含义及它们之间的相互关系？

（11）影响施工项目质量的因素有哪五个方面？

（12）施工现场进行质量检查的方法有哪几种？

（13）工程实际进度与计划进度的比较方法有哪些？

（14）如何绘制前锋线？如何利用前锋线确定实际进度与计划进度的偏差？

（15）进度计划计划调整的方法有哪些？如何进行调整？

（16）在施工项目安全管理中应采取哪些措施？

（17）常用的安全检查方法有哪些？

二、实训

【案例1】

背景：

2004年1月，某市石油公司与该市永丰建筑工程公司签订一份《加油站维修项目协议书》，该协议书约定：永丰公司为石油公司提供加油站维修服务，合同期限为一年，永丰公司按照石油公司提供的图纸施工，合同价款以石油公司最终审定的结算报告为准，验收合格后一星期内办理结算。但协议书没具体约定维修哪座加油站。2004年2月，石油公司将一座加油站的维修工程承包给永丰公司，两个月后，该工程顺利完工，双方办理了结算手续。2004年8月，石油公司决定对辖区内的另外三座加油站进行维修。根据上级公司要求，决定进行公开招标。永丰公司也参加了投标，但由于报价太高，均未中标。于是，石油公司将维修工程发包给另外两家中标的工程公司，并与之签订了工程维修合同。2004年9月，永丰公司向当地法院起诉，认为石油公司违约。理由是双方于一月份已经签订了《加油站维修项目协议书》，约定永丰公司为石油公司提供加油站维修服务，合同期限为一年。应当认为本年度内的所有加油站维修工程均应由其承包。

问题：

永丰公司能胜诉吗？

评析：

法院的最终判决：石油公司承担违约责任。

《中华人民共和国合同法》第十二条规定，合同一般包括以下条款：双方当事人、标的、数量、质量、价款、履行期限地点和方式、违约责任和解决争议的方法。

合同标的是合同最重要的条款之一，合同当事人应当在合同中对此作出明确约定。否则容易引发争议。在本案例中，双方之所以发生争议，主要在于双方签订的合同中没有明确约定合同标的，给了对方可乘之机。石油公司与永丰公司签订的合同，没有明确约定具体的维修对象，容易让人误解为包括本年度内所有的加油站维修工程项目。

【案例 2】

背景：

某厂新建一车间，分别与市设计院和市建某公司签订了设计合同与施工合同，工程竣工厂房北侧墙壁发生裂缝，为此某厂向法院起诉市建某公司，经勘验裂缝是由于地基不均匀沉降引起，结论是结构设计图纸所依据的地质资料不准。于是某厂又向法院起诉设计院，市设计院答辩，市设计院是根据某厂提供的地质资料设计的，不应承担事故责任。经法院查证；某厂提供的地质资料不是新建车间的地质资料，而是与该车间相邻的某厂的地质资料，事故前设计院也不知道该情况。

问题：

事故的责任者是谁？所发生的诉讼费应由谁承担？

评析：

本案设计合同的主体是某厂和设计院，施工合同的主体是此某厂和市建某公司，事故中涉及的是设计合同的责权关系，所以市建某公司没有责任。

在设计合同中委托方应提供准确的资料，而且要对资料的可靠性负责，所以委托方提供假的地质资料是事故的根源，委托方是事故的责任者，在整个设计过程中，设计院并未对地质资料进行认真的审查，导致事故的发生，否则有可能防止事故的发生。所以设计院也是事故的责任者。由此可知：委托方是直接和主要责任者，设计院为间接次要责任者。

本案所发生的诉讼费主要由某厂负担，设计院也应承担一小部分。

【案例 3】

背景：

威海某高校向威海某空调公司发出中标通知书，通知空调公司中标该校办公楼空调安装工程。但在正式合同签订之前，学校以空调公司要求修改投标书中的付款方式是改变投标文件实质性条款、无法与其签订正式合同为由决定中止与空调公司达成的意向。空调公司诉至法院，要求学校赔偿因此给公司造成的损失 60 万元。

问题：

学校要赔偿空调公司损失吗？

评析：

当地人民法院经审理认为，学校发出的招标文件，系要约邀请，空调公司向学校发出的投标书属于要约，学校随后发出的中标通知书是对要约的承诺，根据合同法的规定，双方合同已经成立。之后空调公司就付款方式又提出新的方案，这只是单方面提出变更合同内容的要求，学校如不同意，仍应按原意见订立书面合同。而学校不与空调公司订立书面合同，是违约行为，应承担违约赔偿责任。最终在法官主持下，双方达成和解协议：学校赔偿空调公司损失 88000 元。

【案例 4】

背景：

2006 年 3 月，王女士与百安居装饰公司签订了一份《家庭装潢工程设计合同》，房子位于大塘新村 2 幢某单元一居室。设计费总价为 4500 元，王女士签订合同时首付 2250 元。随后，王从百安居处取得了设计图纸并支付了余下的 2250 元设计费。此后，被告百安居根据该设计图纸作出施工预算，双方签订了《住宅装饰装修施工合同》。同年 6 月 17 日，百安居在收到王女士支付的第一笔预付款后，开始了房屋的装修。

两个月后，杭州市拱墅区房地产监察大队以超范围装修属违章行为为由，向王女士发出《责令停工通知书》。原来，设计图纸将卫生间门开在通道；房屋进户门则外移，占用了公共通道。王女士于是状告百安居，要求返还设计费 4500 元、赔偿经济损失 49024 元。

当地法院认定了上述事实，确认"百安居"的设计存在问题。

问题：

为什么法院认定百安居的行为属违约？

评析：

百安居作为一家专业公司向王女士提供的设计方案与《杭州市城镇住宅装修管理办法》第七条关于"在装修住宅时不得拆除或改动柱梁、混凝土承重构件等其他损坏房屋结构及设施、危及房屋安全的行为"所规定的禁止性条款相违背，并最终导致被责令停止施工。

法院还进一步认定，"将卫生间门开在通道及将房屋进户门外移"的主张不管是否是王女士提出，百安居作为专业公司都不能在明知该要求违反了相关法律、法规的前提下仍作出上述违规的设计方案，并将该违规设计方案作为合同标的物交付给了王女士，百安居的这种行为属违约，应承担违约责任。

法院最终判决百安居返还王女士设计费 4500 元，驳回王女士的其他诉请。

【案例 5】

背景：

某装修工程甲乙双方签订了装修施工合同，合同中对甲乙双方的责任进行了约定。在合同履行过程中发生如下事件：

1. 由于甲方不能及时提供施工场地，造成乙方迟于合同约定开工日期若干天才进场施工。

2. 由于甲方供应的部分材料不满足设计要求，造成乙方停工待料若干天。

3. 由于乙方原因造成墙面瓷砖大面积空鼓，甲方要求乙方进行返工处理。

4. 由于甲方对乙方已隐蔽的干挂石龙骨的施工质量有怀疑，要求乙方对已隐蔽的干挂石龙骨进行重新检验。

5. 工程具备验收条件后，乙方向甲方送交了竣工验收报告，但由于甲方原因，在收到乙方的验收报告后未能在约定日期内组织竣工验收。

6. 由于乙方原因未能在工程竣工验收报告经甲方认可后 28d 内将竣工结算报告及完整的结算资料报送甲方，造成工程结算不能正常进行及工程结算款不能及时支付。

问题：

1. 针对事件 1，乙方提出顺延工期以及赔偿此间损失的要求，甲方是否答应其要求？

2. 针对事件 2，乙方要求甲方更换材料，赔偿乙方停工待料的损失，并顺延工期，乙方的要求合理吗？

3. 针对事件 3，乙方是否应返工？发生的费用及拖延的工期是否应得到赔偿？

4. 针对事件 4，接到重新检验的通知后，乙方是否应配合甲方的要求？重新检验合格与否的责任及费用由谁承担？

5. 针对事件 5，乙方送交的竣工报告是否应被认可？

6. 针对事件 6，工程结算不能正常进行及工程结算款不能及时支付责任在于哪方？如甲方要求交付工程，乙方是否应当交付？

评析：

问题 1：工期应顺延，甲方应当赔偿乙方造成的损失。

问题 2：乙方的要求合理，甲方应负责将不合格材料运出施工场地并重新采购，并赔偿乙方由此造成的损失，工期相应顺延。

问题 3：乙方应对不合格瓷砖进行返工处理，工期不可顺延，发生的费用全部由乙方承担，不应赔偿。

问题 4：乙方应配合甲方做好全新检验工作，接到全新检验的通知后，乙方应按要求进行剥离，并在检验后在新覆盖或修复。如重新检验质量合格，甲方承担由此发生的全部费用，赔偿乙方损失，并相应顺延工期；检验不合格，乙方承担发生的全部费用，工期不予顺延。

问题 5：验收报告应被认可。甲方收到乙方递交的竣工验收报告后 28d 内不组织验收，或验收后 14 天内不提出修改意见，视为验收报告已被认可。同时，从第 29d 起，甲方承担工程保管责任及一切意外责任。

问题 6：工程竣工结算不能正常进行或工程竣工结算价款不能及时支付的责任由乙方承担，如果甲方要求交付工程，乙方应当交付。

【案例 6】

背景：

某幕墙公司通过招投标直接向建设单位承包了某多层普通旅游宾馆的建筑幕墙工程。合同约定实行固定单价合同。工程所有用材料除了石材和夹层玻璃由建设单位直接采购运到现场外，其他材料均由承包人自行采购。合同约定工期 120 个日历天。合同履行过程中发生下列事件：

1. 建设单位直接采购的夹层玻璃到场后，经现场验收发现夹层玻璃采用湿法加工，质量不符合幕墙工程的要求，经协商决定退货。幕墙公司因此不能按计划制作玻璃板块，使这一在关键线路上的工作延误了 15d。

2. 工程施工过程中，建设单位要求对石材幕墙进行设计变更。施工单位按建设单位提出的设计修改图进行施工。设计变更造成工程量增加及停工、返工损失，施工单位在施工完成 15d 后才向建设单位提出变更工程价款报告。建设单位对变更价款不予认可，而按照其掌握的资料单方决定变更价款，并书面通知了施工单位。

3. 建设单位因宾馆使用功能调整，又将部分明框玻璃幕墙改为点支承玻璃幕墙。施工单位在变更确定后第10d，向建设单位提出了工程变更价款报告，但建设单位未予确认也未提出协商意见。施工单位在提出报告20d后，就进行施工。在工程结算时，建设单位对变更价款不予认可。

4. 由于在施工过程中，铝合金型材涨价幅度较大，施工单位提出按市场价格调整综合单价。

问题：

1. 幕墙公司可否向建设单位提出工期补偿和赔偿停工、窝工损失？为什么？

2. 施工单位的做法是否正确？为什么？

3. 建设单位的做法是否正确？为什么？

4. 幕墙公司的要求是否合理？为什么？

评析：

问题1：可以。因为玻璃板块制作是在关键线路上的工作，直接影响到总工期，建设单位未及时供应原材料造成工期延误和停工、窝工损失，根据《合同法》规定，应给予工期和费用补偿。

问题2：正确。因为按照《建设工程价款结算暂行办法》规定，工程设计变更确定后14d内，如承包人未提出变更工程价款报告，则发包人可根据所掌握的资料决定是否调整合同价款和调整的具体金额。

问题3：不正确。因为按照《建设工程价款结算暂行办法》规定，自变更工程价款报告送达之日起14d内，建设单位未确认也未提出协商意见时，视为变更工程价款报告已被确认。所以，幕墙公司可以按照变更价款报告中的价格进行结算。

问题4：不合理。因为本工程为固定单价合同，合同中的综合单价应包含风险因素，一般的材料价格调整，不应调整综合单价。

【案例7】

背景：

已知某工程双代号网络计划如图5.10所示，该项任务要求工期为14d。第5d末检查发现：A工作已完成3d工作量，B工作已完成1d工作量，C、D工作已全部完成，E工作已完成2d工作量，G工作已完成1d工作量，H工作尚未开始，其他工作均未开始。

问题：

试用前锋线比较法分析工程实际进度与计划进度。

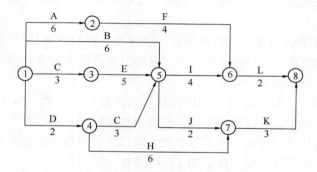

图5.10　某工程施工进度计划图

评析：

问题 1：绘制前锋线比较图。将题示的网络进度计划图绘成时标网络图，如图 5.11 所示。再根据题示的工程有关工作的实际进度，在该时标络图上绘出实际进度前锋线。

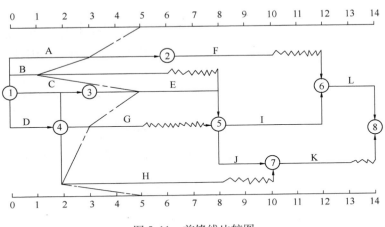

图 5.11　前锋线比较图

问题 2：实际进度与计划进度比较及预测

由图可见，工作 A 进度偏差 2d，不影响工期；B 工作进度偏差 4d，影响工期 2d；工作 E 无进度偏差，正常；工作 G 进度偏差 2d，不影响工期；工作 H 进度偏差 3d，不影响工期。

【案例 8】

背景：

某工程项目开工之前，承包方向监理工程师提交了施工进度，如图 5.12 所示。该计划满足合同工期 100d 的要求。在此施工进度计划中，由于工作 E 和 G 共用一台塔吊（塔吊原计划在开工第 25d 后进场投入使用），必须顺序施工，使用的先后顺序不受限制（其他工作不用塔吊）。

在施工过程中，由于业主要求变更设计图纸，使工作 E 停工 10d（其他工作持续时间不变），监理工程师及时向承包方发出调整进度计划通知，以保证按期完成施工任务。

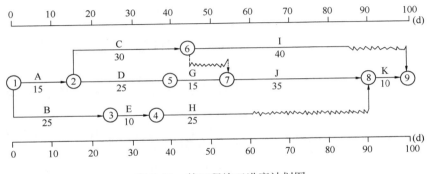

图 5.12　某工程施工进度计划图

问题:

1. 如果在原计划中先安排工作 E, 后安排工作 G 施工, 塔吊应安排在第几天进场投入使用较为合理? 为什么?

2. 工作 E 停工 10d 后, 应如何调整进度计划较为合理?

评析:

问题 1: 塔吊应安排在第 31d 进场投入使用较为合理, 因为这样, 塔吊无闲置时间。

问题 2: 调整后的进度计划如图 5.13 所示。先工作 G, 后工作 E, 因为工作 E 有 30d 总时差可利用。

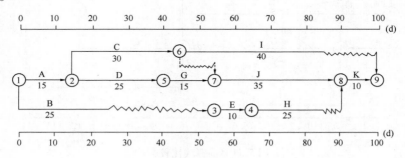

图 5.13　调整后施工进度计划图

【案例 9】

背景:

某建筑装饰装修工程合同工期为 25 个月, 其双代号网络计划如图 5.14 所示。该计划经过监理工程师批准。

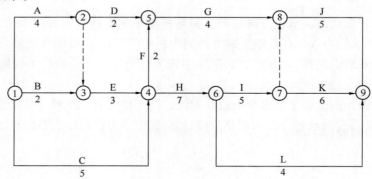

图 5.14　某工程施工进度计划图

问题:

1. 该网络计划的计算工期是多少? 为保证工期按期完成, 哪些工作应作为重点控制对象? 为什么?

2. 当该计划执行 7 个月后, 检查发现, 施工过程 C 和施工过程 D 已完成, 而施工过程 E 将拖后 2 个月。此时施工过程 E 的实际进度是否影响总工期? 为什么?

3. 如果施工过程 E 的施工进度拖后 2 个月是由于 20 年一遇的大雨造成的, 那么承包单位是否可以向建设单位索赔工期和费用? 为什么?

评析：

问题 1：用标号法确定关键线路和工期，如图 5.15 所示。可知，计算工期为 25 个月。由于 A、E、H、I、K 为关键工作，因此为确保工期，A、E、H、I、K 工作应作为重点的控制对象。

问题 2：因为 E 工作为关键工作，总时差为 0；E 拖延 2 个月，影响总工期 2 个月。

问题 3：可以索赔工期 2 个月，不可索赔费用。20 年一遇的大雨是由于自然条件的影响，这是有经验的承包商无法预料的，因此只可索赔工期，不可索赔费用。

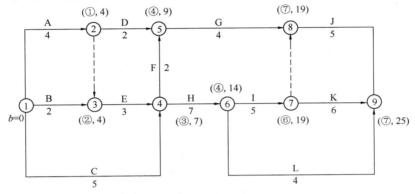

图 5.15　标号法计算工期和找关键线路

【案例 10】

背景：

某建筑装饰施工企业与建设单位签订了某工程建筑装饰施工合同，合同约定外墙铝合金门窗由业主负责供货。在施工过程中，监理工程师在对外墙铝合金门窗进行质量检验时，发现有 5 个铝合金窗框变形较大，即下令施工单位拆除，经检查，这 5 个铝合金窗框使用材料不合格。

问题：

对此问题该如何处理？

评析：

施工单位应按照监理工程师指令拆除质量不符合要求的铝合金窗框，并要求业主退货，重新购买合格铝合金窗框，重新安装，并经检查认可验收。所造成的工期和经济损失监理工程师应签字认可，由业主承担。

2009—2011 年全国二级建造师
《项目管理》考试真题（摘录）

一、2009 年考试真题

（一）单项选择题

1. 在施工成本动态控制过程中，当对工程合同价与实际施工成本．工程款支付进行比较时，成本的计划值是（   ）。

A. 工程合同价   B. 实际施工成本

C. 工程款支付额   D. 施工图预算

2. 下列定额中，属于企业定额性质的是（   ）。

A. 施工定额   B. 预算定额

C. 概算定额   D. 概算指标

3. 施工成本管理的每一个环节都是相互联系和相互作用的，其中（   ）是成本决策的前提。

A. 成本预测   B. 成本计划

C. 成本核算   D. 成本考核

4. 下列施工成本控制依据中，能提供工程实际完成量及工程款实际支付情况的是（   ）。

A. 工程承包合同   B. 施工成本计划

C. 进度报告   D. 工程变更文件

5. 确定施工成本偏差的严重性和偏差产生的原因，是施工成本控制过程中（   ）阶段要解决的问题。

A. 比较   B. 分析   C. 预测   D. 纠偏

6. 用曲线法进行施工成本偏差分析时，在检测时间点上已完工作实际费用曲线与已完工作预算费用曲线的竖向距离表示（   ）。

A. 累计费用偏差   B. 累计进度偏差

C. 局部进度偏差   D. 局部费用偏差

7. 下列施工进度计划中，属于实施性施工进度计划的是（   ）。

A. 施工总进度计划   B. 单体工程施工进度计划

C. 项目年度施工计划   D. 项目月度施工计划

8. 编制控制性施工进度计划的主要目的是（   ）。

A. 分解承包合同规定的进度目标，确定控制节点的进度目标

B. 指导施工班组的作业安排

C. 确定承包合同的工期目标

D. 参与投标竞争，提高投标竞争力

9. 横道图计划的特点之一是( )。

A. 适用于大的进度计划系统

B. 能方便地确定关键工作

C. 工作之间的逻辑关系不易表达清楚

D. 计划调整只能采用计算机进行

10. 在工程网络计划中,关键工作是指网络计划中( )。

A. 总时差为零的工作

B. 总时差最小的工作

C. 自由时差为零的工作

D. 自由时差最小的工作

11. 某施工项目部决定将原来的横道图进度计划改为网络进度计划进行进度控制,以避免工作之间出现不协调情况。该项进度控制措施属于( )。

A. 组织措施

B. 管理措施

C. 经济措施

D. 技术措施

12. 工程项目的质量终检存在一定的局限性,因此施工质量控制应重视( )。

A. 竣工预验收

B. 竣工验收

C. 过程控制

D. 事后控制

13. 在工程项目施工质量管理中,起决定性作用的影响因素是( )。

A. 人

B. 材料

C. 机械

D. 方法

14. 某单代号网络计划如下图所示,工作 D 的自由时差为( )。

A. 0

B. 1

C. 2

D. 3

15. 对进入施工现场的钢筋取样后进行力学性能检测,属于施工质量控制方法中的( )。

A. 目测法

B. 实测法

C. 试验法

D. 无损检验法

16. 某基础工程一次连续浇筑同配合比的混凝土 $1100m^2$,按规定该基础工程的混凝土每( ) m^2 取样不得少于一次。

A. 100

B. 200

C. 300

D. 400

17. 对于地基基础设计等级为甲级或地质条件复杂．成桩质量可靠性低的灌注桩所形成的地基及复合地基，应采用（　　）进行检验。

A. 静载荷试验的方法　　　　　　　　B. 低应变法

C. 高应变法　　　　　　　　　　　　D. 动载荷试验的方法

18. 检验批质量验收时，认定其为质量合格的条件之一是主控项目质量（　　）。

A. 抽检合格率至少达到85%　　　　　B. 抽检合格率至少达到90%

C. 抽检合格率至少达到95%　　　　　D. 全部符合有关专业工程验收规范的规定

19. 政府对建设工程质量进行监督的主要手段是施工许可制度和（　　）制度。

A. 实体检测　　　　　　　　　　　　B. 竣工验收备案

C. 施工方案审查　　　　　　　　　　D. 验收会议

20. 建筑施工企业的三级安全教育是指（　　）。

A. 公司层教育、项目部教育、作业班组教育

B. 进场教育、作业前教育、上岗教育

C. 最高领导教育、项目经理教育、班组长教育

D. 最高领导教育、生产负责人教育、项目经理教育

21. 施工现场发生安全事故后，首先应该做的工作是（　　）。

A. 进行事故调查　　　　　　　　B. 对事故责任者进行处理

C. 抢救伤员，排除险情　　　　　D. 编写事故调查报告并上报

22. 根据《建设工程施工合同（示范文本）》（GF－99－0201），发包人提供给承包人的地质勘察资料和水文气象资料的准确性应由（　　）负责。

A. 监理单位　　　　　　　　　　B. 发包人

C. 承包人　　　　　　　　　　　D. 设计单位

23. 一般情况下，验收合格工程的实际竣工日期为（　　）。

A. 组织工程竣工验收的日期

B. 承包人实际完成工程的日期

C. 承包人提交竣工验收申请报告的日期

D. 工程竣工验收后，发包人给予认可意见的日期

24. 现场监理工程师检查发现业主指定分包人施工的防水工程存在质量问题，对此质量问题发出整改指令的正确做法是（　　）。

A. 业主向分包人发出质量问题整改通知单

B. 监理方向分包人发出质量问题联系单

C. 监理方向总承包人发出监理通知单

D. 监理方向业主发出监理工作联系单

25. 某施工合同实施过程中出现了偏差，经过偏差分析后，承包人采取了夜间加班．增加劳动力投入等措施。这种调整措施属于（　　）。

A. 组织措施　　　　　　　　　　B. 技术措施

C. 经济措施　　　　　　　　　　D. 合同措施

26. 施工合同履行过程中发生工程变更时，应由（　　）向承包人发出变更指令。

A. 项目业主　　　　B. 设计单位　　　　C. 监理方　　　　D. 变更提出方

27. 下列情形中，承包人不可以提起索赔的事件是(　　)。

A. 法规变化

B. 对合同规定以外的项目进行检验，且检验合格

C. 因工程变更造成的时间损失

D. 不可抗力导致承包人的设备损坏

28. 工程施工过程中发生索赔事件以后，承包人首先要做的工作是(　　)。

A. 向监理工程师提交索赔证据

B. 提出索赔意向通知

C. 提交索赔报告

D. 与业主就索赔事项进行谈判

（二）多项选择题

1. 下列有关施工组织设计的表述，正确的有(　　)。

A. 施工平面图是施工方案及施工进度计划在空间上的全面安排

B. 单位工程施工组织设计是指导分部分项工程施工的依据

C. 只有在编制施工总进度计划后才可编制资源需求量计划

D. 对于简单工程，可以只编制施工方案及施工进度计划和施工平面图

E. 只有在编制施工总进度计划后才可制订施工方案

2. 在工程项目网络计划中，关键线路是指(　　)。

A. 单代号网络计划中总时差为零的线路

B. 双代号网络计划中持续时间最长的线路

C. 单代号网络计划中总时差为零且工作时间间隔为零的线路

D. 双代号时标网络计划中无波形线的线路

E. 双代号网络计划中无虚箭线的线路

3. 施工进度计划的调整包括(　　)。

A. 调整工程量

B. 调整工作起止时间

C. 调整工作关系

D. 调整项目质量标准

E. 调整工程计划造价

4. 下列施工现场质量检查，属于实测法检查的有(　　)。

A. 肉眼观察墙面喷涂的密实度

B. 用敲击工具检查地面砖铺贴的密实度

C. 用直尺检查地面的平整度

D. 用锤吊线检查墙面的垂直度

E. 现场检测混凝土试件的抗压强度

5. 下列引发工程质量事故的原因，属于技术原因的有(　　)。

A. 结构设计计算错误

B. 检验制度不严密

C. 检测设备配备不齐

D. 地质情况估计错误

E. 监理人员不到位

6. 为防治施工环境污染，正确的做法有（　　）。

A. 尽量选用低噪声或备有消声降噪设备的机械

B. 拆除旧建筑物前，先进行洒水湿润

C. 将有害废弃物集中后做土方回填

D. 对土方的运输，采取封盖措施

E. 现场设置专用油料库，并对地面作防渗处理

二、2010 年考试真题

（一）单项选择题

1. 项目管理的核心任务是项目的（　　）。

A. 组织协调　　　　B. 目标控制　　　　C. 合同管理　　　　D. 风险管理

2. 运用动态控制原理控制施工进，质量目标除各分部分项工程的施工外，还包括（　　）。

A. 建筑材料和有关设备的质量　　　　B. 设计文件的质量

C. 施工环境的质量　　　　D. 建设单位的决策质量

3. 若施工作业所能依据的定额齐全，则在编制施工作业计划时宜采用的定额是（　　）。

A. 概算指标　　　　B. 概算定额　　　　C. 预算定额　　　　D. 施工定额

4. 若按项目组成编制施工成本计划，项目应按（　　）的顺序依次进行分解。

A. 单项工程－单位工程－分部工程－分项工程

B. 单项工程－分部工程－单位工程－分项工程

C. 单位工程－单项工程－分部工程－分项工程

D. 单位工程－单项工程－分项工程－分部工程

5. 施工成本控制需要进行实际成本情况与施工成本计划的比较，其中实际成本情况是通过（　　）反映的。

A. 工程变更文件　　　B. 进度报告　　　　C. 施工组织设计　　　D. 分包合同

6. 由于监理工程师原因引起承包商向业主索赔施工机械闲置费时，承包商自有设备闲置费一般按设备的（　　）计算。

A. 台班费　　　　　　　　　　　B. 台班折旧费

C. 台班费与进出场费用　　　　　　D. 市场租赁价格

7. 下列关于施工方编制建设工程项目施工进度计划的说法，错误的是（　　）。

A. 施工条件和资源利用的可行性是编制项目试工进度计划的重要依据

B. 编制项目施工进度计划属于工程项目管理的范畴

C. 项目施工进度计划应符合施工企业施工生产计划的总体安排

D. 项目施工进度计划安排应考虑监理机构人员的进场计划

8. 控制性施工进度计划的内容不包括（　　）。

A. 对承包合同的进度目标进行分析论证

B. 确定施工的总体部署

C. 划分各作业班组进度控制的责任

D. 确定控制节点的进度目标

9. 工程项目的月度施工计划和旬施工作业计划属于（   ）。

A. 控制性　　　　　　　　　　　　B. 指导性

C. 实施性　　　　　　　　　　　　D. 竞争性

10. 下列关于横道图进度计划法特点的说法，正确的是（   ）。

A. 工序（工作）之间的逻辑关系表达清楚

B. 适用于手工编制进度计划

C. 可以适应大的进度计划系统

D. 能够直观确定计划的关键工作、关键线路与时差

11. 工程网络计划执行过程中，如果某项工作实际进度拖延的时间超过其自由时差，则该工作（   ）。

A. 必定影响其紧后工作的最早开始　　B. 必定变为关键工作

C. 必定导致其后工作的完成时间推迟　D. 必定影响工程总工期

12. 施工方编制施工进度计划的依据之一是（   ）。

A. 施工劳动力需求计划　　　　　　B. 施工物资需要计划

C. 施工任务委托合同　　　　　　　D. 项目监理规划

13. 施工现场混凝土坍落度试验属于现场质量检查方法中的（   ）。

A. 目测法　　　　　　　　　　　　B. 实测法

C. 现货试验法　　　　　　　　　　D. 无损检测法

14. 从建设工程施工质量验收的角度来说，最小的工程施工质量验收单位是（   ）。

A. 检验批　　　　　　　　　　　　B. 工序

C. 分部工程　　　　　　　　　　　D. 分项工程

15. 施工项目竣工质量验收时，如参与验收的建设、勘察、设计、施工、监理等各方不能形成一致意见时，正确的做法是（   ）。

A. 协商提出解决方法，待意见一致后做出验收结论

B. 协商提出解决方法，待意见一致后重新组织工程竣工验收

C. 由建设单位做出验收结论

D. 由监理单位做出验收结论

16. 某钢盘混凝土结构工程的框架柱表面出现局部蜂窝麻面，经调查分析，其承载力满足设计要求，则对该框架柱表面质量问题一般的处理方式是（   ）。

A. 加固处理　　　　　　　　　　　B. 修补处理

C. 返工处理　　　　　　　　　　　D. 不作处理

17. 项目经理部应根据工程特点和规模设置安全管理领导小组，其第一责任人是（   ）。

A. 专职安全员　　　　　　　　　　B. 总工程师

C. 技术负责人　　　　　　　　　　D. 项目经理

18. 施工安全管理目标策划中，施工现场应实现各类人员的安全教育，并要求特种作业人员物证上岗率和操作人员三级安全教育率分别达到（   ）。

A. 95%，95%　　　　　　　　　　B. 95%，100%

C. 100%，95%　　　　　　　　　　D. 100%，100%

19. 施工现场安全"五标志"中，"佩戴安全帽"属于（　　）标志。

A. 指令

B. 禁止

C. 警告

D. 提示

20. 承包人按照监理人批准的计划组织施工，但由于进度计划身存在缺陷造成工期延误，则责任应由（　　）承担。

A. 发包人

B. 承包人

C. 监理人

D. 分包人

21. 根据《建设工程施工专业分包合同》（GF－2003－0213），下列说法正确的是（　　）。

A. 发包人向分包人提供具备施工条件的施工场地

B. 分包人可直接致函发包人或工程师

C. 就分包范围内的有关工作，承包人随时可以向分包人发出指令

D. 分包合同价款与总承包合同相应部分的价款存在连带关系

（二）多项选择题

1. 单位工程施工组织设计的主要内容有（　　）。

A. 工程概况及施工特点分析

B. 施工方案

C. 施工总进度计划

D. 各项资源需求量计划

E. 单位工程施工平面图设计

2. 下列关于双代号网络计划绘图规则的说法，正确的有（　　）。

A. 网络图必须正确表达各工作间的逻辑关系

B. 网络图中可以出现循环回路

C. 网络图中一个节点只有一条箭线引入和一条箭线引出

D. 网络图中严禁出现没有箭头节点或没有箭尾节点的箭线

E. 单目标网络计划只有一个起点节点和一个终点节点

3. 工程网络计划工期优化过程中，在选择缩短持续时间的关键工作时应考虑的因素有（　　）。

A. 持续时间最长的工作

B. 缩短持续时间对质量和安全影响不大的工作

C. 缩短持续时间所需增加的费用最小的工作

D. 缩短持续时间对综合效益影响不大的工作

E. 有充足备用资源的工作

4. 施工方进度控制的措施主要包括（　　）。

A. 组织措施

B. 技术措施

C. 经济措施

D. 法律措施

E. 行政措施

5. 施工项目竣工质量验收的依据主要包括( )。

A. 双方签订的施工合同

B. 国家和有关部门颁发的施工规范

C. 设计变更通知书

D. 批准的设计文件．施工图纸及说明书

E. 工程施工进度计划

6. 根据《建设工程施工现场管理规定》，施工单位的下列做法中，符合防止环境污染措施要求的有( )。

A. 将冲洗车辆的泥浆水未经处理直接排入河流

B. 施工现场位于城市郊区，在现场熔融沥青

C. 使用密闭器将高空废弃物运输至地面

D. 将有毒有害废弃物作为土方回填

E. 对产生噪音的机械，安装降噪设备

7. 施工现场固体废物的处理方法主要有( )。

A. 物理处理

B. 化学处理和生物处理

C. 热处理和固化处理

D. 回收利用和循环再造

E. 回填处理

三、2011年考试真题

(一) 单项选择题

1. 根据《标准施工招标文件》，承包人按照合同规定将隐蔽工程覆盖后，监理人又要求承包人对已覆盖部位揭开重新检验，经检验证明工程质量符合要求，由此增加的费用和延误的工期应由 ( ) 承担。

A. 发包人　　　　B. 承包人　　　　C. 监理人　　　　D. 设计单位

2. 下列进度计划中，可直接用于组织施工作业的计划是 ( )。

A. 施工企业的旬生产计划

B. 建设工程项目施工的月度施工计划

C. 施工企业的月度生产计划

D. 建设工程项目施工的季度施工计划

3. 关于横道图特点的说法，正确的是 ( )。

A. 横道图无法表达工作间的逻辑关系

B. 可以确定横道图计划的关键工作和关键路线

C. 只能用手工方式对横道图计划进行调整

D. 横道图计划适用于大的进度计划系统

4. 建设工程项目施工准备阶段的施工预算成本计划，以项目实施方案为依据，采用( )编制形式。

A. 人工定额　　　　　　　　　B. 概算定额

C. 预算定额　　　　　　　　　D. 施工定额

5. 施工成本计划的编制基础是（　　　）。

A. 施工成本考核　　　　　　　　　　　B. 施工成本预测

C. 施工成本核算　　　　　　　　　　　D. 目标成本确定

6. 施工成本计划作为施工成本控制的指导文件，其内容包括（　　　）。

A. 预定的具体成本目标和实现控制目标的措施

B. 预定的具体成本目标和有可能出现的成本偏差

C. 预定的经济效益目标和实现经济效益目标的手段

D. 可能的工程变更和对变更的控制措施

7. 施工成本控制过程中，为了及时发现施工成本是否超支，应该定期进行（　　　）的比较。

A. 施工成本计划值与实际值

B. 施工成本计划值与投标报价

C. 成本实际值与投票报价

D. 实际工程款支付与合同价

8. 某批混凝土试块经检测发现其强度值低于规范要求，后经法定检测单位对混凝土实体强度进行检测后，其实际强度达到规范允许和设计要求。这一质量事故宜采取的处理方法是（　　　）。

A. 加固处理　　　　　　　　　　　　　B. 修补处理

C. 不作处理　　　　　　　　　　　　　D. 返工处理

9. 建设工程项目开工前，工程质量监督的申报手续应由项目（　　　）负责。

A. 建设单位　　　　　　　　　　　　　B. 施工企业

C. 监理单位　　　　　　　　　　　　　D. 设计单位

10. 建设工程质量监督机构进行第一资历施工现场监督检查的重点是（　　　）。

A. 施工现场准备情况

B. 检查施工现场计量器具

C. 参加建设的各单位的质量行为

D. 复核项目测量控制定位点

11. 在计算双代号网络计划的时间参数时，工作的最早开始时间应为其所有紧前工作（　　　）。

A. 最早完成时间的最小值　　　　　　　B. 最早完成时间的最大值

C. 最迟完成时间的最小值　　　　　　　D. 最迟完成时间的最大值

12. 已知某建设工程网络计划中 A 工作的自由时差为 5d，总时差为 7d。监理工程师在检查施工进度时发现只有该工作实际进度拖延，且影响总工期 3d，则该工作实际进度比计划进度拖延（　　　）d。

A. 3　　　　　　　　　　　　　　　　　B. 5

C. 8　　　　　　　　　　　　　　　　　D. 10

13. 相对于建设工程固定性的特点，施工生产则表现出（　　　）的特点。

A. 一次性　　　　　　　　　　　　　　B. 流动性

C. 单件性　　　　　　　　　　　　　　D. 预约性

14. 下列影响工程施工质量的因素中，属于施工质量管理环境因素的是（   ）。

A. 施工企业的质量管理制度

B. 施工现场的安全防护设施

C. 施工现场的交通运输和道路条件

D. 不可抗力对施工质量的影响

15. 根据《建设工程施工合同（示范文本）》（GF – 99 – 0201），承包人未在索赔事件发生后 28 天内发出索赔意向通知，将失去请求补偿的索赔权利，说明施工索赔具有（   ）。

A. 真实性　　　　B. 时效性　　　　C. 关联性　　　　D. 有效性

16. 根据《建设工程施工合同（示范文本）》（GF – 99 – 0201），如果干扰事件对建设工程的影响持续时间长，承包人应按监理工程师要求的合理间隔提交（   ）。

A. 索赔意向通知

B. 中间索赔依据

C. 中间索赔报告

D. 索赔声明

17. 项目专业技术负责人组织相关人员对桩基础工程进行验收后，应由（   ）签署验收意见及验收结论，并签字盖章。

A. 施工企业施工员

B. 专业监理工程师

C. 项目专业技术负责人

D. 建设单位参加验收的人员

（二）多项选择题

1. 下列项目管理工作中，属于施工方项目管理任务的有（   ）。

A. 施工质量控制

B. 施工成本控制

C. 施工进度控制

D. 分包单位人员管理

E. 施工安全管理

2. 分部（分项）工程施工组织设计的主要内容有（   ）。

A. 建设项目的工程概况

B. 施工方法的选择

C. 施工机械的选择

D. 劳动力需求量计划

E. 安全施工措施

3. 下列施工企业对施工机械使用费的控制措施中，正确的有（   ）。

A. 尽量减少因安排不当引起的机械闲置

B. 加强机械的现场调度，避免窝工

C. 尽量选择新开发的新型机械设备

D. 加强机械的维修保养

E. 做好机上人员与辅助生产人员的协调和配合

4. 建设工程施工质量不符合要求时，正确的处理方法有（　　　）。

A. 经返工重做或更换器具．设备的检验批，应重新进行验收

B. 经有资质的检测单位检测鉴定达到设计要求的检验批，应予以验收

C. 经有资质的检测单位检测鉴定达不到设计要求，但经原设计单位核算认可能满足结构安全和使用功能的检验批，可予以验收

D. 经返修或加固的分项．分部工程，虽然改变外形尺寸但仍能满足安全使用要求，可按技术处理方案和协商文件进行验收

E. 经返修或加固处理仍不辈满足安全使用要求的分部工程，经鉴定后降低安全等级使用

5. 施工安全技术交底要求做好"四口"，"五临边"的防护措施，其中"四口"指（　　　）

A. 通道口   B. 工地出入口

C. 楼梯口   D. 电梯井口

E. 预留洞口

6. 施工质量影响因素主要有4MIE，其中4M是指（　　　）

A. 人   B. 机械

C. 方法   D. 环境

E. 材料

7. 根据《建筑工程施工质量验收统一标准》，单位（子单位）工程质量验收合格的规定有（　　　）

A. 单位（子单位）工程所含分部（子分部）工程的质量均应验收合格

B. 质量控制资料应完整

C. 单位（子单位）工程所含分部工程有关安全和功能的检测资料应完整

D. 主要功能项目的抽查结果应符合相关专业质量验收规范的规定

E. 单位工程的工程监理质量评估记录应符合各项要求

2009 年真题答案

(一) 单项选择题

1. A	2. A	3. A	4. C	5. B	6. A
7. D	8. A	9. C	10. B	11. B	12. D
13. A	14. A	15. C	16. B	17. A	18. D
19. B	20. A	21. C	22. B	23. C	24. C
25. A	26. C	27. D	28. B		

(二) 多项选择题

1. ACD	2. BD	3. ABC	4. CD	5. AD	6. ABDE

2010 年真题答案

(一) 单项选择题

1. B	2. A	3. D	4. A	5. B	6. B
7. D	8. C	9. C	10. B	11. A	12. C
13. B	14. A	15. B	16. B	17. D	18. D
19. A	20. B	21. C			

(二) 多项选择题

1. ABDE	2. ADE	3. BCE	4. ABC	5. ABCD	6. CE
7. ABCD					

2011 年真题答案

(一) 单项选择题

1. A	2. B	3. C	4. D	5. B	6. A
7. A	8. C	9. A	10. C	11. B	12. D
13. B	14. A	15. D	16. C	17. B	

(二) 多项选择题

1. ABCE	2. BCDE	3. ABDE	4. ABCD	5. ACDE	6. ABCE
7. ABCD					

参考文献

[1] 张长友. 建筑装饰施工与管理[M]. 北京：中国建筑工业出版社. 2006.

[2] 闫超君. 建设工程进度控制[M]. 合肥：合肥工业大学出版社. 2009.

[3] 王胜明. 建设工程进度控制[M]. 北京：科学出版社. 2007.

[4] 冯美宇. 建筑装饰施工组织与管理[M]. 武汉：武汉理工大学出版社. 2011.

[5] 危道军. 建筑施工组织[M]. 北京：中国建筑工业出版社. 2004.